"내 아이의 무궁무진한 가능성을 확인해 보세요"

_____년____월____일____시 생

| | 시주 | 일주 | 월주 | 연주 |
|---|---|---|---|---|
| 일간과의 관계 | | | | |
| 간 | | 일간 | | |
| 지 | | | | |
| 일간과의 관계 | | | | |

우리 아이 _____ 의 사주팔자

정신과 의사의 명리육아

# 정신과 의사의 명리육아

**내 아이의
기질과 잠재력이
궁금할 때**

정신과 전문의 **양창순**

담북

명리학은 말한다.

모든 아이에게는 자기만의 소우주가 있다고.


우리가 세상에 태어나

첫 숨을 내쉬는 순간,

각자의 우주가 탄생한다고.

그러니

부모와 자녀의 관계도

실은 우주와 우주의

만남인 것이다.

아이의 우주에는

그만의 고유한 기질이 있고,

아직 드러나지 않은 눈부신 장점이 있으며,


내가 모르는 수천 개의 길이 있다.

이런 내 아이의 우주를
어떻게 이해해 볼 수 있을까?


이 질문에서
'명리육아'는 출발한다.

## 정신과 의사인 내가
## '명리육아'에
## 관심을 쏟는 이유

얼마 전부터 영어 공부를 다시 시작했다. 해외에서 열리는 짧은 학회에 참석할 때가 아니면 쓸 일이 그다지 없다 보니 영어에서 멀어져 있던 터였다. 그런데 이번에 다시 공부를 하면서 처음으로 영어의 어원에 관심을 기울이게 되었다. 그 덕분에 영어 공부가 훨씬 가볍고 흥미로워졌다. 뜻을 잘 모르는 단어도 유추가 가능해졌고, 그동안 왜 이 단어를 이렇게 표현했을까 하고 궁금해하던 것도 자연히 알게 되었다. 근본부터 알아가니 이해하기 쉽고 응용의 폭도 넓어졌다.

그러다 문득 부모가 아이를 알아가는 과정 역시 단어의 어원을 아는 것과 같다는 생각이 들었다. 특히 아이가 가지고 태어나는 기질 특성, 잠재 능력이야말로 근본적인 어원과 같은 것이 아닐까. 그것을 알고 나면 부모는 훨씬 쉽게 아이에게 꼭 맞는 적성을 찾아줄 수 있을 것이다. 나아가 아이가 진로를 결정하는 데도 대단히 긍정적인 영향을 미칠 수 있다. 어쩌면 부모의 역할에서 이보다 더 중요한 일은 없을지도 모른다.

식물은 가장 잘 맞는 토양에서 자라날 때 풍성한 꽃과 열매를 맺는다. 나는 부모가 아이의 적성을 일찍 찾아내어 그것이 잘 발현되도록 도와주고, 나아가 제대로 된 진로를 찾아주는 것이야말로 아이에게 그러한 토양을 제공하는 일이라고 생각한다. 적성을 알면 아이는 좀 더 일찍 자신의 잠재력을 깨닫고 그것을 온전히 발휘해 나갈 수 있다. 또 올바른 진로 선택은 아이가 장차 탁월한 사회적 성취를 이루는 데 있어 가장 든든한 길잡이가 되어준다. 거기에 더해 좋은 태도와 습관의 중요성을 가르친다면 아이의 앞날은 환히 빛나기 마련이다. 좋은 태도와 습관은 아이의 인간관계를 성공으로 이끄는 밑바탕을 이루기 때문이다.

○ ● ○

나는 산부인과 의사인 선배의 조언을 듣고 명리학을 만났다. 선배는 아이의 탄생을 지켜보면서 운명의 힘에 대해 생각하게 되었고, 그 결과 명리학을 공부하기 시작했다고 한다. 그리고 내게도 그 공부를 권유했다. 나도 그전부터 '정신과에 오는 대신 점을 보러 가는 이들'에 대한 고민이 있었기에 명리학 연구를 결정할 수 있었다. 그렇게 만난 명리학은 내게 놀라운 깨달음을 안겨 주었고, 여러 방면에서 큰 도움이 되었다. 명리학적 관점으로 나를 들여다보고, 타인을 이해하고, 서로의 기질을 파악하며 새로운 경험을 시작했다. 이를 독자들에게도 알리고자 2020년에 『명리심리학』을 출간했다.

책이 출간되고 처음에는 '정신과 의사가 무슨 명리학이냐'고 부정적인 시선을 보내는 사람들도 있었다. 그러나 이내 '이 책과 강의를 통해 정신의학의 지평이 넓어졌다', '동서양의 접목으로 한 개인을 알 수 있다는 점이 흥미롭다'는 반응이 더 많아졌다. 심지어는 '환자를 이해하고 도움을 주기 위해 노력하는 것이 가상하다'라는 격려까지 받게 되었다.

특히 임상에서 도움을 청하는 사람들이 늘었다. 전작에서도 기술했듯 잘못된 정보로 자기 자신과 앞날에 대해 부정적인 생각에 빠졌다가, 나와 상담을 한 후에 자신의 잠재 역량을 알게 되어 힘이 난다는 내담자들이 많다. 내 미래를 내가 만들어 갈 수 있다는 희망을 갖게 되었다는 것이다. 그들과 상담을 하다가 문득 '자녀가 태어나는 순간부터 부모가 자녀의 특성을 알 수 있다면 자녀와의 관계에서 불필요한 상처나 갈등을 줄일 수 있을 텐데' 하는 생각이 들었다.

예를 들어 자녀가 기질적으로 민감하고 충동적인 아이인데 그러한 특성을 부모가 받아들이지 못하고 '누굴 닮아서 저런 아이가 나왔냐'며 미워하는 경우가 있다. 아이를 이해하기보다 곧장 야단치는 일이 반복되어 사이가 이미 나빠진 다음에 전문가를 찾아오는 것이다. 이런 사례를 접하며 자녀를 온전히 이해하는 일의 필요성을 더욱 느끼고 있다. 또한 요즘 매스컴에서 많이 다루는 자녀교육에 대한 방송 프로그램을 보게 되었는데 부모와 아이가 심각한 갈등을 겪으며 서로 상처 입히는 장면이 방영되고 있었다. 그러한 경우에도 부모가 아이의 타고난 기질을 빨리 알아차렸더라면 저러한 갈등을 덜 겪어도 되지 않을까 하는 안타까운 마음이 들었다.

장미꽃으로 태어난 아이에게 너는 왜 백합이 아니냐고 하면 아이는 정체성에 혼란을 느끼니 더욱 반항할 수밖에 없다. 임상에서 그런 경우를 많이 본다. 아이는 자유분방하고 자기표현을 하고 싶어 하는 특성을 갖고 태어났는데, 부모가 말 잘 듣고 순종적인 아이로 만들려 하면 문제가 생겨날 수밖에 없는 것이다.

특히 아이가 무엇을 좋아하는지, 무엇을 잘하는지도 모르면서 부모가 강압적으로 공부를 시키는 데서 오는 부작용도 만만치 않다. 성인이 되어 뒤늦게 '어릴 때 나는 하고 싶은 것이 있었는데 부모의 반대로 못 하게 되어 화가 난다'는 내담자들을 많이 만나면서 더욱 안타까움이 강해졌다. 그래서 명리심리의 지평을 넓혀, 부모가 아이의 타고난 특성과 적성을 빨리 알도록 돕는 책을 쓰고 싶다는 생각을 하게 된 것이다.

그동안 임상에서 나는 자녀에게 좋은 토대를 만들어 주고 싶어 하는 부모를 많이 만났고, 또 그들에게 제대로 된 도움을 주고자 노력해 왔다. 그와 같은 과정을 통해 아이를 근본부터 이해하게 된 어느 부모는 '마치 인생에서 가장 환한 햇살을 선물받은 느낌'이라며 자신들이 경험한 감동을 전해 오기도 했다. 이번 책은 그러한 나의 임상경험과 노력의 결과물이다.

물론 어느 부모도 아이의 앞날에 완벽한 꽃길만 펼쳐지게 할 수는 없다. 하지만 부모가 된 이상 노력해야 한다. 이를 부정할 부모는 없을 것이다. 다만 그러기 위해서는 먼저 가정과 가족에 대한 이해가 선행되어야 한다고 생각한다.

가정은 아이가 태어나서 처음 접하는 집단이고 조직이고 사회다. 그리고 가족은 아이가 처음 만나는 사람들이다. 아이는 그 가정 안에서 가족들과 생활하면서 성장하고 많은 것을 배워나간다. 자신이 어떤 사람인지 처음 알게 되는 곳도 가정이다. 이것은 가정 안에서 겪는 긍정적인 경험이 무엇보다 중요한 이유이기도 하다.

이 과정에서 아이는 '나'라는 사람에 관해 이미지를 형성해나간다. 나의 이미지는 '내가 생각하는 나'와 '내 주위 사람들이 생각하는 나'로 이루어진다. 따라서 이때 주위 사람들이 나에게 긍정적인 메시지를 보내고 장점을 찾아서 격려해 주는 것이 대단히 중요하다. 그런 이유로 가족과 같이 성장하는 과정을 '영혼이 자라나는 과정'이라고 말하는 심리학자도 있다.

그럼에도 나의 임상경험을 보면 가족, 그중에도 부모와의 관계에서 심리적 어려움을 경험했거나, 또는 경험하고 있는 사람들이 많은 것 또한 사실이다. 어느 방송국에서 가족과의 관계에 대한 짤막한 강의를 한 뒤 달린 여러 댓글을 보고 마음이 아팠던 경험도 있다. 댓글을 쓴 사람 대부분이 자기 가족, 그중에도 부모에게서 받은 상처, 분노, 슬픔에 대해 털어놓고 있었다. 그런 댓글을 보고 자신만 그런 힘든 경험을 한 것이 아니란 사실을 알고 위로받았다고 이야기하는 사람도 있었다.

왜 우리는 가정 안에서 상처받고 다치는 걸까? 여러 이유가 있겠지만 그중 하나는 우리가 가정, 가족, 부모, 자녀에 대해 갖는 지나치게 높은 기대치 때문이 아닌가 싶다. 아이들은 부모가 경제적인 풍요를 제공해 주는 것은 기본이고, 다정하고 온화하게 자기를 있는 그대로 이해해 주기를 바란다. 부모 역시 자기 아이들이 공부도 잘하고 운동도 잘하고 사회생활도 잘하고 부모에게도 사랑스럽고 착하기만 한 존재이기를 바란다. 즉 서로에 대한 기대치가 가장 높은 인간관계가 부모 자녀 관계인 것이다. 그런 사람들이 한 공간에 모여 사니, 서로에 대한 실망도 클 수밖에 없다. 남이면 문제가 되지 않을 일도 다 문제가 되고, 보지 않아도 될 문제도 보게 된다. 그러니 당연히 갈등도 커지는 것이다.

또 다른 이유는 부모가 자기 자신은 물론이고 자녀에 대해서도 잘 모르기 때문이다. 내가 어떤 사람이고 어떤 특성을 가졌는지, 또 내 아이는 어떤지를 알지 못하는 것이다. 정신의학자 카를 융도 다음과 같은 말을 했다. 어린이의 심리를 치료하기 위해서는 부모를 주로 분석해야 하며, 부모가 자신에 대해 잘 모르면서 자기가 원하는 대로 자녀를 키우려 하는 일만큼 자녀를 노이로제에 걸리게 하는 길은 없다는 것이다.

요즘 부모들이 돈을 가장 많이 들이는 데가 영유아 교육이라고 한다. 그런데 사실 그때는 뭔가를 가르치기 이전에 내 아이가 어떤 아이인지 기본적인 특성을 먼저 살펴보는 일이 더 중요한 시기다. 그러지 않고 부모 마음대로 아이를 이끌어 가려고 하면 어떻게 될까? 아이도 부모도 성장 과정 내내 혼란스러울 것이다. 최근 미국에서 발표된 연구에 의하면 영유아 때 받은 교육이 9세 이후의 성적 향상에는 어떤 도움도 주지 못하며 오히려 사회성에 문제를 일으킨다고 한다. 실제로 임상에서 내가 만나는 적지 않은 내담자들이 그처럼 혼란스러운 시간을 거쳐 온 사람들이다. 그들 중 대부분이 우울, 불안, 피해의식, 분노 등의 부정적 정서로 자기 능력을 제대로 발휘하지 못하고, 그것을 모두 다 부모 탓으로 돌린다. 그로 인해 인생에서 가장 중요한 인간관계인 부모 자녀 관계가 가장 힘든 관계, 서로를 가장 미워하는 관계가 되기도 한다. 따라서 부모 자녀 관계를 건강하게 만드는 가장 중요한 첫걸음은 서로를 이해하고 아는 것이다.

물론 그것은 결코 쉬운 일이 아니다. 생각해 보면 나와의 관계도 제대로 해결하지 못하고 끝나는 것이 우리네 인생이다. 그러니 누군가와의 관계를 성공적으로 풀어낸다는 것은 정말 어려운 일이다. 하지만 그것이 내 아이와의 관계인 이상 부모에게는 제대로 해나가야 할 책임이 있다.

○ ● ○

그런데 부모가 아이와 좋은 관계를 맺기 위해 노력한다고 해도 아이에 대한 정보를 다 알기는 어렵다. 더욱이 내 아이는 이러저러해야 한다는 생각 때문에 실망하는 일도 잦다 보니 아이한테 의도치 않게 부정적인 평가를 할 때도 많다.

언젠가 대학교수로 있는 지인이 흥미로운 에피소드를 들려준 적이 있다. 그는 수업 중에 학생들에게 두 사람씩 짝지어 서로를 어떻게 생각하는지 이야기해 보도록 시켰다고 한다. 그런데 학생들의 반응이 놀라웠다. 친구가 자신을 어떻게 생각하는지를 듣고 보니, 그동안 부모에게서 들어온 평가와 그 내용이 너무도 달랐다는 것이다. 학생들은 그 뜻밖의 결과에 어리둥절해하면서도 뭔가 자신에 대해 좀 더 알게 된 것 같은 기분이라고 했다. 그 이야기를 들으니 요즘 MBTI가 유행하는 것도, 젊은 친구들이 사주에 관심을 가지는 것도 다 자기를 좀 더 알고 싶어 하는 심리에서 비롯된 것이라는 생각이 들었다.

우리가 자신에 대해 알려면 전문적인 상담을 받거나 심리 검사를 시행해야 하는데, 아이들의 경우에는 최소한 6살은 되어야만 지능 검사를 받을 수 있다. 물론 소아 정신건강의학과에서는 그보다 어린 아이들의 기질과 문제점을 살펴보는 검사들이 있지만, 더 깊은 의미를 도출해 낼 수 있는 검사가 가능한 나이가 그렇다는 것이다. 그런데 그 6년 동안 부모와 자녀 사이에는 이미 많은 일들이 일어난다. 특히 이 시기에는 자녀가 가져야 하는 근본적인 신뢰감, 자율성, 자긍심의 기초가 형성된다. 따라서 부모가 자녀에 대해 더 빨리 정보를 얻는 것이 필요하다. 더욱이 성격 검사나 적성 검사도 최소 초등학교 고학년이나 중학생 이상이 되어야 보다 정확한 검사가 가능하다.

그러한 정신의학적 면을 보완할 방법을 나는 명리학을 공부하면서 찾았다. 명리학에서는 아이가 태어난 연월일시를 통해 아이의 기질 특성과 잠재 능력, 삶의 흐름 등을 살펴보는 것이 가능하기 때문이다. 얼핏 "그렇게 단순하다고?"라고 할 수도 있지만 명리학은 자연에 기반을 두고 있기에 오히려 단순한 것이 당연하다고 하겠다. 다섯 가지 만물의 기운과 그 관계로 내 아이를 파악해 볼 수 있기 때문이다. 그리고 그것은 명리학의 가장 큰 장점이기도 하다.

물론 어느 학문이든 완벽하게 한 개인의 특성과 삶의 흐름을 다 보여줄 수는 없다. 그것은 정신의학도 명리학도 마찬가지다. 명리학으로는 개인이 타고난 성격과 특성, 잠재적 역량 등에 대해서 잘 알 수 있다. 하지만 심리에 대해서는 명리학적 이론으로 설명할 수 없는 경우가 많다. 한 개인의 성장 과정과 지금의 환경, 마음 상태 등이 전반적인 심리에 영향을 미치기 때문이다. 그리고 이것은 내가 그동안 줄곧 서양의 성격학인 정신의학과 동양의 성격학인 명리학이 만나야 한다고 주장해 온 가장 큰 이유이기도 하다. 정신의학으로는 한 개인의 현재 시점의 심리와 특성을 아주 세밀하게 알 수 있다는 장점이, 명리학으로는 마치 그림처럼 한 개인의 타고난 특성을 입체적으로 알 수 있다는 장점이 있기 때문이다. 그동안 임상에서 여러 사람을 마주하며, 부모가 자녀의 이러한 두 가지 특성을 좀 더 빨리 파악했다면 시행착오를 줄일 수 있었을 것이라는 사실이 못내 아쉬웠다.

사실 아이를 키우는 과정에서 부모, 특히 엄마 쪽에서 경험하고 감당해야 하는 어려움은 한두 가지가 아니다. 그나마 다행인 점은 예전과 달리 육아를 주제로 한 방송이나 유튜브를 비롯한 소셜 미디어에서 '아이 키우는 법'에 관한 정보를 폭넓게 찾아볼 수 있게 되었다는 점이다. 다만 보편적인 정보가 아닌, '내 아이에게 꼭 맞는 육아법'을 알고 싶은 것 또한 부모라면 누구나 갖는 욕구라고 하겠다. 나는 이번 책에서 정신의학과 명리학의 통합을 통해 그와 같은 부모 마음에 부합하는 이야기들을 들려주고자 한다.

○ ● ○

나는 정신과 의사가 명리학을 공부하고 임상에 적용한다면 적지 않은 반발에 부딪힐 것이라는 점을 알고 있었다. 하지만 명리학이 사람을 이해하는 데 도움이 된다는 확신이 나름대로 있었기에 용기를 낼 수 있었다. 그렇게 십수 년간 주역과 명리학 공부에 최선의 노력을 기울여왔다. 이제는 그 결과를 아이를 키우느라 어려움을 겪는 수많은 부모들과 나누고 싶다.

명리학을 처음 접하는 사람도 이론을 이해하는 데 무리가 없도록 이 책에서는 핵심 내용을 위주로 다루었다. 명리학은 이 책에서 다룬 것보다 다층적인 학문이며, 실제 분석에서는 더 정교하고 복잡한 이론을 활용한다는 사실을 미리 밝힌다. 자녀를 양육하며 옳은 길을 고민하고 있을 부모들이 명리학의 기초를 만나 육아의 실마리를 얻기를 바라는 마음이다.

소아정신건강의학이 내 전문 분야는 아니다. 하지만 정신과 의사로서 그동안 수많은 사람을 상담하면서 어린 시절에 문제가 있는 경우 성장해서 그가 어떤 어려움을 겪게 되는지 살펴볼 기회가 참으로 많았다. 그래서 나는 부모들에게 이렇게 이야기한다. 부모들은 아이들의 현재 모습만 보지만 나는 이 시행착오가 해결되지 않으면 아이들이 커서 어떤 문제를 경험할지 너무 잘 알고 있다고. 그러니 지금 예방 차원에서 이 문제를 함께 해결하자고.

부모로서는 아직 어린 아이들을 돌보는 과정이 등산으로 비유하면 산기슭에 있는 것이나 마찬가지다. 당연히 먼 곳까지 보기 힘들다. 그들에게 조금 더 높고 넓은 시야를 확보해 주고 싶다는 생각이 내가 이 책을 쓰게 된 또 다른 이유다.

나는 부모와 자녀가 함께 성장하면서 인생에서 경험하는 여러 가지 갈등에 대해 서로 의논하고 서로를 지지해 주고 사랑해 주는 사이가 되는 것이 최고의 관계라고 생각한다. 그런 의미에서 부모는 탐험가가 되어야 한다는 것이 내 생각이다. 무엇보다도 부모는 아이가 자신이 어떤 사람인지를 발견해 가는 탐험의 여정에 기꺼이 동행하면서 올바른 길잡이가 되어주어야 하는 것이다.

───────── 4장 ─────────

# 내 아이에게
# 딱 맞는 길은 따로 있다

# 1장

---

서로를 선택할 수는 없지만
행복하게 만들 수는 있다

"태어날 때 정해진 사주는 바꿀 수 없지만

운명의 흐름은 노력으로

얼마든지 바꿀 수 있다."

우리는
아는 만큼
사랑한다

우리는 '아는 만큼 보인다'는 말을 자주 쓴다. 이 문장은 조선 시대에 우리나라와 중국, 일본 등의 그림을 모아 만든 화첩인 〈석농화원(石農畫苑)〉에 실린 문인 유한준의 글에서 유래했다. 그는 이렇게 말했다.

> "알게 되면 참으로 사랑하게 되고, 사랑하게 되면 참으로 보게 되고, 볼 줄 알면 모으게 되니, 이때 모으는 것은 그저 쌓아두는 것이 아니다."

대상을 무엇으로 보느냐에 따라 해석의 여지는 많겠지만, 내가 보기에는 사랑 또한 아는 것에서 시작한다는 사실을 강조하는 표현이 아닌가 싶다. 그리고 반대로 우리의 불안과 불신은 모르는 것에서 유래한다. 상대가 어떤 사람인지, 상대의 마음이 어떠한지, 상대가 어떤 행동을 할 것인지 모르면 우리는 불안해지고 타인을 불신하게 되기 마련이다.

고백하자면 내가 아이를 낳고 키우는 기간은 의사로서 경력을 쌓아나가는 기간과 맞물렸다. 그러니 아이들에게 내 시간을 오롯이 투자하기 어려웠다. 게다가 당시 내가 일했던 병원은 입원실을 운영하고 있었다. 외래 진료와 더불어 입원환자까지 돌봐야 해서 말 그대로 눈코 뜰 새 없이 바빴다. 그러니 아이들에게도 최소한의 어미 노릇만 했을 뿐이다. 학교 운동회나 소풍 등에 따라가는 건 생각할 수 없는 일이었고, 그런 행사가 있으면 다른 친한 엄마에게 아이들을 부탁하곤 했다.

큰아이의 소풍날도 그러했다. 그런데 소풍날 오후에 아이를 부탁했던 엄마에게서 다급한 연락이 왔다. 아이들이 각자 자유시간을 가진 다음 몇 시에 어느 장소에서 만나기로 했는데, 우리 아이가 오지 않았다는 것이다. 그러면서 덧붙인 그 엄마의 말이 참 인상적이었다. "이럴 때 내 아이라면 어디서 무엇을 하고 있는지 짐작할 수 있겠는데, 남의 아이라 도통 모르겠다"는 것이었다. 그 전화를 받고 소풍 장소로 달려가는데 오만가지 생각이 들었다.

가장 비관적인 결과를 먼저 생각하는 내 특성상 만약 아이를 찾지 못한다면 어쩌나 하는 생각부터 드니 그야말로 하늘이 무너져 내리는 것 같았다. 조금 전만 해도 내 인생에서 가장 중요했던 의사로서의 경력은 아이를 잃어버릴지도 모른다는 두려움 앞에서는 얼마든지 희생할 수 있다는 생각이 들었다. 또 아이가 소풍을 가는데 하루쯤 병원 진료를 안 보고 따라갈 수도 있었던 것이 아닌가 하는 뒤늦은 후회로 견딜 수가 없었다. 다행히 우여곡절 끝에 아이를 만나서 별일 없이 마무리되기는 했지만, 그날 그 엄마가 해준 이야기는 아직도 내 머리에 선명하다.

안다는 것은 얼마나 중요한가. 비단 부모와 자녀의 관계에서뿐만이 아니다. 사회에서 일을 할 때도 내가 아는 일은 더 쉽게 할 수 있다. 일을 처리하는 과정에서 경험하는 스트레스도 덜하다. 같은 일을 하더라도 우리가 스트레스를 더 받는 것은 내가 이 일을 잘 모르고, 그래서 잘하지 못할 수도 있으며, 그 결과가 안 좋을 수도 있다는 예기불안 때문이다.

부모로서의 역할이 부담스러운 이유는 내 아이가 어떤 아이인지 잘 모르기 때문이다. 어떤 특성을 가졌는지 잘 모르기 때문에 아이가 하는 행동의 의미를 이해하기 어렵다. 그런데 내가 부모니까 아이를 잘 알아야 하고, 관계도 잘 맺어야 한다는 부담감까지 느끼며 스트레스를 받는다.

우리가 기계를 사면 사용 설명서가 따라온다. 그러나 자녀의 경우에는 그렇지 않다. 내 아이가 어떤 아이인지, 무엇을 좋아하는지, 무엇을 싫어하는지를 직접 하나하나 경험하며 이해해야 한다. 천천히 알아가면 좋겠지만 부모 입장에서는 마음이 급하다. 산후조리원 동기 모임에서 엄마들을 만나거나 친척 모임에 나가면 비슷한 또래의 누구는 벌써 말을 한다거나 영어를 유창하게 한다거나 등등의 이야기를 듣는 경우도 많다. 그때마다 아이와 차근차근 관계를 맺고자 하는 결심이 무너지고 초조해진다. 내 아이만 빼놓고 다 앞서 나아가고 있는 것 같아 마음이 급해지는 것이다.

○ ● ○

아이를 영어 유치원에 보내며 한 달에 몇백만 원씩 투자하는데 아이가 제대로 따라주지 않는다는 문제로 나를 찾아온 내담자가 있었다. 남편은 그렇게 많은 돈을 투자하는데 아이가 왜 저 모양이냐, 넌 집에서 도대체 하는 게 뭐냐며 그녀를 다그쳤다. 그녀는 자기도 나름대로 엄마들을 만나면서 정보도 얻고 육아 책도 보며 아이를 교육하는데 아이가 따라주지 않는다고 한탄했다. 그러한 상황이 결국 부부싸움의 요인이 되니 그녀는 아이가 더 밉다고 했다.

아이의 사주를 보니 한겨울의 아름드리나무로 지금은 꽁꽁 얼어붙은 상태이지만 나이가 들어갈수록 그 차가움을 녹이는 불의 오행이 들어와 자기 역량을 발휘할 가능성이 높았다. 그 점을 설명해 주고 아이를 다그치지 말기를 조언했다. 지금 얼어붙어 있는 아이의 상태에 엄마의 잔소리는 그야말로 북풍처럼 영향을 미치기 때문이었다. 그랬더니 그 내담자가 하는 말이 사실은 아이가 더 어렸을 때는 사람들 앞에서 말도 잘하고 표현력도 좋았는데 자기가 욕심 때문에 아이를 다그친 것이 지금처럼 아이를 얼어붙게 만든 것 같다는 것이었다. 앞으로는 조금 더 여유를 갖고 아이를 대하겠다고 했다.

이처럼 아이를 이해하면 아이와의 관계를 푸는 방법도 찾을 수 있다. 문제는 아이에 대한 정보를 어떻게 얻느냐는 것이다. 물론 정신의학적 분석과 상담으로 현재 아이의 상태와 심리를 이해해 볼 수 있다. 그러나 개인을 통합적으로 이해하는 데는 부족함이 있다. 정신의학은 서양의 학문을 기초로 하고 있어서 분석적이기 때문이다. 정신분석학의 선구자인 프로이트조차 분석으로 나누어 본 인간의 심리를 통합하여 한 인간을 이해할 방법은 무엇일지 고민했다는 이야기가 있다.

○ ● ○

| '서양의 성격학' 정신의학 | '동양의 성격학' 명리학 |
| --- | --- |
| • 사람의 구체적인 심리를 이해하는 학문<br>• 사람의 현재 상태를 파악하는 학문 | • 사람의 전반적인 성격을 이해하는 학문<br>• 사람이 타고난 기질을 파악하는 학문 |

나는 그 해결 방법을 명리학에서 찾았다. 명리학은 인간도 자연의 일부이기에 자연을 이루는 기(氣)로 이루어져 있다고 보며, 그 기의 균형과 조화로 자신을 아는 학문이다. 즉 동양의 성격학이라고 할 수 있다. 서양의 성격학인 정신의학이 내담자의 자기 보고와 세밀하고 정확한 심리 검사로 개인을 알아간다면 명리학은 마치 자연을 보듯이 한 사람의 전반적인 성격과 특징을 한눈에 이해할 수 있는 학문이다. 언젠가 어느 명리학자가 "예전에는 개인의 사주팔자를 자세히 살펴보았는데, 이제는 한눈에 보고 판단한다"는 요지의 말을 한 적이 있는데, 명리학을 공부하다 보면 그 느낌을 알게 된다.

눈으로 본다는 것이 얼마나 중요한가. 흔히 백문이 불여일견이라고 하지 않는가. 명리학은 그 이치만 알면 나와 내 주위 사람들의 특성을 마치 그림 보듯이 볼 수 있고 이해할 수 있는 학문이다. 그러한 이해를 통해 상대를 소중하게 여길 수 있는 학문이라고 생각한다. 그런 의미에서 나는 명리학을 통해 나와 아이를 아는 것은 사람의 큰 틀, 즉 프레임을 이해하는 것이고 정신의학적으로 나와 아이를 아는 것은 그 프레임 안에 무엇이 담겨 있는지를 이해하는 것이라고 본다.

예를 들어 보자면 명리학으로는 내가 겨울날의 아름드리나무인지, 여름날의 바닷물인지, 봄날의 잔디인지를 아는 것이라면 정신의학으로는 그 아름드리나무의 가지가 잘려 있는지, 바닷물이 넘쳐서 홍수가 일어나기 직전인지, 잔디가 밟혀서 자기 역할을 다하지 못하고 있는지 등 현재의 상태를 알 수 있다. 또한 정신의학은 내가 명리학적으로는 아름드리나무인데 '난 나무가 싫어'라며 겉으로는 바위인 척하고 있는지, 아니면 그 아름드리나무가 잘 자라도록 노력하고 있는지 등 자기에게 주어진 특성을 어떻게 발전시켜 왔는지를 알게 해준다.

그러한 과정에서 내 아이의 진짜 모습을 알게 되면 더욱 효과적으로 아이를 성장시켜 나갈 수 있지 않겠는가. 그래서 나는 명리학과 정신의학 모두 한 인간의 잠재 능력을 발휘하도록 도와주는 학문이라고 생각한다. 더불어 정신의학적 분석과 명리학적 분석을 같이 할 때 한 개인에 대해 좀 더 구체적인 이미지를 그려볼 수 있다. 내가 전작에서도 언급했듯 정신의학적 분석이 '나'라는 집의 설계도면이라면 명리학적 분석은 입체도면에 해당한다고 주장하는 이유다.

집의 설계도면을 보면 방이 몇 개인지, 방의 크기가 어떠한지, 창문은 어느 쪽으로 나 있는지 등을 알 수 있다. 그러나 그렇게 지어진 집이 어떤 느낌을 주는지는 집의 입체도면을 보면 한눈에 들어온다. 이전에 지인에게 명리학이 어떤 학문인지를 다음의 한 문장으로 설명했더니 상대가 쉽게 이해하기도 했다.

"명리학을 영어로 표현한다면 'at a glance', 즉 한눈에 한 개인을 이해하는 학문이다."

우리가 금강산에 오르거나 한라산에 오르면 금강산이 정말 일만 이천 봉인지, 한라산이 해발 몇 미터인지는 몰라도 다른 산에 올랐던 경험과 비교해 보고 직접 경험해 보며 산에 대한 느낌을 받는다. 명리학이 이처럼 시각이라는 감각과 직관으로 먼저 개인을 이해하고 그다음에 이론을 통해 사고하는 학문이라면, 정신의학은 처음부터 사고가 우선인 학문이다. 그것이 명리학적으로 받아들인 이해와 기억이 오래가는 이유이기도 하다. 우리가 공부할 때 시각 자료를 활용하면 더 오래 기억하는 것과 마찬가지다.

이것은 정신의학이 분석적인 좌뇌의 학문이라면 명리학은 직관적이고 감각적이고 시각적으로 자신을 보는 우뇌의 학문이라는 것을 의미한다. 명리학은 바로 그 부분에서 도움이 된다. 나와 내 아이에 대해 마치 그림 보듯이 거리를 두고 관조하면서 자신을 이해할 수 있도록 해주기 때문이다. 그런 의미에서 명리학을 입체도면이라고 하는 것이다.

나 또한 명리학을 공부한 이후에 자신을 입체도면처럼 이해해 볼 수 있게 되었다. 그리고 그러한 경험은 아이들과의 관계에도 많은 영향을 주었다. 내가 나의 급한 성정을 이해했듯이, 내 아이들의 성정도 말 그대로 그림 보듯이 알아볼 수 있었던 것이다. 큰아이는 갓난아이 때부터 민감했다. 정말 시계라도 보는 것처럼 세 시간마다 한 번씩 일어나서 우유를 먹고는 잤다. 어릴 때부터 원하는 것이 있으면 어떻게든 얻어내는 성격이었다. 또 자기가 경험한 것은 다 털어놓는 편이었다.

그에 비해 둘째는 갓난아이 때부터 자기 전에 한 번 우유를 먹이면 아침까지 한 번도 깨지 않을 정도로 느긋했다. 또 첫째와 달리 무엇을 원하다가도 내가 한번 안 된다고 하면 다시는 요구하는 법이 없었다. 그 태평한 성격 때문에 뒷목을 잡은 적도 있다. 아이 말이 사실 자기가 초등학교 때 소풍을 갔다가 절벽으로 떨어졌는데 나뭇가지를 잡고 올라왔다는 것이다. 그 이야기를 아이는 고등학생이 되어서야 아무렇지도 않게 꺼냈다. 그런데 내가 명리학을 공부하며 두 아이 특성을 살펴보고 나니 그간의 일들을 더 잘 이해할 수 있었다. 큰아이는 민감하고 세심하며, 둘째는 말 그대로 쿨한 성격이었다.

그리고 명리학을 공부하고 나서 나는 앞서 소풍날 아이 친구 엄마가 말한 "내 아이는 이럴 때 이렇게 행동할 것이다"라는 느낌을 말 그대로 온몸으로 이해할 수 있었다. 나아가 그런 이해를 바탕으로 아이들과 관계를 맺으니 이전보다 훨씬 수월했다. 예를 들어 두 아이는 모두 독립적이어서 간섭이나 조언을 기꺼워하지 않는 특성을 가지고 있다. 그전에도 바쁜 내 생활을 이유로 아이들에게 그렇게 간섭하는 편은 아니었지만 아이들의 특성을 한눈에 보고 나서는 더 그렇게 되었다. 더 깊은 이해를 바탕으로 아이들을 대하게 된 것이다. 아이들은 다 자란 후에 내게 이렇게 말하기도 했다.

"엄마가 한 번도 커서 뭐가 되어라, 지금은 뭘 하라고 하고 간섭하지 않아서 좋았어."

# 육아에서
# 명리학과 정신의학이
# 왜 똑같이 중요한가

나는 명리학과 정신의학이 서로를 보완하는 학문이라고 생각한다. 살아가다 보면 내가 왜 이런 감정을 느끼는지, 내 아이가 왜 이런 행동을 하는지 의문이 들 때가 있다. 그 의문을 해소하지 못한 채 고민만 이어가다 보면 사람의 속은 곪기 마련이다. 때로는 누군가를 탓하는 마음만 커져가기도 한다. 이를 피하기 위해서는 나와 내 아이를 명확히 이해해야 한다. 명리학적으로 거시적인 이유를 살피고, 정신의학적으로 구체적인 원인을 들여다본다면 우리가 품는 골치 아픈 의문들이 풀리게 될 것이다.

이 밖에도 내가 두 학문을 융합하여 활용하는 데에는 몇 가지 이유가 있다. 첫 번째 이유는 앞서 말했듯 정신의학적으로 아이의 심리 검사를 보다 정확하게 하려면 6살까지 기다려야 하기 때문이다. 6년이란 결코 짧은 시간이 아니다. 따라서 그동안 부모는 아이의 기질 특성이나 잠재 역량을 알아내서 그에 알맞은 돌봄을 제공해야 한다. 이때 아이의 특성을 아는 방법은 잠자는 습관, 먹는 습관, 움직임, 감각에 대한 반응, 대소변 훈련, 말하기 등 여러 가지가 있다. 작은 행동이나 태도에도 아이에 대한 정보가 가득 담겨 있는데, 이 시기에는 보통 대부분의 부모가 육아 스트레스로 인해 아이를 제대로 살펴보기가 어렵다. 그래서 아이들이 보내는 정보를 놓치는 경우도 종종 있다. 태아의 신체 기관이 형성되는 순서가 입→장→항문→근육·턱 근육→생식관인데, 아이들의 심리적 성장도 이러한 순서로 이루어진다. 프로이트는 이 성격 발달 과정을 구강기(oral stage)→항문기(anal stage)→남근기(phallic stage)로 정리하고 있다. 이때 아이들의 특성을 아는 것이 대단히 중요하지만 그것이 쉽지 않다.

그런 점에서 명리학적 관점으로 보면 단순 명쾌한 방향성 제시가 가능하다. 아이의 생년월일시를 통해 아이가 갖고 태어난 특성과 삶의 흐름 등을 한눈에 알아볼 수 있기 때문이다. 내 임상경험에서 보면 명리학적으로 오행의 균형과 조화가 이루어지지 않거나, 오행끼리 서로 충돌하거나, 혹은 반대로 서로 합(合)되는 구조를 갖고 있거나, 일간(사주에서 나를 상징하는 오행)을 이루는 오행의 힘이 약한 아이는 태어날 때부터 민감함을 보이는 경우가 많았다. 그러니 아이의 특성을 처음부터 명리학적으로 안다면 부모의 대처 방법도 달라질 수 있다는 것이 내 생각이다.

특히 임상에서 보면 부모의 특성으로 인해 자녀와 불필요한 갈등을 겪는 경우가 많다. 예를 들어 아이는 순발력과 임기응변이 뛰어나고 그것이 장점인데 부모는 보수적이고 관습적인 경우나, 반대로 부모는 자유분방한 데 비해 아이는 내성적이고 생각이 깊은 특성을 가진 경우에는 부모가 자신의 특성을 아는 것만으로도 불필요한 갈등을 줄일 수 있다.

내가 명리학과 정신의학을 융합하고자 하는 두 번째 이유는 부모에게도 자신을 더 제대로 이해하는 시간이 필요하기 때문이다. 물론 부모는 어른이므로 정신의학적 심리 검사가 가능하다. 단, 여기에 명리학적 관점을 더하면 부모는 자신의 심리 및 기질적 특성이 무엇인지, 아이와 어떻게 관계를 맺어야 하는지, 아이를 어느 방향으로 자라게 해야 하는지 등에 관해 더욱 명확한 지침과 정보를 알 수 있다.

세 번째 이유는 내가 임상에서 명리학적 측면까지 아우르면서 상담을 진행한다는 것과 관련이 있다. 많은 사람이 자기 사주에 관한 잘못된 분석으로 인해 그동안 오히려 문제가 더 나빠졌는데, 제대로 된 해답을 알고 싶다며 찾아오고 있기 때문이다.

한 예로 어느 여성은 부모의 성화로 아주 이른 나이에 결혼한 것을 몹시 후회하고 있었다. 그런데 그렇게 된 배경에는 부모가 있었다. 그녀가 어릴 때 엄마가 어디서 사주를 봤는데, 이 아이는 아무리 공부시키고 뒷바라지해 봤자 성공하지 못할 팔자이니 일찍 시집이나 보내라고 했다는 것이었다. 그 말을 철석같이 믿은 부모는 그녀가 공부를 계속해서 원하는 분야에서 성공하고 싶다고 애원했건만 그 말을 들어주지 않았다고 한다. 그런데 내가 살펴본 바로는 그녀는 공부를 계속했으면 오히려 크게 학문적 성취를 이룰 수 있는 사람이었다. 그러니 지금도 그 갈증으로 삶이 고달픈 것이었다.

그런가 하면 어느 부모는 아이의 사주가 고집이 몹시 세다고 해서 이름도 바꿔주며 애를 썼는데 역시 고집을 꺾을 수 없었다며 아이를 데리고 오기도 했다. 그 부모야말로 명리학을 결정론으로 생각해서 '이 아이는 고집이 세서 어쩔 수 없다'라는 태도를 견지하고 있었다. 물론 그 아이가 고집이 센 측면은 있었다. 하지만 오히려 그것을 장점으로 활용하여 나중에 자기 분야에서 성공할 수 있는 잠재력이 더 높았다. 그 사실을 알게 된 부모는 그제야 마음이 놓인다며 아이를 위해 좀 더 적절한 뒷바라지를 하겠노라고 말했다.

네 번째는 가장 중요한 이유인데, 부모와 자녀가 자신들의 특성과 역할에 대해 좀 더 진지하고 명확한 정보를 갖기를 바라서다. 한번은 20대 초반의 여성이 상담을 받으러 찾아왔다. 이야기를 들어보니 꿈도 없고 무기력하고 우울하다는 것이었다. 그러면서 반항적인 모습을 보이기도 했고, 종종 분노를 터트렸으며, 자주 자살 충동도 느끼고 있었다. 부모에게서 독립해 당당하게 살고 싶다는 바람은 컸지만, 행동으로 옮기기에는 자신감이 없었다. 그녀의 부모는 보수적이고 고지식하며 자신만 옳다고 하는 사람들이었다. 게다가 아빠는 폭력적이기도 했다.

심리 검사 결과를 보니 그녀는 정서가 불안정하고 자율성도 낮았으며, 특히 인내력이 매우 낮았다. 자기통제도 어려웠다. 명리학적 분석도 심리 검사와 일치하는 부분이 많았다. 고집이 세고 독선적이고 비타협적이면서도 한편으로는 우유부단하고 의존적인 면도 있었다. 그러나 근본적으로 창의적이고 총명하며 예술적인 소양을 지니고 있었다. 단지 성장 과정의 영향으로 그러한 장점들을 발휘하지 못하고 있었다.

나는 부모에게 자녀가 자신의 감정과 생각을 좀 더 자유롭게 죄책감을 느끼지 않고 표현할 수 있도록 도와주기를 조언했다. 폭력이나 윽박지르는 행동은 더욱 갈등을 불러올 뿐이며 그보다는 자녀의 선택을 기다리며 스스로 원하는 것을 찾도록 돕는 과정이 필요하다는 말도 전했다. 다행히 상담을 진행하면서 부모도 그러한 사실을 이해하게 되었다. 또 자녀가 원하는 대로 독립을 도와주고 자기 힘으로 살아갈 기회를 만들어주기로 했다. 자녀가 자신의 잠재 능력을 발휘하는 과정에서 시행착오를 겪을 수 있다는 사실도 받아들였다.

그들의 변화를 지켜보며 만일 그녀와 부모가 좀 더 일찍 자신들의 기질과 심리 특성, 장점과 단점, 삶의 흐름을 알았더라면 지금보다 훨씬 나은 선택을 할 수 있었으리란 아쉬움이 남았다. 나는 지금도 바로 그런 이유로 많은 부모에게 정신의학과 명리학을 통합해서 아이를 양육할 것을 권유한다.

# 6살이 되기까지
# 내 아이가
# 겪는 변화

미국의 정신의학자 카렌 호나이는 우리가 성장하는 과정을 '도토리에서 참나무가 되는 것'에 비유한다. 나무가 자라는 데 필요한 것은 뿌리를 내릴 수 있는 기름지고 안정된 땅이다. 그리고 충분한 물과 햇빛도 있어야 한다. 이처럼 잘 맞는 환경을 만나면 도토리는 제 안의 가능성을 확인하고 참나무로 자라난다.

명리학은 기본적으로 인간이 자연의 일부라는 이해에서 출발하는 학문이다. 계절이 봄, 여름, 가을, 겨울로 변화하듯 우리 삶의 흐름을 오행으로 비유하면 소년기는 목(木), 청년기는 화(火), 중년기는 금(金), 노년기는 수(水)의 오행에 해당한다.

목의 오행에 해당하는 소년기에는 마치 나무처럼 자신을 성장시키려고 노력하며 자율성과 주도성을 확립해야 한다. 화의 오행에 해당하는 청년기에는 다양한 인간관계를 통해 사회적으로 성장해 나가면서 친밀한 관계를 맺는 능력을 길러야 한다. 금의 오행에 해당하는 중년기에는 자신의 잠재 역량을 십분 발휘해 생산성을 키워나가야 하고, 수의 오행에 해당하는 노년기에는 인생을 통합하는 지혜를 습득해야 한다. 이러한 오행 변화의 단계는 심리학자인 에릭 에릭슨(Erik Erikson)이 주장한 발달 단계의 과업-신뢰, 자율성, 주도성, 근면성, 정체성, 친밀함, 생산성, 자아통합과 연관된다.

이처럼 각 단계마다 달성해야 하는 과업을 성공적으로 이루면서 자연스럽게 성장하는 것이 명리학적 관점에서나 정신의학적 관점에서 중요하다. 그러니 아이의 몸과 마음, 행동과 표현이 제 시기에 발달하도록 도와주는 환경을 갖추어야 한다.

오행이 변화하듯 아이는 성장 단계마다 각기 다른 심리 상태를 경험한다. 부모가 이 상태를 명확히 파악하고 있다면 자신의 아이를 더 쉽게 이해하고 더 적합한 방식으로 보살필 수 있을 것이다.

아이가 6살이 되기까지 성장 과정과 심리 상태를 아는 것은 집 짓는 과정에 비유하면 기초공사에 해당한다. 기초공사가 튼튼하게 잘된 집은 웬만한 지진에 무너지지 않는 것처럼 이 시기에 신뢰감, 자율성과 주도성을 건강하게 형성한 아이는 살아가면서 경험하는 여러 갈등과 스트레스에 유연하게 대처하는 힘을 기르게 된다.

아이가 성장 과정에서 겪는 심리 상태는 다음과 같다.


## 신뢰를 형성하다
### - 유아기

유아기는 태어나서부터 2살까지를 말한다. 태아에게 직접 물어볼 수는 없으나 태어나기 전까지 태아는 행복했으리라고 미루어 짐작해 볼 수 있다. 철저하게 수동적이고 의존적으로 살수 있었기 때문이다. 스스로 음식을 구하려 애쓸 필요도 없고, 기저귀를 찰 필요도 없고, 화장실에 갈 필요도 없다. 엄마의 자궁이라는 공간은 자동으로 습도와 온도가 최적의 상태로 형성되는 가장 안전한 공간이다. 태아는 먹으려 애쓸 필요도 없고 움직이려 애쓸 필요도 없다. 그처럼 완벽한 공간이 어디 있을까?

물론 임신 중에 엄마가 스트레스를 많이 받으면 아이가 태어난 후에 과잉행동을 하고 많이 울며, 음식 섭취와 대소변을 보는 일에 문제를 보이기도 한다는 보고도 있다. 하지만 대부분의 태아에게 엄마의 자궁보다 안전한 맞춤형 공간은 어디에도 없다. 그런데 세상에 나올 때 제왕절개이든 자연분만이든 일단 아이는 엄마의 자궁이라는 완벽한 환경과 분리되는 경험을 하게 된다. 그때 갓난아기가 경험하는 것은 바로 혼돈과 혼란 그 자체다. 온도와 습도의 변화를 포함해서 갑자기 그동안 경험하지 못했던 모든 감각이 존재하는 세상에 홀로 존재하게 된 것이다.

출생 전에는 자발적으로 호흡할 필요를 느끼지 못했던 아이가 세상에 나와 첫 호흡을 하는 순간, 아이는 그동안의 수동적인 삶과 이별한다. 하지만 그 이별이 바로 완벽히 이루어지지는 않는다. 아이가 마침내 스스로 걷고 말하고 밥을 먹고 대소변을 가릴 때까지는 그 수동적인 삶이 계속 이어지는 것이다. 그것이 바로 태어나서 2살까지의 유아기다.

하루의 80%를 잠으로 보내던 아이는 생후 6개월 정도가 되면 어느 정도 자고 일어나는 시간이 일정해진다. 이때쯤 엄마를 구별한다고 한다. 왜 내 아이인데도 낯설고 모성이 생기지 않는지 출산 직후에 고민하고 자책하는 엄마들이 있는데 실은 그럴 필요가 없다. 이처럼 아이도 자기 엄마를 아는 데 시간이 걸린다. 엄마도 그럴 수 있다.

다만 아이에게는 이 시기가 스트레스의 연속이다. 태아일 때와 달리 이제는 울어야 많은 것이 해결되기 때문이다. 아이가 경험하는 자극의 정도가 폭탄 수준에 가깝다고 비유해도 지나치지 않다. 따라서 이 시기에는 누군가가 아이를 완벽하게 돌봐주어야 한다. 아이가 배고프다고 울면 바로 음식을 주고, 대소변을 보면 바로 치워주는 등 24시간 온 마음을 다해서 아이를 보살피는 노력이 필요하다.

이때 아이가 무엇을 원하는지 부모가 즉각적으로 알아차리고 바로 해결해 주면 아이는 신체적으로 편안함을 느끼며, 부모가 지속해서 그렇게 행동하면 아이는 심리적 안정을 얻는다. 그렇게 아이는 바로 이 시기에 심리적으로 경험해야 하는 과제인 근본적인 신뢰감(basic trust)을 얻게 된다.

우리 삶에서 신뢰가 얼마나 중요한지는 새삼 강조할 필요가 없다. 상대방을 믿지 못하면 피해의식으로 불안, 분노, 우울 등이 따라와 힘들어진다. 이 시기에 부모와 세상에 대한 신뢰를 형성하지 못하거나, 제대로 경험하지 못한 아이들은 이후 부정적 감정에 더 잘 노출될 수밖에 없다. 자기가 힘들 때 도움을 청하면 달려와 줄 대상이 있다는 것을 아는 아이들은 참을성 면에서도 조금씩 기다리는 연습을 할 수 있다.

이러한 세상에 대한 신뢰도 중요하지만, 무엇보다 가장 중요한 것은 자기 자신에 대한 신뢰다. '주위에서 나를 이렇게 돌봐주는 것은 내가 사랑받을 가치가 있는 소중한 존재이기 때문이구나' 하는 자기 신뢰가 형성되면, 살면서 경험하는 온갖 갈등과 스트레스에 대처할 수 있는 큰 힘이 생긴다.

## 자율성이 자라나다
### - 유아기 이후~4살

아이의 자율성과 자존감이 형성되는 시기다. 이 시기에 아이는 보통 대소변 훈련을 하게 된다. 대소변 훈련을 이때 시작해야 하는 데는 나름의 이유가 있다. 이 무렵 아이의 뇌 발달이 척추로 이어져 대소변이 마렵다는 신호를 느낄 수 있게 되고, 그 신호가 대뇌로 전달되기 때문이다. 또한 이 시기의 아이는 간단한 말을 할 수 있고 스스로 옷을 벗고 입을 수 있다. 그런데 이 대소변 훈련을 너무 일찍 시키면 아이들은 수치심을 느끼게 된다. 이때 생겨나는 갈등 때문에 부모에게 적대감을 느끼게 되기도 한다. 언젠가 생후 1년 만에 대소변 훈련을 성공적으로 끝냈다고 자랑하는 엄마를 보면서 속으로 걱정을 많이 했던 기억이 있다.

에릭슨은 이 시기에 부모가 단호해야 하는 문제에는 단호하고 수용해 주어도 될 문제에는 수용적이어야만 아이가 자율적인 개인으로서 성장할 수 있으며 자긍심을 갖게 된다고 강조했다. 정신의학자 장 피아제는 이 시기의 아이들은 매우 개인적인 성향을 보인다고 주장했다. 즉 이 시기의 아이들은 놀 때도 혼자서 놀며, 다른 사람에게 관심 없는 상황을 즐긴다는 것이다.

4, 5세까지는 세 아이가 한 공간에 있어도 두 아이만 함께 놀기도 한다. 이때 부모들이 개입하여 세 사람이 같이 놀라고 하면 아이들은 힘들어한다. 5살 이상이 되어야 아이들은 2명 이상의 친구와 동시에 놀 수 있다. 그러니 5살 이하의 아이에게 "왜 너는 짝꿍하고만 노니? 여러 명하고 놀아야지" 하고 채근해서는 안 된다. 아이의 발달을 기다려 주어야 한다.

## 관계의 주도권에 눈을 뜨다

### - 5살 이후

아이는 최소한 5살이 되어야 협동, 경쟁심, 동정, 우정 등을 배워나가는 것이 가능하다. 또 이 시기에 자율성과 주도성의 개념을 더 분명하게 익히게 된다. 대개 아이는 사랑하는 엄마에게 맞서 자기가 원하는 것을 얻는 과정에서 이 개념을 배운다.

이 시기의 또 다른 특징은 물건을 모으는 행동을 보인다는 것이다. 때로는 장난감과 같은 물건을 숨기는 장난을 치기도 한다. 그러면서 자신이 세상을 통제할 수 있음을 보여주는 것이다. 그러니 이 행동을 두고 아이에게 화를 내서는 안 된다. 아이의 입장에서 보면 세상을 알아가는 하나의 단계이고, 자율성과 주도성을 키워나가는 과정이기 때문이다. 부모들이 기꺼이 그 놀이에 참여하는 것도 좋다.

또한 이 시기에 경험한 것들이 나중에 인간관계에서 누가 결정권을 갖는가 하는 문제로 이어진다. 부모가 매사 '내가 결정할 거야. 너는 하지마'라는 태도를 보이거나 반대로 지나치게 허용적이어서 언제나 '네가 결정해. 난 안 할 거야'라는 메시지를 주는 경우, 나중에 성장해서 자신이 늘 인간관계의 주도권을 가지려고 하거나 반대로 아예 수동적인 태도를 보이게 된다. 가장 좋지 않은 경우는 부모가 "누가 결정할지 잘 모르겠어"라며 우유부단하고 변덕스러운 태도를 보이는 것이다. 이런 부모 밑에서 성장하면 아이 역시 선택에 어려움을 겪게 되고, 자신의 선택에 대한 확신과 의심의 양가감정적 태도를 보일 가능성이 높다.

이 시기에 아이들은 어느 정도 상대방을 조종하려는 태도를 보이기도 한다. 예를 들어 잠자기 전에 이야기를 들려달라고 하거나 같은 단어를 반복해서 말해달라고 하는 것 또한 무의식적으로 상대를 조종하려는 아이들 나름의 시도일 수 있다. 이러한 행동은 무조건 의존적으로 행동할 수밖에 없는 유아기를 벗어나 부모와 파워게임을 시작하려는 심리에서 나타난다.

따라서 부모가 경직된 태도로 아이를 지배하려고 하며 자신이 원하는 방식으로 이끌려고 하거나, 이와 반대로 아이들이 원하는 것을 다 들어주어서는 안 된다. 이런 경우 아이는 이후에 모든 관계에서 타인과 파워게임을 하게 될 수 있다. 따라서 아이가 무언가를 원할 때 그 이유가 무엇인지, 지금 부모의 상황이 이러저러하므로 어디까지 수용할 수 있는지를 설명해 주는 과정이 필요하다. 그 과정을 통해 아이들은 상대의 상황에 따라 자신의 욕구를 조절하는 훈련을 하게 된다. 이 시기에 아이들이 흔히 보이는 분노 발작은 그 파워게임 중에 느끼는 불안감과 좌절감을 해소하는 방법의 하나다. 그러므로 이 행동을 너무 심각하게 받아들이고 아이를 윽박질러서는 안 된다. 단, 적절한 제재는 필요하다.

부모는 아이에게 누구보다 큰 영향을 미치는 사람이다. 나는 내게 찾아오는 내담자들을 보며 이 점을 자주 통감한다. 성장 과정에서 아이가 경험한 것들은 훗날 아이의 심리 상태의 기반이 된다. 그래서 성장 단계마다 적절한 이해와 지도로 아이를 돌보는 것이 중요하다.

# 우리는 언제나
# 미래가 궁금하다

인문학은 말 그대로 인간과 관련된 근원적인 문제를 연구하는 학문이다. 인문학과 대비되는 학문은 자연과학으로, 객관적인 자연현상을 다루는 학문이다. 정신의학은 의학이면서 인문학이라고 할 수 있다. 인간의 정신을 다루는 학문이기 때문이다. 명리학은 어떨까? 내가 명리학을 공부하며 이 학문의 깊이에 빠진 이유도 여기에 있다. 명리학은 인문학이면서 자연과학이라는 점에 매료된 것이다.

앞서 언급했듯 명리학에서는 인간을 자연의 일부로 여기며, 자연을 이루고 있는 기로 인간도 이루어져 있다고 한다. 또한 명리학은 자신을 이루는 기의 균형과 조화로 개인의 특성을 아는 학문이다. 자신을 분석하는 학문이니 인문학이면서, 자신을 이루는 기를 알기 위해 자연을 알아야 하니 자연과학이기도 한 것이다. 즉 명리학은 인문학, 천문학, 물리학, 양자역학 등을 총망라한 학문이다. 그 내용을 하나하나 살펴보자.

우리가 흔히 사주팔자라고 하는 사주(四柱)는 4개의 기둥을 뜻하며, 이 네 기둥은 각각 내가 태어난 해, 월, 일, 시를 상징한다. 내가 태어난 연월일시를 알기 위해서는 달력이 필요하다. 모두 알고 있듯이 달력이란 시간의 흐름을 기록한 것인데 어떻게 시간의 흐름을 기록하느냐에 따라 달력의 종류가 나뉜다. 태양의 움직임으로 시간의 흐름을 기록하는 것은 태양력이고, 달의 움직임으로 시간의 흐름을 기록한 것은 음력이다.

왜 우리의 선조들은 태양과 달의 움직임으로 시간의 흐름을 기록했을까? 지구에서 가장 가까운 행성이 태양과 달이고, 지구의 자연에 가장 큰 영향을 주는 행성이 또한 태양과 달이기 때문이다.

지구가 태양을 한 바퀴 도는 데 걸리는 날은 365일이다. 이는 이집트에서 최초로 계산되었다. 그런데 실제로 지구가 태양 주위를 한 바퀴 도는 기간은 정확히 365.24일이다. 그러니 매년 0.24일만큼 실제 지구의 움직임과 달력이 차이가 난다. 이 편차를 메우기 위해 4년마다 윤년을 두었다. 그래서 4년마다 한 번씩 2월이 28일이 아닌 29일이 되는 달이 있는 것이다.

한편, 달이 지구를 한 바퀴 도는 기간은 29.5일이다. 그러니 태양력으로 1년은 365일이고, 태음력으로 1년은 354일이 된다. 그 차이인 11일을 메우기 위해 윤달을 두는 것이다. 즉, 윤년은 태양력을 기준으로 하는 것이고, 윤달은 태양력과 태음력의 차이를 메우기 위해서 임의로 집어넣은 것이다. 우리가 흔히 윤달이 든 해는 덥다고 하는데, 주로 윤달을 봄과 여름에 넣기 때문이다. 윤달은 보통 19년간 7번을 넣으므로 2~3년마다 한 번씩 온다. 우리의 생년월일시는 이 태양력과 태음력을 통해 알 수 있는데, 흔히 양력 생일이라고 하는 것은 태양력을 기준으로 한 것이고, 음력 생일이라고 하는 것은 태음력을 기준으로 한 것이다.

그런데 왜 사주라고 부르는 걸까? 명리학을 영어로 번역하면 'four pillars theory of destiny'이다. 기둥이 4개면 무엇이 생길까? 바로 공간이 생긴다. 즉 명리학은 시간의 흐름에 공간의 개념을 합쳐서 나의 특성을 아는 것이다. 팔자라는 것은 그 4개의 기둥으로 인해 형성된 공간에 가득 찬 기(氣)를 뜻한다. 즉 8개의 오행이고 8개의 기인 것이다. 그럼 그 공간에 가득 찬 기를 어떻게 알아낼 수 있을까? 그것을 알아내는 역법이 바로 명리학의 근본이 되는 달력인 갑자력이다. 이 갑자력은 태양과 달의 움직임에 5개의 천체, 즉 수성, 금성, 목성, 화성, 토성의 움직임까지 계산해서 내가 태어난 연월일시의 우

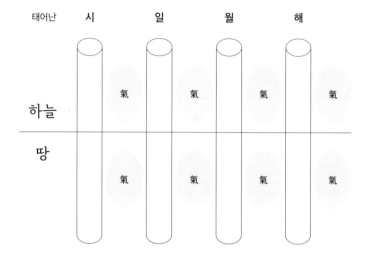

|태어난| 시 | 일 | 월 | 해 |

하늘

땅

주의 기운을 계산해 낸 달력이다. 흥미로운 것은 이 갑자력에서는 그 기를 계산하는 중심이 태양도 달도 아니고, 바로 목성이라는 점이다.

목성은 동양에서는 군주의 별이라고 부르고 서양에서는 주피터(Jupiter)라고 한다. 태양계에서 가장 부피가 큰 행성이어서 태양계에 미치는 영향력도 대단하다. 목성의 공전 주기는 11.86년으로 대략 12년에 해당한다. 즉 1년마다 목성은 30도씩 움직이며, 이 목성의 움직임을 따라 연구한 것이 바로 황도 12궁이라는 별자리다. 그리고 목성은 밤하늘에서 달 다음으로 제일 빛나는 천체다. 성경에서 동방박사들에게 예수 탄생의 장소를 인도해 준 별이 이 목성이라는 설도 있다.

명리학의 갑자력을 이해하기 위해서는 천문학을 알아볼 수밖에 없다. 그 옛날에 어떻게 우주의 기운을 알아냈는지 참 신비로운 일이다. 명리학의 근원이 되는 음양오행설은 4700년 전에 중국의 황제 시대에 정리되었다고 하니 옛사람의 지혜가 놀라울 뿐이다. 우리나라는 처음에는 중국의 달력을 사용하다가 세종대왕이 우리나라의 역법과 중국의 역법이 다르므로(지리적으로 나라의 위치가 다르므로) 우리나라의 역법을 만들라 명해서 만들어진 것이 칠정산 내편과 외편이다. 이것이 영조 시대에 백중력으로, 정조에서는 천세력으로 정리되었다가 고종 때 만세력으로 명명되어 지금까지 그 이름으로 불리고 있다. 그러니 세종대왕의 천재성도 다시금 놀랍다.

이처럼 사주팔자를 이해하기 위해서는 가장 먼저 천문학에 대한 이해가 필요하고, 오행인 화수목금토의 성질을 이해하기 위해서는 물리학에 대한 이해가 필요하다. 명리학에서 말하는 화수목금토는 단지 불, 물, 나무, 쇠, 흙이 아니다. 화는 팽창하는 기운, 수는 응집하는 힘, 목은 용출하는 힘, 토는 중화하는 기운, 금은 수축하고 응고하는 기운으로 그 기운을 제대로 이해하려면 물리학적 개념을 알아야 한다. 나아가 운의 흐름을 알려면 양자역학에 대한 이해가 필요하다.

명리학에서는 내가 태어난 연월일시에 따라 나만의 공간, 나만의 소우주가 형성된다고 말한다. 이 나만의 소우주와 자연이라는 대우주 사이에 일어나는 현상이 바로 운의 흐름인 것이다. 내가 살아갈 길을 알려주는 것이 운인데, 운이란 나를 이루는 오행과 자연의 오행 사이에 일어나는 현상을 말한다. 즉 자연의 오행이 나를 도와주는 운인지 아니면 나를 힘들게 하는 운인지를 파악하기 위해서는 양자역학적인 이해가 필요하다. 양자역학에서 말하는 파동과 입자의 관계나, 실체는 우연과 사건의 집합체라는 내용과도 명리학은 맞물려 있다.

○ ● ○

더 방대한 이론적 이야기는 이 책에서 더 이상 깊게 기술하지 않겠다. 다만 현대 양자역학의 대가들 대부분이 명리학의 시작인 음양오행설에 심취해 있다는 사실을 이야기하고 싶다.

생각해 보면 우리가 살아간다는 것은 얼마나 두려운 일인가. 우리의 미래에 어떤 일이 벌어질지, 내가 어떤 길로 가야 제대로 살아갈 수 있을지, 또 내 아이와 가족에게 무슨 일이 일어날지 불안하고 두려운 것이 인간으로서는 당연하다. 그 두려움과 불안을 해결하기 위해 인간이 연구한 학문이 명리학이라는 것이 내 생각이다.

명리학이 그렇듯 우리의 삶은 자연과 떼려야 뗄 수가 없다. 밀물과 썰물, 일식과 월식 등 자연이 우리의 삶에 얼마나 큰 영향을 주고 있는가. 언젠가 매스컴에서 아주 흥미로운 기사를 봤는데 이탈리아에서는 와인을 병에 담을 때 음력을 사용한다고 한다. 달이 지구와 가까워지면 중력이 증가해 밀물처럼 액체의 부피가 늘어나고, 달이 기울 때 와인을 담으면 액체의 부피가 줄어들어 포도즙이 응축되어 당도가 더 높아지고 찌꺼기가 가라앉아 여과 작업이 더 쉬워진다고 한다. 그처럼 와인을 병에 넣는 작업에서조차 자연의 현상을 살피는데, 더군다나 우리가 인생을 두고 고민할 때는 자연과 나의 관계를 살펴보지 않을 수 없다.

장자는 이렇게 말했다.

"하늘과 땅 사이에 있는 모든 것들이 서로 얽히고설켜서 하나의 전체를 이루고 있다."

정신의학자 아들러 역시 "인간의 정신생활은 낮과 밤, 태양, 원자들의 움직임과 같은 무한한 자연현상과 관계를 맺고 있다"라는 말을 남겼다.

또한 그리스의 철학자인 엠페도클레스는 "우주에 존재하는 모든 것들은 물, 불, 흙, 공기로 이루어져 있다"고 했다. 히포크라테스도 "인간은 차갑고 건조하고 뜨겁고 습한 네 가지 체액으로 이루어져 있다"고 말했다. 오행을 이루는 화, 수, 목, 금,

토가 연상되는 말들이다.

자연과 인간의 연관성은 살펴볼수록 흥미롭다. 지구 표면적의 70%가 물로 이루어져 있는데 인간의 몸도 70%가 수분이며, 우리 몸에 있는 365개의 경혈과 1년을 이루는 365일, 십이지장과 12달, 우주의 1000억 개의 은하와 우리 뇌에 있는 1000억 개의 뇌세포를 연관 짓는 학자도 있다. 이러한 사실을 살피다 보면 우리가 단지 하나의 개인으로 덩그러니 놓여 있는 게 아니라는 생각이 든다. 이 광대한 우주와 연결된 우리는 얼마나 흥미롭고 소중한 존재인가. 그리고 우리의 자녀들은 또 얼마나 놀랍고 귀한 존재인지 다시금 생각하게 된다.

# 운명은
# 개척하고
# 쟁취하는 것

명리학은 '운명학'이라고도 불린다. 또 '사주추명학(四柱推命學)'이라고도 하는데 말 그대로 사주를 가지고 하늘에서 받은 자신의 삶의 이치를 추론한다는 뜻이다. 운명이라는 한자어도 알고 보면 매우 흥미롭다. 움직일 운(運), 목숨 명(命). 세상에 변하지 않는 것은 아무것도 없다. 우리의 삶도 마찬가지다. 태어나서 죽는 날까지 우리는 끊임없는 변화의 과정을 거친다. 그 변화를 기록한 것이 운이다. 즉 운이라는 것은 우리가 생명체로서 매 순간 변화하는 삶을 산다는 뜻이다. 그리고 누구의 삶도 흐름이 같은 경우는 없다. 그것이 운명이다.

어느 모임에서 누군가가 "우리의 운명은 모든 것이 처음부터 끝까지 다 정해져 있다"라는 말을 꺼낸 적이 있다. 나는 그에게 그것은 틀린 말이라고 알려 주었다. 그 이유는 크게 두 가지다. 앞서 사주팔자에서 사주란 내가 태어난 연월일시이고, 팔자란 그 사주로 인해 형성된 나만의 공간에 가득 찬 우주의 에너지, 즉 기라고 설명했다. 기는 고체가 아닌 기체다. 기체는 어떠한가. 기체는 상황에 따라 액체로도, 고체로도 변화하는 성질을 가지고 있다.

인간이 변화하는 에너지로 이루어진 존재라는 것을 카를 융 또한 주장했다. 그는 그것을 정신에너지(psychic energy)라고 불렀는데, 그는 이러한 정신에너지는 양적으로 측정하기는 불가능하지만 심리적 작업을 수행하는 현실적 또는 잠재적 힘의 형식으로 표현된다고 했다. 즉 기억, 생각, 감정, 소원, 의지, 기대, 노력 등으로 자기가 갖고 있는 정신에너지를 표현하는 것이며, 그러한 에너지는 수많은 요소들에 의해 변화한다고 주장했다.

내가 어떤 생각을 하느냐에 따라 나의 정신에너지는 상승하기도 하고 감소하기도 한다. 예를 들어 부정적인 생각을 하면 당장 그것이 부정적 감정을 불러일으켜 행동에 변화를 가져온다. 반대로 긍정적인 생각을 하면 그것이 긍정적 감정을 불러일으켜 긍정적 행동을 하게 되는 것이다. 이처럼 내 사주팔자의 기를 살펴 나의 사주로 구성된 공간에 기가 너무 덥거나 너무 춥거나 너무 메마르거나 너무 습하면 그것을 보완해 주는 노력을 해서 나의 정신에너지를 변화시킬 수 있다. 우리가 더운 날 에어컨이나 선풍기를 틀고, 추운 날 보일러를 틀어 집안의 온도를 조절하는 것처럼 개인의 에너지도 변화시킬 수 있다는 것이 명리학이 주는 또 다른 희망의 메시지다. 내가 늘 주장하는 이 말도 같은 맥락이다.

"사주는 못 바꿔도 팔자는 바꾼다."

사주란 태어난 생년월일시를 뜻하니 그것을 바꿀 수는 없지만 팔자는 에너지이므로 노력에 따라서 바꿀 수 있는 것이다. 물론 나의 능동적 노력이 뒤따라야 가능한 일이다.

게다가 현대 뇌과학에서는 우리의 노력으로 인해 뇌 구조가 변화한다고 말한다. 뇌의 사용 여하에 따라 뇌세포의 연결고리가 달라진다는 신경가소성(neuroplasticity) 이론이다. 뇌도 성형이 가능하다는 것이다. 몸의 성형은 성형외과 의사의 도움을 빌려야 하지만 마음의 성형, 뇌의 성형은 나의 노력 여부에 달려 있다. 그것이 우리가 갖고 있는 '자유의지'의 힘이다.

명리학과 정신의학을 접목하면 우리는 자신에게 필요한 오행을 보완해 볼 수 있다. 또 자신의 잠재 역량을 발휘하는 데 보탬이 되어줄 수 있다. 언젠가 한 사람이 고민을 안고 나를 찾아온 적이 있다. 모든 것이 완벽하게 준비되어 있지 않으면 무엇도 시작할 수 없다는 것이었다. 그는 명리학적으로 가을날의 샘물에 비유할 수 있는 사주였다. 물이 끝없이 흐르는 사주였지만 그 물이 그냥 흘러가서 낭비되는 경우였다. 그는 정신의학적으로는 불필요한 걱정과 근심이 많고 자기 가치관이 강해 매사 시시비비를 가리는 특성을 보이고 있었다.

자연현상으로서 물이 무언가를 이루려면 식물에 공급되거나 아니면 가뭄으로 말라붙은 땅을 적셔야 한다. 그의 사주는 나무에 해당하는 오행(명리학적으로는 식신이라고 한다. 물이 나무를 통해 자기의 역할을 달성하는 것을 상징하는 오행이다)이 있어, 나무의 성정에 해당하는 의욕과 의지를 이미 가지고 있으니, 이를 보다 더 행동으로 옮길 것을 조언했다.

또 어느 날에는 스스로의 잠재력을 신뢰하지 못하고 의심하는 사람을 상담하기도 했다. 그는 자기가 남들보다 부족하다는 생각 때문에 우울감에 사로잡혀 아무것도 못 하는 상태였다. 명리학적으로 보니 보석이 땅에 묻힌 형상이었다. 그는 지나치게 남을 의식하고 매사 잘해야 한다는 생각에 사로잡혀 자신의 잠재력을 발휘하지 못하고 있었다. 그에게 명리학적 분석 결과를 설명해 주면서 그가 가지고 있는 창의성, 아이디어, 예지 능력 등이 얼마나 우수한지를 보여주었다. 정신의학적 검사에서도 잠재 능력은 우수하지만 우울감 등으로 현재 능력을 발휘하지 못하고 있다는 유사한 결과가 나왔다. 그는 그러한 결과를 받아들여 본인의 능력을 살려 IT 분야로 전공을 정하고 열심히 노력해 보기로 했다.

누누이 강조하지만 명리학은 절대로 결정론이 아니다. 임상에서 보면 본인이 가진 능력을 제대로 발휘하지 못하고 있는 경우가 참 많다. 자기를 제대로 알기도 전에 스스로에 대한 편견과 선입견에 휩싸이는 것이다. 또 남의 평가에 휘둘려서 잠재 능력을 발휘하지 못하는 사람도 굉장히 많이 보았다. 일찍이 그리스의 철학자 헤라클레이토스는 "이 세상에 정지된 것은 없다"라고 했다. 헤르만 헤세는 이를 보다 정교하게 다듬어 "우리는 똑같은 강물에 두 번 다시 발을 담글 수 없다"라고 표현했다. 어제의 강물과 오늘의 강물은 다르다는 것이다.

현대의학에서도 우리 몸은 1년이면 98%가 새 세포로 바뀐다고 말한다. 영화 「바닐라 스카이」의 명대사 "1분마다 인생을 바꿀 기회가 온다"나, 천문학자 칼 세이건이 "우리는 자신의 운명을 손에 쥔 별이다"라고 한 말이나 모두 자신의 노력에 따라 자기 운명을 개척할 수 있다는 뜻을 담고 있다.

자신이 사회생활을 잘 못하는 것, 인간관계가 안 좋은 것을 모두 부모 탓으로 돌리는 내담자를 만난 적이 있다. 나는 "그럼 불행하고 불우한 가정에서 태어나 자란 사람들은 다 실패를 하나요? 그렇지 않다는 증거를 너무 많이 보지 않았나요?" 하고 그에게 질문을 던졌다. 그러자 그는 자신이 그저 부모를 원망하기만 했다는 사실을 인정하고 받아들였다.

실패를 누군가의 탓으로 돌리는 일은 쉽다. 내 인생은 원래 이렇다며 자포자기하는 심정을 품는 것도 쉬운 일이다. 내담자들에게서 가장 많이 듣는 말이 "머리로는 아는데 마음으로 받아들여지지 않으니 행동으로 옮겨지지 않는다"라는 것이다. 머리로 아는 것을 행동으로 옮기는 것이 바로 의지이고 자아 강도(ego strength)다. 이는 신체의 근육을 키워나가는 것처럼 마음의 힘을 키우는 과정이다. 그리고 그 노력을 통해 철학자이자 심리학자인 에이브러햄 매슬로의 말처럼 "물이 축축하고, 바위가 단단하고, 나무가 푸르다고 불평하지 않는 것처럼 자신을 있는 그대로 이해하고 수용하게" 되는 것이며, 그럴 때 나의 잠재 역량을 발휘할 수 있는 것이다.

아무리 귀한 찻잔으로 태어났다고 해도 그것을 함부로 굴리거나 씻지 않는다면 그 빛을 잃게 된다. 그처럼 자신의 잠재 역량을 믿고 이해하고 수용하면서 끊임없이 노력해 가는 과정이 중요하다고 명리학과 정신의학은 강조하고 있다.

아이가 자신의 잠재 역량을 믿을 수 있도록 길을 찾고 이끌어 주는 것이 부모의 역할이다. 내 아이가 어떤 특성을 가지고 태어났는지, 아이가 잠재 역량을 가장 잘 발휘할 수 있는 적성은 무엇인지를 함께 찾아가다 보면 자연스레 아이의 장점이 눈에 띌 것이다. 그 과정에서 아이와 신뢰 관계를 튼튼히 형성하여 아이가 자기 자신을 이해하고 수용하도록 돕고, 자신의 장점을 자랑스럽게 여기도록 인도한다면 이보다 더 뿌듯한 일은 없을 것이다.

2장

---

아무리 애써봐도 어렵기만 한
아이와의 관계

"인생을 천 짜는 것에 비유한다면,
부모의 역할은 그 천을 짤 수 있는 틀을
아이에게 만들어주는 것이라고 생각한다.
좋은 태도와 습관, 인생을 긍정적으로 바라볼 수 있는 시각,
제대로 된 가치관 등이 이 틀에 속한다."

---

1

---

아이가
태어나는 순간
부모는 바보가 된다

아기가 태어나서 세상에 나오고 그 아이가 서너 살이 되기까지가 부모에게 가장 경이로운 시기라고 생각한다. 한 친구는 아기를 배속에 품고 있는 시간 동안 "신을 믿지 않기란 너무도 어려운 일"이라고 말하기도 했다. 엄마 입장에서 아이를 가지는 일은 어쩌면 인생에서 가장 극적이면서도 행복한 경험일지도 모르겠다.

어느 엄마가 첫아이 돌 무렵 그 비슷한 감정을 느꼈다며 들려준 이야기도 흥미롭다. 당시에 그녀는 친정엄마에게 아이를 맡기고 회사에 출근하여 일을 하고 있었다. 그러던 어느 날 직장 동료가 아기곰 달력을 그녀에게 선물해 왔다. 그 아기곰의 모습을 보는 순간, 그녀는 그 사랑스러움에 완전히 압도되는 느낌을 받은 것이다. 전에는 아기 동물이나 캐릭터를 봐도 이런 감각을 느껴본 일이 없었다고 한다. 너무도 사랑스러운 존재인 자신의 아이가 생겼기에 전에는 몰랐던 사랑스러움을 느끼게 된 것이다. 나 역시 그녀의 말이 어떤 의미인지 알 수 있었다. 이처럼 부모가 되면 세상이 달리 보이는 경험을 하게 되기 마련이다.

그런가 하면 아기가 태어나는 순간부터 대부분의 부모는 바보가 되고 만다. 거의 모든 부모는 내 아이만은 정말 특별한 존재라는 생각에 사로잡히게 된다. 누가 뭐라고 해도 내 눈에는 아이가 이래도 예쁘고 저래도 사랑스러운 존재인 것이다. 그러니 이 사람 저 사람에게 그 진리를 강조하는 행동도 어찌 보면 당연한 일이다. 아이는 부모 눈에만 특별한 존재라는 사실을 알기에는 내 아이의 존재가 너무도 가슴 벅찬 것이다.

그리고 거의 모든 부모가 그 과정을 거쳐 '진짜 육아'라는 단계에 돌입한다. 문제는 그때부터 발생한다. 그동안의 임상 경험을 통해 내가 통절하게 느끼는 것이 있다면 인간관계 중에서 가장 어려운 관계가 가족관계라는 사실이다. 다른 인간관계는 내가 선택할 수 있다. 누구를 만나고 헤어지든지 남남인 이상 내게 선택권이 있다. 그러나 가족관계, 특히 부모 자녀 관계는 내가 선택할 수가 없다. 아이 편에서 보면 태어나 보니 이미 자신이 누군가의 자녀인 상황이다. 게다가 부모가 어떤 사람인지, 그들이 영위해 가는 가정은 어떤 모습인지도 이미 거의 다 정해져 있는 상태다.

그럼 부모 입장은 어떨까? 부모 또한 내가 원하는 완벽한 아이를 선택해서 태어나게 할 수 없다. 어떤 모습으로 태어나 어떻게 성장하든 아이와 부모는 그 연결고리를 쉬이 끊을 수 없다. 운명처럼 서로를 만나게 되는 셈이다.

아이를 기르는 일은 또 어떤가? 다른 욕심 내지 않고 아이가 사회의 일원으로 건강하게 자라기만을 바란다고 해도 이 또한 쉽지 않은 게 자녀교육이다. 양육 과정에서 생기는 문제를 조금이라도 줄이기 위해 선행되어야 할 것이 있다. 부부가 아이의 출생이라는 새로운 환경 변화부터 어떻게 대처할 것인지에 대해 미리 의논하고, 앞으로 어떤 자세로 자녀를 교육하고 어떻게 서로 협동할 것인지를 정해야 한다. 그런데 이 과정도 참 어렵다. 두 사람의 성장 과정, 부모와의 관계, 기질, 성격, 가치관, 결혼과 자녀 양육에 대한 태도 등 수많은 요소가 영향을 미치기 때문이다.

또한 두 사람이 어떻게 결혼하게 되었는지, 어느 시기에 임신을 했는지, 두 사람의 임신에 대한 태도는 어떤지, 아이가 생겼을 때 두 사람의 관계는 어떤지 등 여러 요인으로 인해 아이가 태어나기 전에 이미 그 아이가 자라날 환경이 조성되어 있다고 해도 과언이 아니다. 정신의학에서 조부모까지 삼대의 이력을 살피고, 명리학에서도 조상과의 관계까지 더 넓은 시야로 살피려는 이유가 여기에 있다.

○ ● ○

게다가 요즘에는 인스타그램, 유튜브와 같은 SNS 때문에 부모들이 더 불안하다. SNS를 들여다보고 있으면 다른 부모들은 아이를 잘만 키우는 것 같고, 다른 집 아이들은 다 공부도 잘하고 착하기만 한 것 같다. 그런데 내 경우는 그렇지 못한 것 같아 괜히 불안하고 스스로가 안타깝게 여겨지는 것이다. 이런 감정을 느껴보지 못한 엄마는 없을 것이다.

더욱이 요즘은 육아 프로그램 등이 주목을 받으며, 그 영향으로 자녀 양육과 관련된 지식이 넘쳐나고 있다. 자신이 아이를 키우면서 느낀 점을 나누거나 등하교시키는 방법을 알려주는 등 세세한 육아 콘텐츠를 다루는 유튜브 채널도 많다. 그래서인지 요즘 젊은 부부들과 사교육에 대한 이야기를 나누면 다들 공통되게 하는 이야기가 있다. 남들이 다 시키는데 자기만 가만히 있는 것이 너무 불안해 무슨 방법을 동원하든 아이들을 이 학원, 저 학원으로 보내지 않을 수 없다는 것이다.

그러나 부모가 자녀교육에 성공하려면 근본적으로 가져야

할 자세가 있다. 바로 아이들은 인생을 경험하기 위해 태어났다는 사실을 이해하는 것이다. 이 사실만 받아들인다면 아이의 성장에 맞춰 부모로서 어떻게 도움을 주어야 할지 알 수 있다. 즉 영아기 때는 절대적 보호를 제공하고, 그다음에는 자율성 확립을 준비시키고, 좀 더 자라서는 온전하게 독립된 존재로서 살아갈 수 있도록 도와주는 것이다.

이 과정에서 필요한 것은 아이에 대한 이해다. 어찌 보면 참 흥미롭다. 모든 부모도 한때는 아이였으니 자신의 어린 시절을 회상한다면 아이의 심리를 제대로 이해할 법도 한데, 그렇지가 않은 것이다. 아이에게 일방적으로 자신의 의견만 밀어붙이는 부모도 많다.

남편과 시가 식구들의 성화로 인해 다니던 직장을 그만두고 육아에 전념하고 있다는 여성이 찾아온 적이 있다. 문제는 그녀가 자신이 세운 육아 스케줄에 강박 증상을 보이고 있다는 것이었다. 시간대별로 촘촘하게 자신과 아이가 할 일을 정해 놓는 것까지는 어느 정도 이해되었다. 다만 그것이 제대로 지켜지지 않으면 큰 불안감을 느끼고, 때로는 그에 따른 혼란이 지나치게 커져서 견디기 힘들다는 것이었다. 왜 그렇게까지 해야 하는지에 관해 이야기를 나누던 중 그녀가 말했다.

"다른 아이들은 뛰어가는데 우리 아이만 걸어가게 놔둘 순없잖아요."

아무리 똑똑하고 유능한 사람이라도 부모가 되면 바보가 될 수밖에 없는지도 모른다. 무한경쟁의 시대라는 점을 생각해 보면 그녀의 심정도 충분히 이해된다. 특히 과거와는 차원이 다르게 커져만 가는 비교 심리는 많은 부모의 어깨를 짓누르고 있다.

과거 한 집에 아이가 최소 서너 명은 있던 시절에는 아이들이 자기 하고 싶은 대로 할 수 있는 영역이 넓었다. 물론 그때도 부모가 내 아이를 두고 옆집 아이들과 비교를 하기는 했다. 하지만 그 범위가 이웃, 친척, 지인의 아이들로 한정되어 있었다. 그런데 지금은 어떤가. 비교마저 세계화가 이루어졌다. 오늘날 부모들은 아이들을 더 들볶게 됐다. 또 아이도 스스로 경쟁심, 시기심, 질투심을 느껴 더욱 불안해하는 일이 잦다.

내가 이루지 못한 꿈을 자녀가 대신 이뤄주기를 바라면서 한편으로는 자신의 어린 시절과 아이의 환경을 비교하는 부모도 많다. "나는 성장 과정에서 얼마나 어렵게 공부했는데, 너는 내가 이처럼 편안하게 해주는데 이 정도밖에 못하느냐" 하고 야단치는 부모도 적지 않다.

회사에 취직하면 오래 견디지 못하고 그만두는 문제로 상담을 받으러 온 젊은 남자가 있었다. 그의 경우에는 그 배경에 아빠의 강압이 버티고 있었다. 그의 아빠는 소위 말하는 엘리트로 승승장구해 온 사람이었다. 그래선지 아들이 취직만 하면 바로 잔소리가 시작되곤 했다. 똑바로 해서 곧바로 승진하라는 게 아빠의 요지였다. 아들은 그런 아빠의 말이 듣기 힘들었다. 그래서 아빠에 대한 수동공격성의 심리로 취직만 하면 얼마 지나지 않아 그만두며 복수 아닌 복수를 해왔노라고 털어놓았다. 후에 그는 자신이 정말 원했던 것이 무엇인지를 찾아, 학원 강사가 되어 아빠보다 돈을 더 많이 벌게 되었다. 그제야 아빠의 잔소리도 그친 케이스다.

인생을 천 짜는 것에 비유한다면, 부모의 역할은 그 천을 짤 수 있는 틀을 아이에게 만들어주는 것이라고 생각한다. 좋은 태도와 습관, 인생을 긍정적으로 바라볼 수 있는 시각, 제대로 된 가치관 등이 이 틀에 속한다. 물론 그러기 위해서는 부모가 먼저 인생에 대한 성숙한 자세를 갖고자 노력해야 할 것이다. 쉽지는 않지만 그렇게 할 때 우리는 조금은 '지혜롭고 신나게 부모 노릇'을 할 수 있지 않을까.

# 150억 부자로
# 불리는 엄마

세상의 모든 엄마는 자녀교육에서 성공하고 싶다. 누구나 내 아이만은 똑똑하고 성숙하고 인생에서도 실패의 쓴맛을 보지 않기를 바란다. 그래서 우리는 자녀를 성공적으로 길러낸 사람들을 부러워하고 또 부러워한다. 오죽하면 이런 말이 다 있을까.

"남편 복이 있으면 50억 부자지만, 자식 복이 있으면 150억 부자다."

자식 키우는 부모치고 이 말에 동의하지 않을 사람은 없을 것이다. 이는 아이를 제대로 키워나가기가 그만큼 어렵다는 뜻이기도 하다. 우리가 이처럼 자녀 양육에 어려움을 겪는 이유는 무엇일까?

첫 번째는 부모가 자녀에 대해 갖는 기대치 때문이다. 임신하자마자 한국에서 가장 평판이 좋은 유치원을 예약해 둔 엄마가 있었다(그 유치원은 대기 인원이 너무 많아서 대부분 임신이나 출산 무렵 예약을 끝내야 한다고 했다). 물론 그다음에는 어느 초등학교를 보낼지부터 시작해서 아이 앞날에 대한 계획이 이미 다 짜여 있었다. 그런 그녀가 자녀가 고등학생이 되면서부터 내게 찾아와 여러 가지 문제를 상담하곤 했다.

그렇게 애지중지 키운 딸이 어느 때부터인가 엄마 말을 귓등으로도 듣지 않는 것이었다. 또 엄격한 태도를 보이는 아빠와 사이가 틀어져 서로 얼굴만 봐도 으르렁댄다는 것이었다. 물론 그녀와 남편은 아이를 자신들의 기대치대로 키우기 위해 안 해본 일이 없었다. 하지만 아이는 공부할 마음이 없었고, 자기는 가수가 되는 것이 꿈이라고 주장했다. 바보스러울 만큼 맹목적으로 아이의 앞날을 하나하나 다 계획하고 밀어붙여 온 엄마는 그제야 후회막급한 얼굴이었다.

아이는 누구나 자기만의 우주를 갖고 태어난다. 넝쿨 식물로 태어난 아이가 부모가 원하는 대로 직선으로 자라줄 수는 없는 노릇이다. 그런데도 적지 않은 부모가 여전히 그 같은 방식의 양육을 고집하는 것을 본다. 요즘은 공부뿐만 아니라 신체 조건도 문제가 되는 세상이다. 그래서 자기 딸은 최소한 키가 몇 센티미터 이상, 아들은 몇 센티미터 이상이어야 한다고 여기는 부모도 많다. 그래서 유명 성장 클리닉에 예약하려면 몇 년씩 기다려야 한다는 놀라운 보도를 보기도 했다.

한번은 부모의 직업 때문에 외국에서 성장한 지인의 아이가 한국에 오게 되었다. 외국에 사는 동안 그 아이는 자기가 키가 작다는 생각을 한 번도 해본 적이 없다고 했다. 그런데 한국에 오자마자 주위의 엄마들이 이 지인에게 "아이 키가 그렇게 작은데 너는 신경도 안 쓰냐"라고 타박의 말을 건네기 시작했다. 결국 찜찜한 기분을 이기지 못한 지인은 싫다고 하는 아이를 데리고 성장 클리닉에 다니게 되었다고 하소연했다. 이처럼 사회가 아이에 대한 기대치를 형성하는 일도 빈번하다.

자녀 양육에 어려움을 겪는 두 번째 이유는 부모의 심리적 성숙도와 관련이 있다. 모든 부모가 심리적 성숙도가 높으면 좋겠지만 실제로는 그렇지 못한 경우가 훨씬 더 많다. 사실 부모들도 여전히 너무 젊고 아직 인생에 대해 많은 것을 체득하지 못한 상태이기 때문이다. 거기에 더해 자신의 부모로부터 제대로 충족받지 못한 사랑과 인정에 대한 욕구, 형제나 친구들 사이의 경쟁심, 스스로에 대한 열등감, 자신이 풀어나가야 하는 일을 회피하고 싶은 마음 등으로 괴롭지 않은 사람이 얼마나 되겠는가. 이처럼 부모도 성장하지 못한 존재인데, 아이와의 관계에서는 대단히 성숙한 존재로 보이고 싶어 하는 것도 갈등의 한 이유가 아닌가 한다.

세 번째는 배우자와의 관계다. 자신과의 관계도 풀어내지 못하는데 배우자와도 크고 작은 갈등을 겪는 상황에서 부모가 되는 경우는 생각보다 많다. 그럴 때 자녀에게 집중하기란 여간 어려운 일이 아니다. 원치 않는 임신을 하거나 배우자에 대한 분노가 심한 경우에는 배우자를 연상시키는 내 아이를 미워하게 되는 경우도 있다. 때로 임신이 배우자를 붙잡는 수단이 된 경우에도 자녀에 대해 복잡한 감정을 느낄 수밖에 없다.

그런가 하면 한쪽 부모가 잘못된 방식으로 아이를 키우는 것을 다른 부모가 수동적으로 방관하는 경우도 있다. 엄마가 자신의 모든 스트레스를 아이에게 푸는 가정이 있다고 가정해 보자. 그것을 알면서도 관여하기 싫어 일을 핑계로 밖으로 도는 남편이 여기에 해당한다. 또 부부 사이에 친밀감이 없어서 서로 고립되어 있다거나 부부 중 한 사람이 상대에게 일방적인 관계를 맺고 있는 경우도 아이에게 좋지 않은 영향을 준다.

네 번째는 엄마로서 갖는 심리 때문이다. 아이를 가짐으로써 자신이 여성으로 역할을 다하고 있음을 증명하고 싶은 심리, 아이를 돌보며 자신이 필요한 존재임을 느끼고자 하는 심리 등이 여기에 속한다. 그것 자체로는 물론 문제가 되지 않는다. 단, 그런 심리가 좀 더 극단적인 자기만족으로 기우는 경우에는 아이와 부모 모두에게 문제가 될 수밖에 없다. 때로는 누군가를 지배하고 싶다는 은밀한 본능을 만족시키기 위한 수단으로 자녀를 갖는 엄마들도 있다. 그런 경우, 요즘 흔히 말하는 가스라이팅이 문제가 되기도 한다. 엄마가 아이를 무의식적으로 조종하는 것이다.

내 임상경험만 봐도 그렇다. 외모도 출중하고 능력도 뛰어나고 사회생활을 잘하는 내담자가 있었다. 그런데 그녀의 엄마는 그녀가 어렸을 때부터 "너보다 예쁘고 똑똑한 사람은 많다. 자만하지 마라", "네가 잘하는 게 뭐가 있니?"와 같은 말로 그녀의 기를 꺾어 놓곤 했다. 그로 인해 그녀는 자신이 못나고 무능력한 존재라는 생각을 가지고 있었다. 물론 외부에서 받는 평가는 전혀 달랐다. 그녀는 스스로가 생각하는 자신과 다른 사람들이 평가하는 자신 사이의 괴리감으로 힘들어하고 있었다.

언젠가 외국 방송에서 상담 코너를 진행하는 심리학자가 쓴 글을 보고 놀란 적이 있다. 그 글에는 "누군가에게 추앙을 받고 싶은데 그것이 충족되지 않는 경우 아이를 낳아라. 그러면 아이는 최소한 6살이 될 때까지는 당신을 추앙할 것이다"라는 요지가 담겨 있었다. 그런 경우 어떻게 될까? 당연히 엄마는 아이가 어떤 존재인지 살피기 전에 자신이 원하는 아이로 만들기 위해 동분서주할 것이다. 그리고 소유욕으로 인해 아이를 자기 곁에 두고 싶어 하는 질투심 많은 엄마가 될 가능성이 높다. 자녀를 지나치게 과잉보호하는 심리도 비슷하다. 무의식적으로 혼자 할 수 있는 일까지 하지 못하게 함으로써 아이가 영원히 부모에게 의존하도록 만드는 것이다. 자신이 가지고 태어난 기운에 따라 뜻을 펼칠 수 있는 아이의 미래를 꺾어버리는 것이다.

다섯 번째로 부모가 인생에서 겪는 스트레스도 문제가 된다. 부모는 부모 나름대로 스트레스가 많고, 자녀의 입장에서는 그들대로 스트레스가 많기 마련이다. 그런데 상대방의 스트레스는 이해하지 못하고 서로가 자신의 스트레스만 심각하다고 생각하는 것이 사람 마음이다.

아이도 학교와 학원에서, 친구 관계에서 다양한 스트레스를 경험한다. 그런데 부모에게 얘기하면 편한 소리 하고 있다는 답이 돌아온다. 반대로 부모가 본인의 힘든 이야기를 하면 아이들은 그건 부모고 어른이니까 당연한 거 아니냐고 한다. 어떤 엄마는 자기가 힘든 것을 이야기했더니 아이가 "엄마면 아무리 힘들어도 우리에게 완벽한 사랑을 주어야 하는 존재가 아닌가?"라고 대꾸해서 충격을 받았다고 한다.

그로 인해 부모와 자녀가 서로에게 양가감정을 갖는 경우도 적지 않다. 그들에게 가족은 보고 싶으면서도 보고 싶지 않은 대상이고, 가정은 기억하고 싶으면서도 기억하고 싶지 않은 곳이 되는 것이다.

인간관계 중에서 가장 이상주의적인 환상을 갖는 관계가 바로 가족관계라고 해도 과언이 아니다. 그러한 기대로 인해 우리는 그 누구한테도 보이지 않는 나의 진짜 모습을 가족들에게는 보인다. 그게 좋은 부분이면 좋겠으나 원망, 분노 등등의 부정적 감정을 드러낼 때가 더 많은 걸 어찌하랴. 오죽했으면 셰익스피어조차도 "가족은 피는 통하지만 마음은 통하지 않는다"라고 했을까 싶다.

물론 앞서 말한 것처럼 자녀 양육에 성공해 150억 부자가 된 듯한 기분을 맘껏 누리는 부모들도 있다. 그들의 경우 서로를 선택할 수는 없었던 부모와 자녀가 서로를 행복하게 만든 모범사례라고 하겠다. 자녀 양육에 어려움을 겪는 이유를 돌아보는 것만으로도 좋은 부모에 더 가까워질 수 있을 것이다. 부모로서 내 입장을 아이에게 강요하기보다, 아이가 어떤 특성을 타고나서 어떤 삶 가운데 있는지를 따스한 시선으로 바라봐 주었으면 하는 바람이다.

마침내 미치거나
시험에 들거나

예전에는 '미운 일곱 살'이라는 말이 유행했지만, 요즘은 두서
너 살부터 부모 말을 듣지 않는 아이도 참 많다. 어느 여성작
가의 말을 빌리자면 이때부터 부모는 "마침내 미치거나 시험
에 들거나 둘 다인 상태"가 되어갈 가능성이 높다. 물론 그렇
다고 해서 부모와 자녀가 서로를 사랑하지 않는다는 것은 아
니다. 그만큼 아이 양육이 힘들다는 뜻이다.

아이를 키우다 보면 하루도 문제가 없는 날이 없다고 해도
과언이 아니다. 모든 아이는 순종과 반항의 시기를 거치면서
성장한다. 특히 2~4세 사이는 '거부의 시기'라고 볼 수 있다.
이 시기에 부모가 지나치게 아이에게 맞춰주면 아이는 '제멋

대로 행동하는 아이'가 될 가능성이 높다. 반대로 아이를 지나치게 훈육하면 하루하루 전쟁을 치러야 할 여지가 또 더 많아진다. 절대 말을 안 듣는 아이와 끝없이 야단치고 화내는 불안정한 부모가 대립하며 집안을 살얼음판으로 만드는 것이다.

아이 편에서 보면 부모인 당신들이 날 낳았으니 책임지라는 마음이 크다. 부모니까 당연히 자신이 원하는 것을 다 해주어야 한다는 심리도 작용한다. 반대로 부모는 넌 내 아이니까 내 말을 들어야 한다고 생각한다. 이상적으로 말한다면 자녀 교육은 창의적이고 즐거운 경험이어야 하는데, 이러한 부모 자녀 간의 심리로 인해 즐겁기보다는 힘든 경우가 훨씬 더 많다. 따라서 부모는 끊임없이 자신의 감정을 조절하는 것이 필요하다. 부모의 목소리가 너무 크거나, 욕을 하거나, 너그러움이 부족하거나, 흑백 논리에 갇혀 있거나, 좌절에 대한 인내력이 낮아 조급하게 행동하면 문제는 더 커지기 마련이다.

예를 들어 아이가 실수로 무언가를 흘렸다고 하자. 그때 곧장 "이렇게 흘리다니, 지겨워. 무슨 팔자가 이래" 하면서 화를 내면 아이는 부모의 눈치를 살피게 된다. 또 수동공격성의 심리를 가지게 되어 부모가 화를 내야만 말을 듣는 아이가 될 가능성이 높다.

아이가 등교를 거부하는 문제로 찾아온 가족이 있었다. 이야기를 나눠보니 부모가 지나치게 엄격해서 아이가 뭔가 잘못하면 "우린 가족이니까 너를 봐주지만 밖에 나가서 이러면 남들이 너를 어떻게 생각하겠니" 하고 야단을 치곤 했다는 것이다. 그러니 아이의 입장에서는 밖에서 사람들을 만나기가 두렵고 무서울 수밖에 없는 것이다. 따라서 부모가 먼저 자신이 자녀와의 관계에서 무엇을 바라고 있는가를 명확하게 알아야 한다. 그리고 노여움을 발산하는 것은 부모 자녀 관계에 아무 도움도 되지 않는다는 사실도 깨달아야 한다. 물론 때로는 미치거나 시험에 드는 것 같을 정도로 견디기 힘든 순간도 있기 마련이다. 하지만 부모에게는 아이가 만만한 존재이므로 분노나 노여움을 더 쉽게 표현할 수도 있다는 사실을 기억할 필요가 있다.

물론 부모가 자녀의 태도나 행동에 대해 자신의 감정과 생각을 표현하는 일은 필요하다. 하지만 아이를 위협하거나 빈정거리듯 반응하거나 조건부적 약속을 하는 것은 피해야 한다. 아이에게 화를 내려면 부모가 왜 화가 났는지, 무엇을 원하는지를 간결 명료하게 설명해 주어야 한다. 아이를 심하게 야단치거나 시비하지 말자는 것이다. 어쩌다 지나치게 화를 냈으면 아이에게 사과하는 것도 한 방법이다. 아이들을 상담하며 부모에게 바라는 것이 무엇인지 물어볼 때가 있는데, 이렇게 말하는 아이들이 꽤 많다.

"그저 미안하다는 말을 듣고 싶은 게 전부다."

아이를 타이를 때도 감정은 절제하고, 아이의 건방진 태도는 무시하는 것이 좋다. 아이들은 원래 건방지게 행동할 때가 있다고 생각하면 마음이 편하다. 아이와 다투지 않는 것이 무엇보다 중요하다. 아이와 마주 보고 상황에 대해 구체적으로 이야기해야 한다. 또 아이가 떼를 쓸 때, 그 요구를 무조건 들어주는 것을 경계해야 한다. 이때 아이의 반대나 거부를 두려워하는 부모들이 많은데, 아이들은 원래 반대하고 거부하게 되어 있다는 생각으로 접근해야 한다.

아이가 나쁜 짓을 했을 때도 구체적인 설명이 필요하다. 그게 왜 나쁜 짓인지, 왜 그런 행동을 하면 안 되는지를 먼저 납득시켜 주어야 한다. 아이를 야단칠 때 다이너마이트가 터지듯 화내는 것을 피해야 한다. 이와 반대로 아이에게 벌을 준다고 아예 아이와 말을 섞지 않는 부모도 있는데 이 역시 좋지 않은 방법이다. 다만 아이들이 적절한 좌절감을 경험하고 그것을 이겨내는 방법을 찾도록 기다려 주는 태도가 필요하다.

아이들이 호소하는 심리적·신체적 증상에 대해서도 알아둘 필요가 있다. 그러한 증상에는 여러 의미가 있기 때문이다. 아이가 현재의 스트레스를 제대로 극복하거나 해결하지 못하는 상황, 자신이 겪고 있는 문제에 주목해 달라는 애원, 충분한 관심을 받지 못했다는 분노, 부족하다고 생각되는 자신에 대한 자책과 미움, 자신의 행동이 더 나빠지는 것을 피하고자 하는 의도, 하고 싶지 않은 일을 무의식적으로 피하고자 하는 이차적 이득(아이들이 학교 가기 싫어 배 아픈 이유가 여기에 해당한다) 등을 잘 파악할 줄 알아야 한다. 그때마다 아이를 잘 살펴서 어떤 이유로 아이가 힘들어하는지 부모가 알아내어 도움을 줄 수 있어야 하는 것이다.

○ ● ○

아이들이 어떤 심리적 욕구를 품는지 알면 아이를 이해하는 데 도움이 된다. 그 욕구의 종류는 다음과 같다.

첫 번째로 아이들에게는 생존 욕구와 활동력이 있다. 아이들은 자기 마음대로 움직이고 싶어 한다. 새로운 경험을 갈망하는 것이다. 이때 부모가 권위를 내세워 아이를 억지로 조용히 만들려고 시도하는 것은 위험하다. 그보다는 아이가 호기심을 충족했을 때, 또 자기 노력이 성공적인 결과를 냈을 때의 기쁨을 느끼게 해주어야 한다.

두 번째로 아이들에게는 사랑받고자 하는 욕구가 있다. 원초적으로 아이들은 자신이 사랑받아 마땅하다고 생각하는데, 그것이 좌절되면 혼란스러울 수밖에 없다.

세 번째는 칭찬에 대한 욕구다. 자기가 한 일을 자랑하는 것도 이러한 심리 때문이다. 그럴 때는 아이의 자랑에 공감하는 모습을 보여주는 것이 좋다. "뭘 그런 거 가지고 호들갑이야" 하는 표현으로 낙담이나 반발심을 불러일으키지 않도록 주의해야 한다. 반대로 지나친 칭찬으로 허영심이나 우월감을 일으키지 않게 조심하는 것도 필요하다. 무엇이든 지나치지 않은 것이 좋은 결과를 보인다.

아이들은 특히 남들 앞에서 모욕당하는 것을 싫어한다는 것을 기억하자. 가끔 엘리베이터 안이나 거리에서 자기 아이를 마구 야단치는 부모를 본다. 이처럼 공공장소에서 아이에게 큰소리를 내는 것은 특히 해서는 안 되는 행동이다. 단순하게 착하다거나 나쁘다고 아이를 평가하는 것도 함정이 될 수 있다. 그보다는 그 순간에 아이의 행동이나 모습을 구체적으로 격려하고 인정해 주는 반응이 필요하다.

네 번째는 자신감을 갖고자 하는 욕구다. 아이들은 원래 자신이 모든 일을 직접 다 해보려고 하면서 자율성과 주도성을 키워나가게 되어 있다. 부모는 아이의 그런 행동을 격려해 주면서도 주위 환경이나 관습과 지나친 갈등을 빚지 않도록 적절하게 통제해 주는 것이 필요하다. 그리고 아이들은 기본적으로 자기중심적인 존재라는 사실을 알아야 한다. 7~8살이 되어야 남의 관점에서 판단할 수 있고, 우리가 흔히 말하는 '우정'은 15세 이후에나 쌓을 수 있다고 주장하는 학자도 있다.

부모가 아이의 심리적 욕구를 아는 것이 중요한 이유는 지나치게 엄격한 훈육을 하거나 아이가 용기를 잃을 정도로 꾸중하는 것을 피하기 위해서다. 그러한 환경에서 자라난 아이들은 열등감으로 인해 성장해서까지 영향을 받는다.

또 하나 의견을 덧붙이자면, "엄마, 아빠도 너 때문에 힘들어"라고 말하고 싶은 유혹도 일단 참아야 한다. "너 때문에 산다"라는 식의 부담감을 주는 말도 하지 않는 것이 좋다. 그 외의 분별없는 말이나 지나치게 많은 말로 아이를 힘들게 하는 것도 피해야 한다. 아이는 자기의 잘못으로 부모가 힘들어한다고 생각해서 자신의 감정을 표현하지 않거나 반대로 더 거친 태도를 보일 수도 있다.

이런 위기를 잘 넘기려면 아이들이 자기주장하는 것을 수용해야 한다. 비판이나 평가 없이 "엄마, 아빠가 어떻게 도와줄까?"라고 물을 수 있어야 한다. 또 아이에 대한 원칙과 애정과 신뢰를 보여주어야 한다. 더불어 아이의 자유의지 역시 중요하게 생각해야 한다. 누군가의 표현처럼 "훌륭한 인간이 되는 것보다 훌륭한 엄마가 되는 것이 더 어렵다"라는 말을 기억한다면 아이에 대해서 좀 더 수용과 이해의 시각을 가질 수 있을 것이다. 이토록 힘든 육아의 길에서 답을 찾고자 고군분투하는 부모들에게 응원의 마음을 보낸다.

# 1 + 1 + 1 + 1 = 11이
# 되는 복잡한 가족관계

부모와 자녀 한 명으로 구성된 관계에서 파생되는 인간관계는 모두 네 가지다. 아빠와 아이, 엄마와 아이, 부부관계, 그리고 3사람 모두가 포함된 관계. 그런데 아이가 1명 더 생기면 그 관계는 무려 11가지로 늘어난다. 여기에 서로에 대한 감정까지 얽히면 가족구성원은 정말 복잡한 관계에 놓이게 된다.

관계란 본래 복잡하고 어려운 것이 맞다. 심리학자들이 흔히 주고받는 난센스 퀴즈에 다음과 같은 것이 있다.

"한 방에 신혼부부가 있다. 이 방에 몇 명이 있나?"

답은 6명이다. 신혼부부, 남편의 부모, 아내의 부모. 즉 신혼부부가 독립해서 자기들만의 가정을 꾸려도 그들의 부모로부터 완전히 자유롭지 못하다는 뜻이다. 임상에서 부부 상담을 해보면 그러한 일을 자주 볼 수 있다. 둘만의 문제라고 생각하던 것도 알고 보면 서로의 부모, 형제, 가족 간의 문제가 엉켜 있는 경우가 너무 많다. 그것이 가족 내의 문제가 반복되는 요인이 되기도 한다. 자기 부모와의 관계에서 문제가 많을수록 배우자에게 바라는 것이 많기 때문이다. 즉 자기 부모에게 바라는 환상과 신화가 채워지지 않으면, 그 기대치를 배우자에게 바라고 또 실망하기를 반복하게 되는 것이다.

그처럼 부족한 두 사람이 만나 자녀를 낳을 때 부모가 자신에 대해 잘 모르는 상태라면, 자녀와의 관계에서도 여러 문제가 발생한다. 서로의 문제점을 해결하기도 힘든데 자녀를 낳고 기른다면 보통 어려운 일이 아닐 것이다. 따라서 부모가 자신에 대해 알고, 자녀에 대해 아는 것이 가정 안에서 몹시 중요하다.

상담을 해보면 많은 부모가 자신들은 아이를 위해 최선을 다하는데 아이가 그것을 몰라준다고 불평한다. 그러나 아이들은 그들대로 부모가 현재 사회적으로 어떤 상황에 있는지 알기 어렵다. 그러니 왜 부모가 매일 싸우고 힘들다고 하는지 이해하지 못한다. 그처럼 서로를 이해하지 못하는 상태에서 같은 공간에서 살며 남이라면 문제가 되지 않을 사소한 습관이나 성격, 행동들이 서로에게 영향을 주는 아주 복잡한 관계에 놓여 있는 것이다.

장사를 하면서 자녀를 키우는 엄마가 찾아온 적이 있었다. 쌍둥이를 키우는데 아침에 가게에 출근하기 전에 아이들을 준비시켜 어린이집에 보내는 일이 보통이 아니라는 것이었다. 그런 후에 겨우 출근을 하면 그때부터 갈등과 싸움의 연속이다. 고객과의 갈등, 직원과의 갈등, 거래처와의 갈등, 이웃 상인과의 갈등 등. 집에 오면 녹초가 되는데 집 안은 어지럽고 배우자는 자기도 힘들다고 짜증만 내는 형편이라고 했다. 그러다 보니 머리로는 아이들과 놀아주고 소통해야 하는 것을 알지만 그게 쉽지 않다는 얘기였다. 그래도 자기는 나중에 아이들에게 상황에 대한 사과라도 하는데, 남편은 그것도 안 해서 더 마음에 들지 않는다고 그녀는 하소연했다. 이 부부처럼 각자의 힘든 상황 속에서 가족 간의 관계를 개선하지 못하여 힘들어하는 이들이 우리 사회에 참 많을 것이라고 생각된다.

가족 간의 관계 중에서도 부부 갈등을 줄이려면 각자 원가족과의 관계에서 독립해야 한다. 그런데 이를 어려워하는 경우도 많다. 한 예로 어려운 성장 과정을 거쳐온 남편의 이야기를 살펴보자. 그는 힘든 성장 과정에서 자기를 위해 부모와 다른 형제들이 얼마나 희생했는지를 잘 알고 있었다. 그랬기에 자기가 성공하면 그들을 도와주고자 마음을 먹었다. 그런데 결혼 전까지는 가능했던 일들이 결혼 후에 꼬이기 시작했다.

아내가 시가 식구가 가난하다고 무시하면서 그들에게 단돈 얼마를 보내는 일에도 난리를 치기 시작했기 때문이다.

반대의 경우도 있다. 너무나 대단한 내 아들이 부모가 보기에 수준에 못 미치는 여자와 결혼하는 것을 못마땅해하는 경우다. 며느리에게 대놓고 "왜 하필 너 같은 애가 우리 며느리가 되었는지 모르겠다"라는 말까지 하는 부모의 이야기를 임상에서 들은 적도 있다. 내담자는 자기 부모가 아내에게 그런 이야기를 한 다음부터 아내가 시가와의 관계를 끊었다면서 힘들어하고 있었다.

그런가 하면 아들과 며느리에게 많은 재산을 물려줄 터이니 매주 와서 자기네들에게 맛있는 음식을 해놓으라는 부모의 성화 때문에 늘 다투는 부부도 있었다. 이처럼 자녀가 태어나기 전에도 부부 사이에는 관계로 인한 수많은 문제가 존재한다.

○ ● ○

누구도 완벽한 부모가 될 수는 없다. 따라서 내 자녀가 부족함 없는 부모 밑에서 완벽하게 성장한다는 것도 현실적으로 불가능한 일이다. 그런데도 부모 자녀 사이에는 완벽함에 대한 갈망이 있어서 문제가 생긴다. 부모도 이상적인 아이를 꿈꾸고 아이도 이상적인 부모를 꿈꾼다.

아이가 성장하면서 갖는 첫 번째 환상이 무엇인가? 바로 내 부모님이 실은 가짜고, 진짜 내 친부모는 완벽한 사람들로 세상 어딘가에 존재한다고 여기는 게 아닐까. 인기 있는 영화나 드라마가 이와 비슷한 소재를 계속해서 다루는 이유도 다 이 환상 때문이 아닌가 싶다. 그러므로 부모 자녀 관계를 제대로 풀어가기 위해서는 가장 먼저 완벽함에 대한 환상을 내려놓아야 한다. 심리학자 칼 로저스는 이렇게 말하기도 했다.

"인생은 정지된 상태가 아니라 발전하고 성장하는 과정이다."

명리학을 공부하고 사람들의 사주를 살펴보며 내가 가장 위로를 받았던 지점은 '누구나 모든 것을 다 가질 수 없다'는 것이었다. 우리의 삶은 결국 결핍에서 시작된다는 사실을 이해한 것이다.

명리학의 기본원리는 육십갑자법을 따른다. 이를 줄여서 흔히 '육갑법(六甲法)'이라고 부른다. 이 육갑법에 쓰이는 글자는 10개의 천간(天干)과 12개의 지지(地支)로 이루어져 있다. 천간과 지지를 차례로 하나씩 맞추어 나가면 서로 다른 60가지 버전이 생겨난다. (120개가 아니라 60개인 이유는 양의 글자는 양의 글자끼리, 음의 글자는 음의 글자끼리만 조합이 이루어지기 때문이다).

이 육십갑자 중에서 내 운명은 겨우 여덟 글자로 이루어져 있다. 이를 두고 '나는 왜 22개가 아니라 8개만 갖고 태어났는가?' 하고 원망한들 소용이 없다. 그건 마치 개나리가 봄을 싫어하고 가을을 좋아한다고 해서 가을에 피어날 수 없는 것과 마찬가지다. 나의 결핍을 받아들이고 인정할 때 우리의 삶은 더욱 충만해진다.

내 아이는 완벽해질 수 없다. 부모가 원하는 대로 공부도 잘하고 운동도 잘하고 인간관계도 좋고 돈도 잘 벌고 사회적으로도 성공하고, 어려운 일이 있어도 스스로 해결해 나가는 완벽한 아이는 애초에 존재할 수 없다. 그러니 이 사실을 인정하고 내 아이가 어떤 아이인지, 어떤 장점이 있는지를 살피고 이해하려는 태도가 중요한 것이다.

또한 나도 완벽한 부모가 될 수 없다. 사람이기에 실수를 하기 마련이고, 인간관계이기에 아이와의 관계에서 어려움을 겪을 수밖에 없다. 다만 나를 알고 아이를 알기 위해 노력한다면 좋은 부모가 되는 첫발을 내디딜 수 있을 것이다.

# 아이는 나가려 하고
# 부모는 가두려 한다

명리학과 주역의 근본 이론은 양(陽)과 음(陰)에서 시작한다. 우리의 세상사에도 빛과 그림자, 낮과 밤, 수축과 팽창, 나아가고 들어옴과 같은 서로 다른 특징이 함께 한다.

정신의학에서는 프로이트에서 비롯한 에로스와 타나토스의 이론에 해당한다. 쉽게 말해 에로스는 살려는 의지, 즉 삶에 대한 본능을 뜻하고, 타나토스는 자기를 파괴시켜 죽음에 이르고자 하는 의지, 즉 죽음을 향한 본능을 의미한다. 양과 음만큼이나 극단적으로 대비되는 상태다. 카를 융의 이론 중 하나인 외향성과 내향성도 양과 음을 나타낸다. 외향성은 정신적 에너지가 밖으로 향하는 성향을, 내향성은 반대로 자기 안으로

파고드는 성향을 말한다.

그처럼 대비되는 양과 음의 특징은 부모 자녀 사이에도 존재한다. 자녀의 탄생과 성장 자체가 양과 음의 특성을 가지고 있다. 부모가 된다는 것은 인간으로서 완성의 기쁨을 느끼게 하면서도 아이들을 올곧게 성장시켜야 한다는 막중한 부담감을 갖게 하기 때문이다. 나는 자녀 양육에 양면이 존재한다는 것을 인정하고 그것을 받아들이는 데서 출발해야 한다고 생각한다. 자녀 교육은 우리에게 기쁨도 주면서 또 그만큼 고통도 준다. 둘을 서로 떼어놓고 생각할 수 없다. 자연에서 양에 해당하는 낮과 음에 해당하는 밤이 있어야 온전한 하루가 되고 세상의 균형이 맞는 것처럼 말이다. 음과 양의 법칙은 앞으로 우리가 부모의 역할을 하는 동안 내내 지속될 것이다.

아이들은 태어나는 순간부터 자신의 세상을 형성하기 위해 밖으로 나가고 싶어 한다. 또 계속해서 이 흥미로운 세상을 탐색하고 싶어 한다. 이것은 양의 특성에 해당한다. 반대로 부모는 아이를 세상과 관습의 틀에 맞추어야 한다는 생각이 더 크기 때문에 통제하려고 한다. 세상에 무서운 것들이 많다는 이유로 아이가 원하는 일을 하지 못하게 하기도 한다. 이는 음의 속성으로 볼 수 있다.

서로 극단에 치우치지 않고 중간을 따를 수만 있다면 더할 나위 없을 것이다. 그렇게 균형과 조화를 갖추면 얼마나 좋겠는가. 하지만 어느 인생에도 이는 쉽게 허락되지 않는다. 임상에서 보면 부모가 양의 특성이 강하면 자녀가 음의 특성이 강하다. 물론 그 반대의 경우도 많다. 부모가 통제적이면 아이들은 반대로 자유분방하고 독립적이고, 부모가 자유분방하면 아이들은 완벽주의적인 성향을 지닌 경우가 많다.

명리학은 사주팔자를 통해 균형의 중요성을 보여준다. 예를 들어, 사주팔자에서 자신을 상징하는 오행, 즉 일간이 목(木)인 사람이 있다고 하자. 나무가 잘 자라기 위해서는 반드시 물이 있어야 한다. 그러나 지나쳐서 물이 범람하면 나무는 뿌리를 내리지 못하고 떠내려가거나 썩고 만다. 또 햇빛이 지나치면 나무는 말라서 죽는다. 땅도 너무 드넓기만 하면 나무가 뿌리를 내려도 존재감이 없다. 가지치기도 지나치면 기둥까지 잘라내고 마는 수도 있다. 무엇이든 균형이 맞아야 하는 삶의 속성이 우리의 사주팔자 속에도 들어 있는 것이다.

○ ● ○

한번은 아이가 툭하면 학교에 가지 않으려 해서 걱정이라며 한 엄마가 아이와 함께 나를 찾아왔다. 아이는 시험 성적이 안 좋아도 학교를 가기 싫어했고, 심지어는 아침에 얼굴이 조금만 부어도 이 얼굴로 어디를 가느냐고 울면서 등교를 거부했다. 부모의 표현에 의하면 어릴 때부터 자는 것, 먹는 것에 민감하고 신경질적인 반응을 보여 키우기 어려웠다고 한다. 더욱이 부모의 사이도 좋지 않았고 두 사람의 성향도 달랐다. 아빠는 자유분방한 성격으로 자녀 교육에 별 관심이 없었고, 엄마는 고지식하고 통제적이며 완벽함을 추구하는 타입이었다.

엄마는 아이가 갓난아기일 때부터 자신이 세워놓은 정확한 시간표와 규칙에 따라 먹이고 입히고 재우는 데 집착했다. 중학교 입학 전까지는 아이가 그런대로 엄마 말을 잘 따라주었다고 했다. 공부도 잘하고 순종적이었는데 갑자기 돌변한 이유를 모르겠다고 엄마는 말했다. 본래 내리누르는 힘이 심할수록 반발이 터져 나올 때는 더 큰 폭발력을 보이는 법이다. 더욱이 아이들의 경우 그런 폭발이 사춘기와 맞물리면 감당하기 어려운 수준이 되기도 한다.

명리학적으로 아이를 살펴보니 대단히 민감하고 급한 기질적 특성을 지니고 있었다. 반대로 엄마는 이성적인 타입으로 자기통제가 강하고 감수성이 낮았고 늘 옳고 그름을 중시하는 편이었다. 심리 검사에서도 그러한 면이 고스란히 드러났다. 내심 그런 자신의 성격이 싫어서 남편은 자유분방한 사람을 선택했다고 한다. 그런데 그 자유분방함이 결혼 후에도 이어지자 부부 사이에 갈등이 생기게 된 것이다.

자유로운 영혼인 아빠는 아내가 현실적이고 치밀한 것이 좋으면서도 한편으로는 그 완벽주의를 견디기 어렵다고 했다. 엄마는 아이의 조급하고 충동적인 성향이 남편을 닮은 것 같아서 더욱 아이를 통제하려 했다고 털어놓았다.

명리학적으로 아이가 예술적 재능을 타고났으므로 그 방향으로 잠재력을 키워주기를 조언했다. 다행히 아이는 노래와 미술을 배우면서 타고난 감수성을 발현하고 엄마의 통제에서도 어느 정도 벗어나 마음의 안정을 찾아가기 시작했다. 만일 아이와 부모가 자기들의 타고난 특성과 심리 상태에 대해 끝까지 몰랐다면 갈등의 골은 훨씬 더 깊어졌을 터였다.

아이에게 단점이 보이거나 배우자를 닮아 내 마음에 안 드는 부분이 있다고 해서 그것을 아이의 잘못으로 몰아가서는 안 된다. 어쩌면 내가 아이의 특성을 있는 그대로 받아들이지 못하는 것인지도 모른다. 그러니 찬찬히 내 아이의 특성과 개성을 살펴볼 필요가 있다. 인간관계에서 가장 중요한 것이 상대에 대한 관찰과 이해이듯 부모와 자녀의 관계에서도 마찬가지다.

사주팔자를 이루는 8개의 오행 중에서도 서로 합(合)하고 충(沖)하고, 극(克)하고 생(生)하는 복잡한 관계가 일어나는데 하물며 사람들과의 관계에서 어떻게 갈등이 없을 수 있을까. 아이와의 관계도 예외는 아니다. 명리학은 그것을 이해하고 받아들이게 하는 학문이다.

어긋난 관계를
풀어야
모든 게 해결된다

오이디푸스는 그리스 로마 신화에서 테베 왕의 아들로 태어난다. 하지만 아버지를 죽이고 어머니와 결혼하리라는 신탁으로 인해 태어나자마자 산속에 버려진다. 다행히 목동에게 발견된 그는 이웃 나라의 왕자로 성장한다. 그리고 결국 아버지인 선왕을 살해하고 상대가 자신의 어머니인 줄도 모르고 왕비와 결혼한다.

프로이트는 성장 과정에서 아이가 이성의 부모에게 끌리는 심리를 가지고 있다는 것을 발견하고, 거기에 오이디푸스 콤플렉스라는 이름을 붙였다. 남자아이가 엄마를 독점하려고 하며, 겉으로는 순응적인 태도를 보이지만 내적으로는 아빠를 경쟁자로 여기는 행위가 이에 해당한다. 이와 반대로 여자아이가 아빠를 독점하고 싶어 엄마를 미워하는 심리도 마찬가지다(정신의학자 카를 융은 이 심리를 오이디푸스 콤플렉스의 여성형으로 엘렉트라 콤플렉스라고 정의했다. 역시 그리스 로마 신화에 나오는 이야기에서 이름을 따왔는데, 자기 어머니를 증오해서 살해하는 엘렉트라 공주의 이야기에서 유래했다). 그는 아이가 태어나서 3~5세 사이인 남근기에 그러한 현상이 일어난다고 했다.

당시에 프로이트의 이 이론은 많은 정신의학자에게 비난을 받기도 했다. 하지만 시간이 흐르면서 임상에서 유사한 현상을 확인하게 된 정신의학계에서는 다시 그의 이론을 받아들이게 되었다. 나 역시 오이디푸스 콤플렉스 이론이 맞다는 것을 시간이 지날수록 더 많이 경험하고 있다.

이러한 오이디푸스 콤플렉스가 건강하게 해결되면 좋은 부모 자녀 관계가 형성된다. 그러나 자칫 그렇지 못하면 내내 갈등의 한 요소가 될 가능성이 높다. 그런데 흥미롭게도 명리학적으로 남자의 사주에 아들은 자기를 극하는 오행이 된다. 사주에서 태어난 날의 첫 번째 글자, 즉 일간이 자신을 상징하는데, 극하는 오행이란 그 글자를 누르는 오행이라고 생각하면 된다. 예를 들어 내가 금의 오행인데, 나를 누르는 오행, 즉 극하는 오행은 화의 오행이 된다. 광물을 제련하는 데 불을 사용하기 때문이다. 이를 화극금(火克金)이라 부른다. 또 일간이 수의 오행인 남자의 경우, 자신의 사주팔자 안에 있는 토의 오행이 자기 아들을 상징하는 글자가 된다. 즉 물이 흘러가는 것을 막는 것이 토이므로 극하는 관계에 놓이는 것이다. 이것이 토극수(土克水)다. 이처럼 일간을 극하는 오행을 명리학적 용어로는 관(官)의 오행이라고 한다. 남자에게는 아들을 상징하고, 남녀 모두에게는 상사나 권위 있는 존재, 사회운을 나타내기도 한다(사회나 조직은 궁극적으로 한 개인의 자유를 억압하고 통제하는 측면이 있으므로 관의 오행이 사회운, 조직에 적응하는 능력을 상징하는 것이다).

정신의학에 대입하면 영락없이 오이디푸스 콤플렉스와 일치한다. 아빠가 아들을 꺾으려고 하는 경우는 너무나 흔하고, 반대로 아들이 아빠를 뛰어넘고 싶어 하는 경우도 흔하다. 역사 속에서도 그러한 예는 너무나 많다. 서로 극하는 오행의 특성이 빚어내는 결과다. 이때 아빠는 아들에게 양가감정을 가지기 쉽다. 기대치에 못 미치는 아들에게 분노하면서 이와 동시에 아들에게 화내는 자신을 자책하는 것이다. 아들도 아빠에게 비슷한 감정을 가지니 결국 부자 사이에 갈등을 겪게 된다.

임상에서 보면 극단적으로 서로 미워하면서 살아가는 부자 지간도 많다. 이를 못 견디고 엄마가 남편, 아들과 함께 상담을 받기를 원하는 경우가 있었다. 그런 경우 치료가 쉽지 않다. 아빠는 아들의 모든 모습이 다 마음에 안 들고, 아들 역시 그러한 아빠의 모든 면을 다 싫어하기 때문이다. 생각해 보면 명리학 이론을 세운 사람들이 이미 그 옛날부터 이런 갈등에 대해 알고 있었다는 것은 참으로 흥미로운 일이다.

명리학에서 부모 자녀 관계를 살피다 보면 오이디푸스 콤플렉스 못지않게 인상적인 이론이 하나 더 있다. 바로 모자멸자(母慈滅子) 이론이다. 엄마의 지나친 사랑이 자식을 망친다는 뜻을 담고 있다. 엄마가 지나치게 과보호하는 타입이거나 자기 생각만 밀어붙이는 경우 자녀의 성장을 방해한다는 것이다.

이와 관련된 사례를 몇 번이나 목격한 바 있다. 한 남자가 상담을 받으러 와서 살펴보니, 그의 사주는 자연현상으로 비유하면 겨울날의 아름드리나무인 갑목이었다. 그런데 사주에 수(水)의 영향이 강하여, 겨울 땅에 나무가 뿌리를 내리지 못하고 물에 뜬 형상이었다. 즉 자연현상으로 한겨울의 얼어 죽기 일보 직전의 나무라고 볼 수 있다. 그러니 기질적으로도 우유부단하고 자신감이 없었다. 더욱이 그의 엄마는 독선적인 과보호 타입이어서 아들의 모든 것을 좌지우지하려고 들었다. 결국 남자는 대학 졸업을 앞두고 무력하고 불안하고 우울하여 삶을 포기하고 싶어졌다며 상담받기를 원했다.

그러나 그의 사주에는 빛나는 아이디어를 얻을 수 있는 예리한 면과 감성적인 역량을 살릴 수 있는 기운도 담겨 있었다. 즉 얼어 죽기 직전의 나무를 생해주는 화(火)의 오행이 약하게나마 자리 잡고 있었다. 추운 겨울의 나무가 얼어 죽지 않기 위해서는 햇빛이 필요하다. 그래서 이 햇빛을 상징하는 화의 오행이 그에게 꼭 필요한 사주인 것이다. 또한 운(運)이 본인에게 필요한 목화(木火)의 오행으로 흐르고 있어 부모가 일찍 아들의 특성을 알아서 스스로 자립하게 해주었더라면 그러한 잠재 역량을 충분히 발휘할 수 있었다. 그러나 불행히도 과잉 보호적이며 군림하는 엄마의 영향으로 그 능력을 펼치지 못하고 있었다.

부모에게 그러한 특성을 설명하고 조금 시간이 걸리더라도 스스로 생각하고 결정하도록 하자고 이야기했으나 부모는 받아들이지 못했다. 내게 상담을 받는 와중에도 여기저기 다른 병원으로 아들을 데리고 다니는 모습이 안타까울 뿐이었다.

엄마가 너무 강압적이고 자기 생각만 밀어붙이는 타입이어서 문제가 된 경우는 또 있었다. 이 엄마의 경우에는 일간(日干)이 대륙을 상징하는 무토(戊土)였다. 일간의 뿌리가 되는 것이 인수(印綬)인데, 이 엄마는 인수가 2개나 되었다. 인수는 생명력, 자비심, 수용력, 학문의 능력을 상징하기도 하지만 지나치게 많으면 자기 생각만 옳다고 주장하는 특성을 갖게 된다. 이 엄마가 그러한 경우였다. 또 자유분방하고 관습에 저항하는 특성을 상징하는 식상(食傷)도 많아서 자기 뜻대로 하고 싶어 하는 성향도 높았다. 이와 반대로 자기를 통제하는 성향인 관

(官)의 오행은 드러나지 않아 다른 사람의 의견을 절대로 수용하지 못하는 면도 강했다. 또한 성장 과정에서 자신이 부모에게 받은 상처가 많았는데 그 한풀이를 자녀에게 하고 있었다.

심리 검사에서도 성격이 고집스러우며 수행이나 행동에 대한 가치 기준이 높고 완벽주의적 성향이 높다는 결과가 나왔다. 앞서 기술한 명리학적 분석과 일치하는 결과였다. 성장 과정에서 받은 지적과 비난으로 인해 더욱 그러한 성향이 강화된 측면도 있었다. 그런데 무의식적으로 자기 아이들에게 똑같이 지적하고 비난하고 있었던 것이다.

그런 환경 속에서 대부분의 아이들은 우울감이 커지고 자존심에 큰 상처를 입을 수밖에 없다. 또한 도저히 채울 수 없는 부모의 기대치를 채우려고 더 완벽주의적으로 행동하기도 한다. 이 경우 자녀는 엄마의 사랑을 받기 위해 너무도 노력했으나 엄마는 자녀의 외모, 체격, 능력 등에 대해 오로지 지적만 했다. 결국 자녀는 깊은 우울증에 걸리고 말았다.

○ ● ○

또 어느 날은 한 모녀가 상담을 받겠다며 찾아왔다. 딸은 외국에서 음악을 공부하고 귀국했다. 엄마 역시 예술을 전공하다가 힘들어 포기한 이력이 있다고 했다. 그런데 딸에게 음악을 강요하면서 "넌 예술만을 위해서 희생해야 한다"라며 일일이 연습 스케줄을 챙기고 학교 연습실까지 따라와서 지켜보기도 했다. 딸은 간신히 공부를 마치긴 했으나 귀국한 뒤로는 분노와 무력감으로 아예 연주자로서 살아가는 것 자체를 포기한 상황이었다. 엄마는 딸을 원망하고 있었다. 딸을 위해 자기 인생을 다 걸었는데 결국 딸에게 배신당하고 말았다는 것이었다. 딸은 또 딸대로 엄마의 지나친 간섭과 독선으로 인해 인생 전체가 망가졌다며 눈물을 쏟아냈다.

딸의 사주를 살펴보니 한여름의 작은 나무였다. 여름날의 나무는 일단 물이 필요하다. 즉 학문이나 부모와의 관계를 상징하는 수의 오행이 필요한 것이다. 그런데 그녀의 사주에는 수의 오행이 지나치게 많았다. 자연현상으로 비유하면 여름날의 홍수로 인해 나무가 떠내려가는 형상이었다. 현실적으로도 지나친 엄마의 간섭으로 자기 뜻을 이루지 못하는 상태였다.

이처럼 사주학상으로 서로 도움이 되지 않는 부모와 자녀 관계라 하더라도 서로가 자신의 특성을 이해하고 문제점을 보완해 나간다면 얼마든지 훨씬 나은 결실을 거둘 수 있다. 그러나 서로에 대한 원망과 분노만 앞세우다가 안타깝게 된 경우를 임상에서 너무 많이 본다.

명리학을 정신분석에서 가장 중요한 이론 중 하나인 오이디푸스 콤플렉스, 정신의학에서 중시하는 부모의 과잉보호와 명리학의 모자멸자 이론을 연결 지어 해석할 수 있다는 것은 그만큼 두 학문 모두 인간에 대한 깊은 이해를 바탕으로 하고 있다는 의미로 볼 수 있겠다. 한편으로는 그만큼 부모 자녀 관계가 어렵다는 것을 일깨워 주는 일 같기도 하다. 부모가 지나치게 자녀를 통제하려고 하거나 과잉보호하면 부모의 의도와는 반대로 오히려 자녀와의 관계도 멀어지고, 자녀도 자신의 잠재 역량을 발휘하지 못하게 된다는 것을 두 학문 모두 강조하고 있는 것이다.

어떤 인간관계에서든 적절한 거리 두기는 필요하다. 부모 자녀 관계도 마찬가지다. 아이에게 집착해 모자멸자 이론을 따르게 된다면 그보다 더 안타까운 경우가 어디 있을까. 따라서 부모는 아이에게 적절한 규율과 독립을 가르치되, 아이의 행동을 지나치게 판단하거나 평가하기보다 있는 그대로 수용해 줄 수 있어야 한다.

상담을 해보면 아이들이 가장 간절하게 부모에게 바라는 것은 자신에 대한 이해와 관심, 격려, 칭찬이다. 아이에게 관심을 보이고 아이의 행동을 격려하고 칭찬하는 과정에서 아이는 부모와 주위에 대한 신뢰를 배운다. 또 그렇게 자신의 정신적, 신체적 건강의 가장 기초적인 틀을 이루어간다. 부모가 이를 이해한다면 아이와의 관계 역시 건강하고 합리적으로 만들어 나갈 수 있으리라 생각한다.

# 3장

---

내 아이가 타고난
기질을 마주하다

―――――

"내 아이를 내가 다 안다고 여기는 착각,

내가 아이를 재단하여

원하는 모습으로 만들 수 있다는 착각에서

벗어날 필요가 있다."

# 명리학의
# 기초가 되는 오행

인간은 자연의 일부다. 그리고 명리학은 인간이 자연을 구성하는 기로 이루어져 있다는 것을 전제로 하는 학문이다. 한 개인을 이루는 자연 에너지의 균형과 조화를 살펴보며 그의 특성을 이해하는 원리인 것이다. 그래서 명리학적 분석에서 가장 중요하게 여기는 것이 바로 사주팔자의 균형과 조화다. 사주가 너무 강하거나 약하지 않고 어느 한 오행에 치우치지 않으며, 그 오행 간에 지나치게 합(合)이 많거나 충돌하는 구조가 적은 경우라면, 그 사람은 어느 정도 심리적 균형을 갖추고 있다고 본다. 이와 반대로 구조상 균형이 깨져 있다면 심리적 어려움을 겪을 가능성이 있다. 예를 들어 '한여름의 바위'를 상징하는 오행을 가진 사람이 사주팔자에 물을 상징하는 수(水)의 오행이 없으면, 한여름의 햇볕에 뜨거워진 바위를 식힐 방법이 없어 조급한 성정을 보이게 된다.

이처럼 오행과 사주팔자와의 관계는 명리학에서 가장 중요한 부분이다. 사주팔자는 무엇이고 오행은 무엇인지, 또 둘의 관계는 어떠한지에 대한 이해가 없으면 명리학을 이해하기가 쉽지 않다.

○ ● ○

오행 이전에 기를 나눠놓은 것이 양과 음이다. 오행은 음에서 양으로, 그리고 다시 양에서 음으로 돌아오는 과정을 보다 세분화한 것이다. 또한 오행은 사계절의 변화를 이미지로 나타낸 것이기도 하다.

목(木)은 자연현상으로는 아름드리나무, 잔디 등을 뜻하며 생명력을 상징한다. 그래서 계절로는 봄을, 삶의 주기로는 소년기를 상징한다.

화(火)는 불, 태양을 뜻하며 화려함의 상징이다. 목의 생명력이 확산 분열되어 나아가는 과정으로 계절로는 여름, 청년기를 상징한다.

금(金)은 광석, 바위, 보석, 열매를 뜻하고, 확산되던 양기가 수렴하고 수축해서 결실을 맺는 기운을 상징한다. 계절로는 가을, 중년기에 해당한다.

수(水)는 물, 대양을 의미하고 수축한 기운이 더욱 수렴되어 씨앗처럼 응축된 기운으로 변화하는 상태를 뜻한다. 계절로는 겨울, 노년기를 상징한다.

토(土)는 땅을 상징하고 모든 것을 받아들여 생명을 창출하는 땅처럼 수용하고 멈추는 기운을 상징한다. 계절로는 환절기를 의미하는데 인생에서도 소년에서 청년으로, 청년에서 중년으로, 중년에서 노년으로 넘어가는 각 단계에 잠시 쉬어가는 시간으로 보면 된다.

사주팔자는 양과 음, 그리고 오행을 자세히 나누어 내가 태어난 시각과 장소의 우주 에너지를 표현한 것이라고 할 수 있다. 그리고 그 사주팔자의 특성을 분석해서 한 개인의 기질, 성격, 적성, 삶의 흐름 등을 연구하는 학문이 바로 명리학이다.

먼저 목화토금수의 오행을 각각 음과 양으로 나누면 형성

| 십간<br>(十干) | 갑(甲) | 을(乙) | 병(丙) | 정(丁) | 무(戊) | 기(己) | 경(庚) | 신(辛) | 임(壬) | 계(癸) |
|---|---|---|---|---|---|---|---|---|---|---|
| 오행 | 목<br>(木) | | 화<br>(火) | | 토<br>(土) | | 금<br>(金) | | 수<br>(水) | |
| 음양 | 양 | 음 | 양 | 음 | 양 | 음 | 양 | 음 | 양 | 음 |

천간

되는 기운은 10개다. 이를 다른 말로 '하늘의 기운'이라 하여 천간(天干)이라 일컫고 각각 갑(甲), 을(乙), 병(丙), 정(丁), 무(戊), 기(己), 경(庚), 신(辛), 임(壬), 계(癸)라고 한다.

이를 좀 더 자세히 살펴보면 목의 오행은 '양의 목'인 갑목(甲木, 명리학에서는 보통 간지의 명칭과 그 오행을 붙여서 말한다)과 '음의 목'인 을목(乙木)이 있다. 화에는 '양의 화'인 병화(丙火)와 '음의 화'인 정화(丁火)가 있고, 토는 '양의 토'인 무토(戊土)와 '음의 토'인 기토(己土)로 나뉜다. 금은 '양의 금'인 경금(庚金)과 '음의 금'인 신금(辛金)으로, 수는 '양의 수'인 임수(壬水)와 '음의 수'인 계수(癸水)로 구성된다.

| 십이지<br>(十二支) | 자<br>(子) | 축<br>(丑) | 인<br>(寅) | 묘<br>(卯) | 진<br>(辰) | 사<br>(巳) | 오<br>(午) | 미<br>(未) | 신<br>(申) | 유<br>(酉) | 술<br>(戌) | 해<br>(亥) |
|---|---|---|---|---|---|---|---|---|---|---|---|---|
| 오행 | 수<br>(水) | 토<br>(土) | 목<br>(木) | 목<br>(木) | 토<br>(土) | 화<br>(火) | 화<br>(火) | 토<br>(土) | 금<br>(金) | 금<br>(金) | 토<br>(土) | 수<br>(水) |
| 음양 | 양 | 음 | 양 | 음 | 양 | 음 | 양 | 음 | 양 | 음 | 양 | 음 |

지지

땅의 기운을 상징하는 십이지지(十二地支)는 자(子), 축(丑), 인(寅), 묘(卯), 진(辰), 사(巳), 오(午), 미(未), 신(申), 유(酉), 술(戌), 해(亥)다.

땅은 한 오행의 기에서 다른 오행으로 넘어가는 환절기라는 숨 고르기의 시간이 필요하다. 하늘은 둥근 모양으로 오행의 음양이 10자 안에서 다 표현되지만, 지지는 환절기의 오행이 포함돼 12자가 되는 이유다. 1년이 열두 달인 것과 연관된다. 즉 천간에서 토는 '양의 토', '음의 토' 둘뿐이지만, 지지에서 토의 오행은 보다 더 세분화되어 봄에서 여름으로 넘어가는 환절기인 봄의 땅 '진토(辰土)', 여름에서 가을로 넘어가는 환절기인 여름 땅 '미토(未土)', 가을에서 겨울로 넘어가는 환절기인 가을 땅 '술토(戌土)', 그리고 겨울에서 봄으로 넘어가는 환절기인 겨울 땅 '축토(丑土)'로 나뉜다. 천간과 지지를 차례로 하나씩 맞추어 나가면 서로 다른 60가지 버전이 생겨난다. 그것이 육십갑자다. 사주팔자는 이 육십갑자 중에서 나의 생년월일시(사주)로 형성된 나의 에너지(팔자)를 뜻한다.

또한 앞서 설명했듯이, 사주(四柱)란 4개의 기둥이라는 뜻이다. 즉 자신이 태어난 연월일시가 각각 하나의 기둥이 된다. 그것을 각각 연주(年柱), 월주(月柱), 일주(日柱), 시주(時柱)라고 한다. 팔자(八字)란 이 4개의 기둥을 이루는 8개의 글자를 의미한다. 이 여덟 글자는 단순한 글자가 아니라 내가 태어난 연, 월, 일, 시의 우주의 기운을 상징한다. 각 기둥의 첫 번째 글자를 간(干)이라고 하고, 두 번째 글자를 지(支)라고 한다. 즉 연주의 첫 번째 글자는 연간(年干), 두 번째 글자는 연지(年支)라

| | | | | | | | | | |
|---|---|---|---|---|---|---|---|---|---|
| 甲子 | 乙丑 | 丙寅 | 丁卯 | 戊辰 | 己巳 | 庚午 | 辛未 | 壬申 | 癸酉 |
| 갑자 | 을축 | 병인 | 정묘 | 무진 | 기사 | 경오 | 신미 | 임신 | 계유 |
| 甲戌 | 乙亥 | 丙子 | 丁丑 | 戊寅 | 己卯 | 庚辰 | 辛巳 | 壬午 | 癸未 |
| 갑술 | 을해 | 병자 | 정축 | 무인 | 기묘 | 경진 | 신사 | 임오 | 계미 |
| 甲申 | 乙酉 | 丙戌 | 丁亥 | 戊子 | 己丑 | 庚寅 | 辛卯 | 壬辰 | 癸巳 |
| 갑신 | 을유 | 병술 | 정해 | 무자 | 기축 | 경인 | 신묘 | 임진 | 계사 |
| 甲午 | 乙未 | 丙申 | 丁酉 | 戊戌 | 己亥 | 庚子 | 辛丑 | 壬寅 | 癸卯 |
| 갑오 | 을미 | 병신 | 정유 | 무술 | 기해 | 경자 | 신축 | 임인 | 계묘 |
| 甲辰 | 乙巳 | 丙午 | 丁未 | 戊申 | 己酉 | 庚戌 | 辛亥 | 壬子 | 癸丑 |
| 갑진 | 을사 | 병오 | 정미 | 무신 | 기유 | 경술 | 신해 | 임자 | 계축 |
| 甲寅 | 乙卯 | 丙辰 | 丁巳 | 戊午 | 己未 | 庚申 | 辛酉 | 壬戌 | 癸亥 |
| 갑인 | 을묘 | 병진 | 정사 | 무오 | 기미 | 경신 | 신유 | 임술 | 계해 |

**육십갑자표**

고 하는 식이다.

그리고 이 중에서 자신이 태어난 날의 첫 번째 글자인 일간이 '자신을 상징하는 오행'이다. 그래서 명리학에서는 만세력을 사용해서 먼저 생년월일시를 사주팔자로 전환한 다음, 자신을 상징하는 오행, 즉 일간을 찾고 나머지 일곱 글자가 이 일간과 어떤 관계를 갖는지 분석한다.

예시로 프로이트의 사주를 한번 살펴보자. 대개 서양 사람들은 생년월일만 기록되어 있지 시간을 찾기가 어려운데 프로이트는 태어난 시간까지 기록이 남아 있다. 다음의 표는 그의 생일인 1856년 5월 6일 오후 6시 30분을 만세력을 사용해서 사주팔자로 전환한 것이다. 음양을 먼저 살펴보면 2양 6음이다. 오행의 구조로 보면 화의 오행 2개, 수의 오행 2개, 금의 오행 1개, 토의 오행 3개로 이루어져 있다. 사유적인 사람답게 토의

| | 시주 | 일주 | 월주 | 연주 |
|---|---|---|---|---|
| 일간과의 관계 | 편재 | | 편재 | 정인 |
| 간 | 계수<br>(癸水) | 기토<br>(己土)<br>—일간— | 계수<br>(癸水) | 병화<br>(丙火) |
| 지 | 유금<br>(酉金) | 축토<br>(丑土) | 사화<br>(巳火) | 진토<br>(辰土) |
| 일간과의 관계 | 식신 | 비견 | 정인 | 겁재 |

오행이 가장 많다. 토의 오행이 많은 사람은 명리학적으로 철학적이고 사고지향적이다.

프로이트의 일주는 기축이며, 태어난 달이 초여름날을 상징하는 사월(巳月)이므로 그의 일간을 자연현상으로 비유하면 '초여름의 옥토'다. 일간인 기토는 논과 밭을 상징하며 일지의 축토는 '물을 머금은 땅'을 나타낸다. 인간의 삶에 대단히 중요한 농사를 지을 땅이 여름날 물을 머금고 있다는 것은 곧 그의 사주가 정신적으로 대단히 깊고 너른 사색이 가능한 구조라는 것을 의미한다. 또한 학문의 힘을 상징하는 인수가 2개나 있어 그 세계가 더욱 넓고 깊다.

그리고 프로이트는 관에 해당하는 목의 오행이 드러나지 않는다. 이런 경우 대부분 누군가의 간섭이나 조언을 싫어한다. 다른 사람의 비판도 두려워하지 않는다. 실제로 그는 자신에 대한 평판에 개의치 않았다. 또한 지지에 있는 사화, 축토, 유금의 세 오행이 합해져서, 프로이트에게는 자기를 표현하는 능력을 상징하는 오행인 금의 오행으로 변한다. [이러한 오행의 변화를 삼합(三合) 이론이라고 하는데, 그 원리까지는 이 책에서 구체적으로 다루지 않는다.] 이에 따라 그는 순발력과 아이디어, 감각적인 면, 사물의 이면을 보는 능력, 표현 능력 등이 그 누구도 따라오지 못할 정도로 우수하다. 마치 샘솟는 연못처럼 그에게서는 아이디어가 뿜어져 나온다고 할 수 있다.

옛사람들은 어떻게 사주팔자의 개념을 만들었을까? 학자들은 사람들이 자연의 변화를 보고 이를 만들어냈을 것이라 추측한다. 낮과 밤과 사계절의 변화를 관찰해서 양과 음과 오행을 추론했고, 오행으로 인간의 특성을 분석해 내는 사주팔자 이론을 만들었으리란 것이다. 역사적으로는 중국 전국시대(戰國時代)의 추연(鄒衍)이라는 사람이 음양의 이론과 오행의 이론을 합하였으며, 이 내용이 한(漢)나라 때 더욱 발전한 것으로 전해진다. 가장 오래된 기록은 서경(書經)에서 찾아볼 수 있다.

우리나라의 경우 조선왕조실록에 보면 태종의 사주를 비롯해 세종, 정조, 중종에서 명종, 순조에 이르기까지 여러 차례 사주팔자에 관한 언급이 있다. 특히 세종이 이 학문을 적재적소에 활용했다는 이야기가 전해지며, 정조 때는 6번이나 정식으로 기록이 등장한다. 세자빈으로 간택받게 하려고 자기 딸의 사주팔자를 고친 사람의 이야기도 기록되어 있다.

명리학의 기본이 이 오행이라는 것은 나를 이루는 기가 고착된 것이 아니라 흘러 변화한다는 것을 뜻한다. 한자로 행(行)은 왼발이 걷는 모양과 오른발이 걷는 모양으로 이루어져 좌우의 발을 차례로 옮겨 걸어간다는 뜻이다. 그리고 탄생이란 그처럼 변화하는 우주의 기가 딱 그 시점에 내 첫 호흡을 통해 내 안으로 들어오는 순간을 의미한다. 수태되는 시간을 정확히 알 수 없으니 태어나 첫 호흡을 하는 순간을 한 사람의 인생의 시작으로 보는 것이다.

그렇다면 어떻게 내가 태어나는 순간의 기가 나의 특성을 좌우하는 오행이 되는 것일까? 고대에 동양인들은 인간의 기와 자연의 기가 교류하여 일체가 된다는 천인합일(天人合一) 사상을 가지고 있었는데 나도 이 이론에 동의한다. 인간과 자연은 조화를 이루는 유기적인 존재인 것이다. 따라서 우리는 오행을 살펴보는 것만으로도 마치 그림 보듯이 개인의 특성을 이해할 수 있다. 오행에 관한 더 자세한 설명은 다음과 같다.


## 목의 오행

목의 오행은 시작, 성장, 창조, 생명력의 상징이다. 봄을 영어로 'spring'이라고 하는데 이처럼 목의 오행을 잘 표현한 단어는 없는 것 같다. 스프링은 봄을 뜻하기도 하지만 동시에 용수철을 의미하기도 한다. 그 이미지를 한번 떠올려 보자. 용수철처럼 목은 큰 압력을 받은 양기(陽氣)가 분출하여 뻗어나감을 상징한다. 그것을 생육지기(生育之氣)라고 한다.

다시 말해서 겨울에 씨앗의 형태[水]로 굳게 뭉쳐 있던 양의 기운이 밖으로 터져 나오면서 솟아오르는 기운을 상징한다. 그러므로 수의 오행을 가진 사람들은 목의 기운이 꼭 필요하다. 그렇지 않고 수의 기운만 있으면 생각은 많고 행동은 느린 사람이 될 가능성이 높다. 더불어 목의 오행은 나무가 그러하듯이 끝없이 성장하려는 특성을 상징한다. 따라서 목의 오행을 가진 사람들은 의욕, 추진력, 실행력이 강하고 개혁을 추구한다.

한편으로는 하늘을 보고 솟는 아름드리나무처럼 지나치게 앞으로만 직진하려는 성향도 있다. 따라서 목의 오행이 강건한 경우 이를 통제하는 금의 오행이 있어야 한다. 그래야 쓰임새가 생겨나 자신의 역량을 발휘할 수 있다. 그렇게 동량(棟梁)이 되어 집을 떠받치며 기둥과 들보의 역할을 다하게 되는 것이다. 목의 오행이 적절하면 새롭고 창의적인 활동을 추구하고, 곧고 유연하고 온화하면서 잘 화합하는 특성을 발휘한다. 생기가 없다는 것은 이 목의 기운이 적거나 거의 없다는 의미다.

이 오행이 상징하는 소년기에는 스스로 자신의 인생을 만들어간다는 자율성과 주도성을 확립해야 한다. 정신의학적으로는 새로운 자극을 받으면 행동이 활성화되는 경향인 자극 추구 성향과 연관된다. 따라서 그러한 면을 살릴 수 있는 분야가 적성에 맞는다. 기획, 제조, 출판, 교육, 디자인, 설계, 문학 분야가 그것이다. 이러한 분야들이 생산성, 창의성과 연관되기 때문이다.

# 화의 오행

목으로 생겨난 양기가 더욱 확산되고 분열되어 생겨나는 에너지가 바로 화다. 즉 양기의 아름다움이 최고조에 달한 상이며 화려하게 펼쳐 나가는 모습을 상징한다. 목의 기운을 바탕으로 무한대의 에너지를 생성하고 방출하려고 한다. 자연현상으로는 태양, 큰불을 상징한다. 따라서 인간의 속성으로는 능동적, 적극적, 진취적인 면이 높다. 명랑하고 화끈하지만 성급하고 쟁취하려는 마음도 강하다. 외향적이고 주목받고자 하는 성향이 강하고, 화려한 것을 좋아한다.

탁월한 사회활동 역량을 갖고 있으며 명예를 추구하고 처세술이 우수하다. 지나치면 욕심이 많고 충동적으로 일을 시작했다가 포기도 빠를 가능성이 있다. 반면에 사주에 이 화의 기운이 부족하면 욕망이 낮고 사회활동을 기피하는 성향을 보일 가능성이 있다.

추상적이거나 애매모호한 것을 싫어하므로 눈앞에 보이는 것만 취하려는 면도 있다. 불이 주위를 환하게 비추지만 내면은 어두운 것처럼 다른 사람을 분석하는 역량은 우수하지만 자기 자신을 통찰하는 면은 낮은 편이다.

인간의 주기로는 청년기에 해당하는 이 시기의 정신적 과제는 정체성 확립과 친밀감 형성이다. 정신의학적으로는 사회적 감수성, 연대감과 연관된다. 적성 면에서는 분출하는 에너지와 외향성을 발휘할 수 있는 언론, 방송, 홍보, 마케팅 등의 분야가 잘 어울린다.

## 토의 오행

목에서 시작한 양기의 탄생이 화의 오행을 거쳐 확산되고 분열되면 어느 시점에는 그것이 더 이상 넘치지 않도록 막는 작용이 필요하다. 즉 화의 분열 작용을 멈추게 하고 금의 수렴작용을 원활하게 조정해서 금화의 상쟁(相爭), 즉 다툼을 막아야 하는 것이다. 그래야 에너지의 균형과 조화가 이뤄지고 양기의 결실이 생겨난다.

그런데 성질이 갑자기 반대 방향으로 변화할 수 없으므로 중간에 이 두 가지 성질을 중화해 줄 기운이 필요한데 그것이 바로 토다. 그런 의미에서 토의 오행은 양기가 잠시 쉬면서 머무르고 가는 정자와 같다고도 할 수 있다. 자연현상으로는 대륙, 드넓은 땅을 상징한다.

사주에 토의 오행을 가진 사람은 결단력과 자부심이 높고 책임감과 자기 가족의 안위를 보호하려는 의식이 강하다. 허욕이 적고 통솔력이 있다. 감정 표현이 상대적으로 적고 속마음 역시 잘 드러내지 않는 편이다. 목적을 이루기 위해서 조용히 행동하며 중용을 벗어나지는 않으려고 한다.

토의 기운이 적절하면 심리가 안정적이고 포용력이 있다. 한편 이 오행이 부족하면 타산적이며 의심이 많고 불안정해서 결실을 잘 맺지 못할 가능성이 있다. 인간의 주기로는 성장기에 해당한다. 토의 오행을 일명 가색(稼穡)이라고 하는데, 가(稼)는 씨를 뿌리는 것이고 색(穡)은 거두어들이는 것으로 곡식 농사를 말한다. 그처럼 자기 삶의 결실을 거두려 노력하는 특성을 상징한다고 할 수 있다.

정신의학적으로는 이상주의를 추구하는 성향을 측정하는 자기 초월 척도와 연관된다. 다른 사람과 더불어 살아가는 역량을 평가하는 연대감과도 연관된다. 따라서 사주에 토의 오행을 가진 경우 중재하고 조율하는 능력이 우수한 경우가 많다. 조직의 지도자, 협상가, 중개상 등이 적성에 잘 맞는다.

## 금의 오행

화기로 확장되고 펼쳐졌던 기운을 수렴하고 수축해서 결실을 맺는 기운을 상징한다. 양기를 수렴해서 음기로 응축시키는 상태이므로 겉모양이 견고하고 단단하다. 수렴, 결실, 가치화,

실리 중심을 상징한다. 겉은 단단하지만 속은 부드럽다. 봄에는 만물이 에너지를 표면으로 발산하려고 한다. 하지만 가을에는 안으로 잠복해 고요히 잠들려고 한다. 금은 그러한 우주의 기를 상징한다.

자연현상으로는 광석, 바위, 보석 등을 상징하고 인간의 속성으로는 결단력, 섬세함과 까다로움 등을 나타낸다. 칠전팔기의 정신으로 마음먹은 것은 꼭 끝내려고 하는 면도 있다. 정결하고 생활철학이 분명하다. 마음에 드는 사람에게는 의리를 지키지만 그렇지 않은 사람에게는 냉정한 면이 있다. 흑백논리가 강해서 결단이 빠르고 지배욕, 소유욕이 강하다. 반면 남에게 지배당하는 것은 싫어한다. 목의 오행이 부드러운 강함을 나타낸다면 금의 오행은 직선적인 강함을 상징한다.

금의 기운이 적절하면 강건하며 의리와 결단성이 있다. 또한 활동적인 면이 강하고 솔직함과 도덕성을 갖추고 있다. 지나치면 고집이 세고 융통성이 부족하며 인간관계가 폐쇄적으로 형성될 가능성이 있다. 모자라면 우유부단하고 결실이 그다지 크지 않다고 본다. 삶의 주기로는 중년기에 해당한다.

정신의학적으로는 자율성, 지배 욕구와 연관된다. 적성으로는 건축, 설계, 금융 등의 분야를 생각해 볼 수 있다.

# 수의 오행

지구상에서 가장 먼저 생겨난 기운으로 수렴작용과 친화력을 상징한다. 물은 차갑고 멀리서 보면 어둡고 가까이서 보면 투명하므로 지혜를 상징하기도 한다. 한마디로 목에서 생성되어 화에서 화려하게 발산된 양기가 금기로 수렴되고 수의 오행으로 응축되어 보관된다고 할 수 있다. 생명은 봄에 싹을 틔운 다음에 여름의 발산 작용을 거쳐서 가을의 수렴 과정으로 이어지고 마지막으로 겨울에 저장하는 수의 작용으로 마무리된다는 것을 의미하기도 한다.

물은 모든 것을 빨아들이는 블랙홀과도 같다. 즉 수의 응고작용은 생명의 원동력이다. 그런 의미에서 수의 기운은 삶의 원천이 되는 에너지이고 가장 작으면서도 단단하다. 이러한 오행을 가진 경우 생각이 많고 정신세계를 지향한다. 새로운 것을 받아들이는 유연성이 높아서 어떠한 상황에서도 적절한 적응 능력을 발휘한다.

물의 속성처럼 자유자재하므로 개방적이며 활달한 사고력을 지니고 있다고 본다. 이해심과 도량이 넓고 인정이 많아서 쉽게 손해를 볼 수도 있다. 혼자보다는 어울려서 하는 일을 더 선호한다. 이 수의 기운이 적절하면 온화하고 창의성도 높다. 지나치면 인색하고 감정 기복이 많을 수 있다. 부족하면 융통성이 없고 낭비하는 속성을 보일 가능성이 있다.

삶의 주기로는 노년기에 해당한다. 따라서 자기 통합의 과제와 연관되며 휴식과 안정이 중요하다. 한편으로는 자기만이 지혜롭다고 생각하는 측면이 강해지는 것은 경계해야 한다. 정신의학적으로는 풍부한 감수성, 자기 초월, 연대감 등과 연관된다. 적성으로는 종교, 철학, 심리 등의 분야가 맞는 경우가 많다. 고문이나 참모 등의 역할에서도 역량을 발휘한다.

이 다섯 가지 특성은 앞서 말했듯 고착된 것이 아니며, 행(行)으로 변화한다. 즉 명리학은 명(命)의 이치가 정해져 있는 것이 아니라고 주장한다. 자기를 알고 거기에 따른 합당한 노력을 통해 한 걸음 전진하자는 것이 기본 사상인 것이다.

명리학은 절대 결정론이 아니다. 앞서도 기술했듯 자신의 잠재 역량과 특성을 잘 이해하여, 보완해야 할 것은 보완하고 성장시켜야 할 것은 성장시킴으로써 자신의 특성이 더 균형과 조화를 이루도록 도움을 주는 학문이다.

아이들이 갖고 태어나는 유연함과 융통성은 대단히 강하다. 신체만 그런 것이 아니라 마음도 그러하다. 마치 거대한 보물 창고와 같다. 따라서 그것을 부모의 편견과 선입견으로 잘라 낼 것이 아니라, 아이의 성장을 지켜보면서 발견하고 키워내는 과정이 필요하다.

오행의
생과 극에 따른
부모 자녀 관계

앞서 각 오행의 특성에 대해 간단하게 살펴보았다. 그런데 이 오행은 각기 따로따로 존재하는 것이 아니다. 예를 들어, 목의 상징인 나무는 꽃도 피우고 열매도 맺고 씨도 뿌리고 낙엽도 떨어뜨린다. 즉 목의 오행은 화토금수의 오행을 다 포함하고 있는 것이다. 이는 좋은 사주가 오행이 골고루 갖추어진 사주라고 하는 이유이기도 하다.

오행은 변화의 과정에서 서로 영향을 주고받는다. 한 오행이 다른 오행이 생겨나는 것을 도와주기도 하고 방해하기도 하며, 서로 합해서 새로운 오행을 만들어 내기도 하고 서로 충돌해서 상대방의 힘을 변화시키기도 한다. 바로 거기서 오행이 만드는 생과 극의 드라마가 시작된다. 그리고 그것을 통해 사주팔자 안에서 일어나는 에너지의 변화를 알아낼 때 우리는 삶의 흐름을 더 심층적으로 이해할 수 있다.

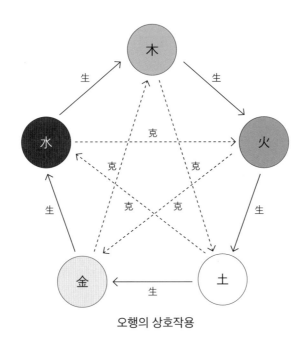

오행의 상호작용

오행의 상호작용을 다음의 도표로 확인해 보자.

먼저 생의 관계를 보면 수의 오행은 목을 살린다. 나무가 자라는 데는 물이 필요하다는 것을 기억하면 된다. 목의 오행은 화의 오행을 살린다. 불을 지피기 위해서는 나무가 필요하기 때문이다. 화의 오행은 토의 오행을 살린다. 예로부터 토양을 비옥하게 하기 위해 불을 놓은 것도 그런 이유에서다. 토의 오행은 금의 오행을 살린다. 땅에서 바위가 생겨나는 것이다. 금의 오행은 수의 오행을 살린다. 바위가 있는 계곡에서 물이 생긴다. 그렇게 생겨난 수의 오행은 다시 목의 오행을 살린다. 이렇게 생의 드라마는 계속된다. 즉 수생목(水生木)-목생화(木生火)-화생토(火生土)-토생금(土生金)-금생수(金生水)로 이어지는 것이다.

그렇다면 극의 드라마는 어떻게 진행될까? 목의 오행은 토의 오행을 극한다. 나무가 자라려면 뿌리를 땅에 내려야 하기 때문이다. 또 물이 범람하면 흙으로 그것을 멈추게 해야 한다. 그래서 토의 오행은 수의 오행을 극한다. 불을 끄는 것은 물이므로 수의 오행은 화의 오행을 극한다. 광석을 제련할 때 불을 사용하는 것처럼 화의 오행은 금의 오행을 극한다. 금의 오행은 목의 오행을 극한다. 나무는 금속인 톱에 의해 잘려 나간다. 이러한 극의 드라마는 목극토(木克土)-토극수(土克水)-수극화(水克火)-화극금(火克金)-금극목(金克木)으로 이어진다.

그리고 일간과 나머지 일곱 글자 사이에서 일어나는 오행의 생과 극의 관계를 살펴보는 이론이 육친론, 또는 육신론이다. 인간관계를 살필 때는 육친론, 성격과 특성을 위주로 볼 때는 육신론이라고 칭한다.

육친에 속하는 개념은 다음과 같다.

| 비겁 | 비견 | 일간과 같은 오행이면서 음양이 같은 글자 |
|------|------|----------------------------------------|
|      | 겁재 | 일간과 같은 오행이면서 음양이 다른 글자 |
| 관성 | 정관 | 일간을 극하며 음양이 다른 글자 |
|      | 편관 | 일간을 극하며 음양이 같은 글자 |
| 인수 | 정인 | 일간을 생해주며 음양이 다른 글자 |
|      | 편인 | 일간을 생해주며 음양이 같은 글자 |
| 식상 | 식신 | 일간이 생해주며 음양이 같은 글자 |
|      | 상관 | 일간이 생해주며 음양이 다른 글자 |
| 재성 | 정재 | 일간이 극하며 음양이 다른 글자 |
|      | 편재 | 일간이 극하며 음양이 같은 글자 |

육친

극하고 생하는 것은 앞서 살펴본 오행의 상호작용에 속하는 내용이다. 일간과 나머지 일곱 글자의 관계를 살펴보면 육친의 개념 중 무엇이 나의(혹은 내 아이의) 사주에 포함되어 있는지 확인할 수 있다. 뒤에 등장하는 자세한 사례를 참고하면 이해가 더욱 쉬울 것이다.

구체적인 내용을 알아보기에 앞서 한 가지 당부를 하고자한다. 육친론을 살피며 '사주에 비견이 없으니 내 아이는 형제복도 동료복도 없구나', '인수가 없으니 나는 부모복이 없네'같은 생각은 금물이다. 명리학은 이 책에서 다루는 것보다 더복잡하고 다층적인 학문이기에 다음의 내용만으로 복에 대한판단을 내릴 수는 없다. 이 책에서 다루는 명리학 이론은 나와 아이를 이해하는 데 활용해 주었으면 한다. 명리학은 단지 글자의 유무만으로 운명을 결론 내리는 학문이 아니다.

그럼 이제 일간과 일곱 글자의 관계를 더 구체적으로 알아보도록 하자.

## 비겁: 비견과 겁재

| 비겁(比劫) | |
|---|---|
| **비견(比肩)** | **겁재(劫財)** |
| • 육친론(인간관계)<br>형제자매, 친구, 동료를 의미.<br>형제나 동료복을 상징하기도 함. | • 육친론(인간관계)<br>남매, 경쟁자를 의미. |
| • 육신론(성격 및 특성)<br>- 독립적이고 주체적으로 행동하는 성향.<br>- 자신의 생각과 신념을 중시하는 자존적 성향. | • 육신론(성격 및 특성)<br>- 비견과 비슷하나 보다 더 경쟁적이고 승부욕이 높음. 반드시 뜻을 이루려는 성향이 강함.<br>- 남의 일에 간섭을 잘하는 특징이 있음.<br>- 인간관계에서 좋고 싫음이 분명함. |

사주팔자 중에 일간과 같은 오행을 비겁이라고 한다.

비겁은 인간관계에서는 형제, 동료, 친구를 상징하고 심리적으로는 경쟁심을 의미한다. 이때 나와 같은 오행과 음양을 가진 비견은 나의 동료다. 나와 같은 오행으로 음양이 다른 겁재는 경쟁자를 뜻하는 경우가 더 많다.

특성을 살펴보면 비겁 모두 권위에 저항하는 성향을 가지고 있으며, 자신의 신념을 중시하는 특성을 띤다.

다음의 사주를 통해 비겁이 발현되는 사례를 살펴보자.

| | 시주 | 일주 | 월주 | 연주 |
|---|---|---|---|---|
| 일간과의 관계 | 겁재 | | 편인 | 비견 |
| 간 | 무토<br>(戊土) | 기토<br>(己土) | 정화<br>(丁火) | 기토<br>(己土) |
| 지 | 진토<br>(辰土) | 미토<br>(未土) | 축토<br>(丑土) | 해수<br>(亥水) |
| 일간과의 관계 | 겁재 | 비견 | 비견 | 정재 |

이 사주의 일간은 음의 토인 기토다. 그러니 사주팔자 안에서 음의 토인 기토, 축토, 미토가 모두 비견이고, 토의 오행은 같으나 음양이 다른 양의 토인 무토, 진토는 겁재에 해당한다. 이처럼 사주에는 비견이 3개, 겁재가 2개 있다.

그런데 지지에 있는 해수가 음의 오행인데도 편재가 아니고 정재가 되는 것은 명리학의 더 심층적 이론인 지장간(支藏干)에 의한 것이다. 지장간은 지지에 들어 있는 천간의 기운을 말하는데, 깊이 있는 내용이라 이 책에서는 자세히 다루지는 않겠다. 단지 자수(子水), 해수(亥水), 오화(午火), 사화(巳火)는 표면적으로는 양의 수, 음의 수, 양의 화, 음의 화이지만, 일간과의 관계를 살펴볼 때는 음양이 달라진다는 것만 전하도록 하겠다.

정신의학적 측면에서 봐도 비겁의 오행이 많은 사람은 인간관계에서 경쟁심이나 시기심이 높다. 형제들 간의 경쟁심도 마찬가지다. 이 과정에서 부모가 경쟁심을 건강하게 키워주면 아이들은 서로 경쟁은 하지만 함께 잘 성장하는 비견이 된다. 그렇지 않으면 서로가 상대방이 가진 것을 빼앗아 가는 겁재의 특성을 갖는다.

부모들이 가정 안에서 쉽게 '형만도 못한 놈, 동생보다 못한 놈'이라는 표현을 쓰는 경우가 있다. 하지만 오행의 흐름만 봐도 그래서는 안 된다는 것을 알 수 있다. 그런 말들이 자녀의 경쟁의식과 질투심만 더 불러일으키는 것이다. 이런 경우 비겁의 장점인 독립성, 자존감, 주체성을 더 키워주는 방향으로 교육을 하는 것이 좋다. 인간관계에서도 경쟁심이 아닌 윈윈(win-win)의 정신을 갖도록 도와주는 것이 필요하다. 형과 동생이 같이 협력해서 할 수 있는 놀이를 하도록 도와주며 협동심을 키워주는 것도 한 방법이다.

## 관성: 정관과 편관

| 관성(官星) | |
|---|---|
| **정관(正官)** | **편관(偏官)** |
| • 육친론(인간관계)<br>　직장 상사를 의미.<br>　여자의 경우는 배우자, 남자의 경<br>　우는 아들을 의미.<br>　사회적 적응 능력 상징. | • 육친론(인간관계)<br>　정관이 없는 경우, 남자 사주에서<br>　는 아들을 의미하고 여자 사주에<br>　서는 배우자를 의미. |
| • 육신론(성격 및 특성)<br>　- 도덕성, 모범성, 공명심, 정의감,<br>　　공익정신, 보수성, 원칙성, 책임<br>　　감을 뜻함.<br>　- 이 특성이 지나치면 원리원칙을<br>　　고수하며, 관용과 이해가 부족<br>　　해질 수 있음. | • 육신론(성격 및 특성)<br>　- 용기, 과단성, 의협심, 투지와 인<br>　　내, 권위 의식, 명예욕을 상징함.<br>　- 이론보다는 행동으로 해결하는<br>　　성향이 지나치면 타협을 모르는<br>　　강경한 태도를 보일 수 있음.<br>　- 군인이나 법관 등의 권위직을<br>　　선호하는 경향이 있음. |

사주 중에 자신을 통제하는 특성을 관성이라고 한다. 일간이
음의 목인 경우 같은 음으로 (목을 극하는) 금의 오행이 있으면

편관, 양의 금 오행이 있으면 정관이라고 한다.

　다음 사주의 주인공은 초봄의 작은 나무, 잔디를 상징하는 을목(乙木)이다. 따라서 목을 극하는 금의 오행이 관성인데, 일간과 같은 음양을 가진 금은 편관, 일간과 다른 음양을 가진 금의 오행은 정관이 된다. 다음의 사주에서는 을목이 음의 목이므로, 음의 금 오행인 신금과 유금은 편관, 양의 금 오행인 경금은 정관이 된다.

| | 시주 | 일주 | 월주 | 연주 |
|---|---|---|---|---|
| 일간과의 관계 | 상관 | | 정관 | 편관 |
| 간 | 병화<br>(丙火) | 을목<br>(乙木) | 경금<br>(庚金) | 신금<br>(辛金) |
| 지 | 자수<br>(子水) | 유금<br>(酉金) | 인목<br>(寅木) | 묘목<br>(卯木) |
| 일간과의 관계 | 편인 | 편관 | 겁재 | 비견 |

　정관은 자신을 다른 관점으로 평가하고 비판하므로 늘 옳은 길로 가려고 한다. 편관은 이와 달리 통제 성향이 자신보다는 주위 사람들에게 향한다. 자신의 자긍심을 키우는 방편으로 주위 사람들을 통제하려고 하는 것이다. 정관의 장점은 도덕성, 기획성이고 명예와 신념, 정직과 원칙을 고수하는 것이다.

또 원칙주의적 특성이 있어 업무를 공평하고 합리적으로 수행한다. 또 사회 규범도 잘 준수한다. 따라서 그러한 점은 개발하되, 자칫 정관이 지나칠 때 원리원칙을 고수하는 데서 오는 답답함과 경직된 사고를 보완하는 것이 필요하다. 아이에게 하나의 상황에서도 여러 방면의 해결 방법이 있다는 것을 알려주어, 사고의 유연함과 융통성을 기를 수 있도록 도와야 한다.

편관이 강한 아이들은 카리스마를 중시하고 다른 사람들을 지배하려고 한다. 또한 도전 정신이 강하다. 결단한 바를 반드시 실천하는 모습을 보이기도 한다. 판단력과 결단성이 우수하다. 그러한 장점은 키워주되, 올바른 수평관계를 배워나가도록 도와줄 필요가 있다. 집권 의식, 투쟁심이 지나치면 상대를 무시하는 태도를 보일 수도 있기 때문이다. 한편으로 관성이 강한 아이들은 지나치게 자신을 돌아보고 절제하려는 성향이 나타나는 경우가 있다. 정신의학적으로는 자신을 성찰하는 초자아의 힘이 강한 경우다. 따라서 사람은 누구나 실수할 수 있음을 알려주는 것이 좋다. 아이의 작은 실수에 유연하게 대처하는 자세 또한 필요하다.

우리가 성장하는 데는 적절한 위기도 필요하고 자기성찰도 필요하다. 그러나 이것이 지나치면 남이 뭐라고 하기 전에 스스로를 절제하므로 걱정만 많고 일을 시작하지 못하는 경우가 생겨날 수도 있다. 그리고 반대로 남에게 통제력을 행사하려고만 들면 강한 지배욕구로 충돌을 빚을 수 있으므로 균형을 잘 맞추도록 살펴야 한다.

## 인수: 정인과 편인

| 인수(印綬) | |
|---|---|
| **정인**(正印) | **편인**(偏印) |
| • 육친론(인간관계)<br>　부모, 특히 어머니를 의미. | • 육친론(인간관계)<br>　부모, 특히 어머니를 의미. |
| • 육신론(성격 및 특성)<br>　- 지혜, 학문 등을 상징.<br>　- 기록성, 보수적, 양심, 전통을 중시함.<br>　- 생각은 많으나 행동이 느린 편.<br>　- 인수가 약하면 끈기가 없고 조급한 성향을 띰. | • 육신론(성격 및 특성)<br>　- 순간의 발상력과 재치, 직관력을 상징. 상상력, 추리 능력, 임기응변이 뛰어남.<br>　- 내면의 사색이 깊어 종교인, 의사, 예술가, 배우 등의 직업에 종사하는 것이 좋음. |

인수는 정인과 편인으로 나뉘는데 정인은 일간과 음양은 다르면서 일간의 뿌리가 되는 오행을, 편인은 일간과 음양이 같은 오행이면서 뿌리가 되는 오행을 말한다. 인수는 학문의 능

력을 나타내기도 한다. 흔히 정인은 사회적 관습 내에서 이루어지는 학문을, 편인은 보다 더 범위가 넓은 학문을 상징한다. 정인의 장점은 이해력과 흡수력이다. 또 의무, 절차, 순서 등을 중시하는 성향을 보인다. 편인이 강한 아이들은 기민한 전략으로 일을 도모하기도 한다. 교육적 역량도 뛰어나고 예술 방면에도 재능을 보인다. 그러나 이 특징이 지나치면 자존심과 고집이 강하고, 인색하고 이기적인 성질을 띨 수 있으니 주의해야 한다.

또 인수는 나를 보호하고 지지해 주는 존재다. 사주에 이 인수를 상징하는 오행이 아예 없거나 있어도 도움이 안 되는 경우 흔히 부모와의 인연이 약하다고 해석하는 경우가 많다. 그러나 임상에서 보면 그러한 단편적인 해석보다는 인내심, 다른 사람에 대한 근본적인 자비심이 약한 성격적 특성과 연관 짓는 것이 더 명확하다. 인수의 오행이 튼튼한 경우에는 쉽게 낙담하지 않고 위기의 순간도 잘 극복할 가능성이 높다.

다음 사주의 주인공은 작은 나무, 잔디를 상징하는 을목이다. 따라서 인수는 수의 오행이 된다. 연주와 월주의 계수가 을목과 같은 음의 오행이므로 편인에 해당한다. 지지에 있는 해수가 음의 오행인데도 편인이 아니고 정인이 되는 것은 지장간에 의한 것이다. 이 사주 주인공의 일주에 있는 사화가 식신이 아니라 상관이 되는 것도 같은 원리다.

| | 시주 | 일주 | 월주 | 연주 |
|---|---|---|---|---|
| 일간과의 관계 | 겁재 | | 편인 | 편인 |
| 간 | 갑목<br>(甲木) | 을목<br>(乙木) | 계수<br>(癸水) | 계수<br>(癸水) |
| 지 | 진토<br>(辰土) | 사화<br>(巳火) | 해수<br>(亥水) | 미토<br>(未土) |
| 일간과의 관계 | 정재 | 상관 | 정인 | 편재 |

사주 안에 인수가 없으면 기본적인 자비심이 없으며 마음이 불안하고 공허하기 쉽다. 한편으로는 자기 혼자 이 세상에 태어난 것 같아 자만심을 갖기도 한다. 반대로 인수가 지나치게 강하면 자신만의 세계에 사로잡혀 살기도 한다. 부모의 과잉 보호하에서 자라나는 아이들이 세상 무서운 줄 모르면서 한편으로는 심층적인 열등감에 사로잡히는 것과도 같다. 반면에 늘 새로운 것에 대한 호기심이 많아 학문의 길을 가는 특성을 보이기도 한다.

## 식상: 식신과 상관

식상은 나의 기운을 가져가는 존재로 인간관계에서는 자녀를

| 식상(食傷) | |
|---|---|
| **식신(食神)** | **상관(傷官)** |
| • 육친론(인간관계)<br>여자에게는 자녀, 의사에게는 환자, 교사에게는 학생, 사업가에게는 직원 등 아랫사람이나 자신이 돌봐주어야 하는 존재를 의미. 반려동물 또한 해당됨. | • 육친론(인간관계)<br>여자에게는 자녀, 의사에게는 환자, 교사에게는 학생, 사업가에게는 직원 등 아랫사람이나 자신이 돌봐주어야 하는 존재를 의미. 반려동물 또한 해당됨. |
| • 육신론(성격 및 특성)<br>- 감성적이고 감각적이며 부지런함.<br>- 지나치면 자유분방하고 자기중심적인 모습을 보임.<br>- 발명, 교육, 제조, 생산, 음식, 과학 등과 관련된 직업, 의식주를 중심으로 하는 사업에 능력을 보임. | • 육신론(성격 및 특성)<br>- 예술적 소양이 뛰어남. 직감이 뛰어나고 언변이 화려함. 획기적인 아이디어를 떠올리기도 함.<br>- 직언과 다언을 주의해야 함.<br>- 규칙과 속박을 싫어함.<br>- 조직 생활보다는 프리랜서가 성향에 더 잘 맞을 수 있음. 전문직, 예능, 예술, 문화 등의 영역에 능력을 보임. |

뜻한다. 부모라면 누구나 내 기운을 모두 쏟아부어서라도 아이가 잘되기를 바란다. 그것을 두고 내 밥상[食]의 기운을 가져가는[傷] 존재가 자녀라고 묘사하고 있는 것도 재미있다.

다음 사주의 주인공도 겨울날의 작은 나무, 잔디에 해당하는 을목이다. 따라서 식상은 목의 기운을 가져가는 화의 오행이 된

| | 시주 | 일주 | 월주 | 연주 |
|---|---|---|---|---|
| 일간과의 관계 | 식신 | | 식신 | 편재 |
| 간 | 정화<br>(丁火) | 을목<br>(乙木) | 정화<br>(丁火) | 기토<br>(己土) |
| 지 | 축토<br>(丑土) | 사화<br>(巳火) | 축토<br>(丑土) | 해수<br>(亥水) |
| 일간과의 관계 | 편재 | 상관 | 편재 | 정인 |

다. 그중에서 일간과 음양이 같은 화의 오행을 식신, 음양이 다른 화의 오행을 상관이라고 한다. 일지에 있는 사화가 음의 오행인데도 식신이 아니라 상관인 이유는 앞서 언급한 지장간 이론과 관련이 있다.

이 사주의 주인공은 식상이 모두 있어서 표현력과 창의성이 뛰어나다. 식신은 좀 더 부드러운 감각적 능력을, 상관은 저항적인 특성을 상징한다. 과거에는 관의 오행이 최고의 덕목이었지만 요즘과 같은 자본주의 사회에서는 식상, 특히 식신이 최고의 오행으로 여겨지고 있다. 그래서 식신이 2개인 경우 가장 좋은 사주 중 하나로 꼽기도 한다. 재물의 오행을 창출하는 능력을 뜻하기 때문이다. 또 식신이 뛰어나면 표현력이 강하고 낙천적이며, 자신의 고유한 특기를 사회생활에 적극적으로 활용하는 모습을 보이기도 한다. 상관이 강하면 언행이 예리하고 개성을 추구하는 성향을 보인다. 따라서 때로는 직언과 다언을 주의해야 한다. 심리적으로는 인생에서 자신이 바라는 것을 이루려는 욕구, 인간관계에서는 자녀와 후배들과의 관계를 상징한다.

자녀를 상징하는 오행은 남녀가 다르다. 남자의 경우는 자기를 극하는 관의 오행이 아들을 뜻한다. 그런데 여자의 경우는 자신의 것을 가져가는 식상의 오행이 자녀를 상징한다. 아무래도 모성을 지닌 여자들이 자식을 위해 더 희생하므로 그런 면을 상징하는 것이 아닐까 싶다. 그럼 식상이 없다고 해서 자녀가 없는 걸까? 그런 일차적인 분석은 앞서 다루었듯 잘못된 것이다. 다만 식상이 없으면 표현력이 부족할 수 있다. 이는 임상에서도 입증된 내용이다.

## 재성: 정재와 편재

재성은 일간이 극하는 오행으로 재물을 상징한다. 편재는 나와 음양이 같은 오행으로 대단히 큰 재물의 양을 말한다. 정재는 나와 음양이 다른 오행으로, 나의 행동을 구속하는 면이 있어서 대개 직장생활에서 얻어지는 재물을 상징한다.

다음 사주의 주인공은 한겨울의 예리한 칼날에 비유할 수

| 재성(財星) | |
|---|---|
| 정재(正財) | 편재(偏財) |
| • 육친론(인간관계)<br>아버지를 의미. 남자의 경우는 배우<br>자를 의미함.<br><br>• 육신론(성격 및 특성)<br> - 검소하며 절약에 능함. 수리력과<br>  계산 능력, 현실 적응 능력이 우<br>  수함.<br> - 실천력이 우수하고 이익을 목적<br>  으로 하는 일에 끈질기게 노력<br>  하는 성향.<br> - 이해타산이 분명하며 안정성을<br>  추구함.<br> - 근면하고 성실함. | • 육친론(인간관계)<br>아버지를 의미. 남자의 경우는 배우<br>자를 의미함.<br><br>• 육신론(성격 및 특성)<br> - 재물에 대한 강한 집착과 집념<br>  이 있음.<br> - 판단력과 응용력이 우수함.<br> - 기회를 잘 포착하며 도전적임. |

있다. 금의 오행이 극하는 오행은 목이므로, 이 사주에서는 목의 오행이 재성에 해당한다. 일간과 같은 음양의 금의 오행을 편재, 일간과 음양이 다른 금의 오행을 정재라고 한다. 이 사주의 주인공은 편재와 정재가 다 있다. 이 사람은 처음에는 월급을 받으며 사회생활을 하다가 나중에 자기 사업을 해서 큰돈을 벌었다.

임상에서 보면 편재를 가진 사람이 돈을 잘 번다. 앞서 식상

| | 시주 | 일주 | 월주 | 연주 |
|---|---|---|---|---|
| 일간과의 관계 | 비견 | | 식신 | 상관 |
| 간 | 신금<br>(辛金) | 신금<br>(辛金) | 계수<br>(癸水) | 임수<br>(壬水) |
| 지 | 묘목<br>(卯木) | 미토<br>(未土) | 축토<br>(丑土) | 인목<br>(寅木) |
| 일간과의 관계 | 편재 | 편인 | 편인 | 정재 |

이 재물의 오행을 창출하는 역할을 한다고 했는데, 그런 측면에서 보면 식상과 재성이 튼튼한 경우 재물 면에서는 좋은 사주라고 할 수 있다. 다만 일간의 힘이 강해서 그러한 재성을 통제할 수 있어야 한다.

자신을 뜻하는 글자, 즉 일간의 힘이 강하려면 일간의 뿌리가 되는 인수가 많거나 일간을 도와주는 비겁이 많은 경우를 말한다. 다만 비겁이 많아서 일간의 힘이 강한 사주는 재물운에 있어서는 불리하다. 비겁이란 나의 동료이기도 하지만 나의 경쟁자이기도 하기 때문이다. 따라서 인수의 힘이 강한 사주, 특히 월주에 인수가 들어 있는 경우 일간의 힘이 강하다고 한다. 물론 명리학적으로 일간의 힘을 분석하는 이론이 존재하지만 이 책에서는 기술하지 않을 예정이다. 포괄적으로만 설명하면 월주에 인수가 자리 잡고 있고 그 인수 또한 튼튼한 경우를 일간의 힘이 강하다고 한다.

학문과 재물은 함께하기가 어렵다. 예를 들어, 나를 뜻하는 오행이 목인 경우 학문의 오행은 수이고 돈을 뜻하는 오행은 토가 된다. 나무가 땅에 뿌리를 내리므로, 즉 목의 오행이 토의 오행을 극하므로 토의 오행이 재물이 되는 것이다. 그러나 토의 오행은 수의 오행을 극하게 되므로 재물을 취하면 취할수록 학문이나 자비심 등은 약해지게 되는 것이다. 그것이 지나치면 재물을 탐내다가 내 생명의 뿌리인 인수를 파괴하는 형태가 되기도 한다. 돈 앞에서 부모나 명예, 자비심을 버리는 경우라고나 할까.

만약 나를 뜻하는 오행이 역시 목인 경우, 내 사주팔자 안에 목의 오행은 많고 재물을 뜻하는 토의 오행이 적으면 형제끼리 재물을 놓고 싸울 가능성이 매우 높다. 그런 경우 부모는 미리 그런 점까지 잘 살펴서 아이들의 앞날을 좋은 방향으로 이끌도록 노력해야 할 것이다.

그러나 요즘은 지식으로도 돈을 벌 수 있으니, 내 사주에 인수만 있고 재성이 없다고 해서 무력감을 느낄 필요는 없다. 단지 재성과 인수와의 관계를 잘 살펴서 지나치게 재성이 강한 경우에는 인문학적 관점도 갖출 수 있도록 도와주는 것이 필요하다.

부모가 오행의 이치를 보다 잘 이해하면 자녀의 타고난 특성을 발휘하는 데 도움을 줄 방법을 더욱 쉽게 찾을 수 있을 것이다.

사주라는

창 너머의

새로운 세상

개인의 사주팔자를 분석할 때 가장 중요한 것은 정확한 생년월일시를 아는 것이다. 그래야만 만세력을 통해서 그의 생년월일시를 사주팔자로 전환해 오행을 분석할 수 있기 때문이다 (검증된 사주 관련 어플이나 사이트를 이용하여 사주팔자를 확인하는 것을 추천한다). 자신을 상징하는 오행을 찾고 나면 나머지 일곱 글자가 일간과 어떤 관계인가에 따라 비겁, 관성, 인수, 식상, 재성 등으로 나뉜다.

### 1) 사례의 주인공이 남성인지, 여성인지를 본다

명리학에서는 사례의 주인공이 남성인지, 여성인지에 따라

육친의 해석이 달라지므로 먼저 성별을 확실하게 살펴본다. 남자의 사주는 건명(乾命)이라고 하고, 여자의 사주는 곤명(坤命)이라고 한다. 다음 사례의 주인공은 남성이므로 건명이다.

### 2) 음과 양을 본다

이는 정신의학에서 대상을 이해할 때 가장 먼저 외향 성향이 더 강한지, 내향 성향이 더 강한지를 보는 것과 같다. 이때 음과 양이 적절하게 균형을 이루면 에너지가 중용을 지킬 수 있다. 따라서 일차적으로 양과 음으로 전체 오행이 중용을 이루고 있는지를 본다. 다음 사례는 8개의 오행이 모두 양의 오행으로 외향 성향이 매우 강하고 활동적인 사람임을 알 수 있다.

### 3) 자신을 상징하는 오행의 힘을 본다

일간에 가장 큰 영향력을 행사하는 것이 태어난 달, 즉 월주에서 땅의 기운을 상징하는 글자인 월지(月支)와 자기가 태어난 날, 일주에서 땅의 기운을 상징하는 글자 일지(日支)다. 이 두 오행이 자신을 상징하는 글자, 즉 일간을 도와주는지 아닌지를 살핀다. 인간은 하늘과 땅 사이에 존재하고 있으므로 둘 사이에 서로 기가 잘 통해서 궁극적으로 일간에 도움이 되는지를 보는 것이다.

사례의 주인공은 한여름날의 갑목(甲木)이다. 월지에 해당

| | 시주 | 일주 | 월주 | 연주 |
|---|---|---|---|---|
| 일간과의 관계 | 비견 | | 편인 | 편관 |
| 간 | 갑목<br>(甲木) | 갑목<br>(甲木) | 임수<br>(壬水) | 경금<br>(庚金) |
| 지 | 술토<br>(戌土) | 신금<br>(申金) | 오화<br>(午火) | 자수<br>(子水) |
| 일간과의 관계 | 편재 | 편관 | 상관 | 정인 |

건명의 사례

하는 오화(午火)는 육친론(六親論)으로는 상관에 해당하며 계절로는 목의 기운이 쇠퇴해 가는 여름을 상징한다. 금이 목을 극하므로, 일지는 일간을 극하는 관의 오행이다. 따라서 일간의 기운이 약한 듯 싶으나, 전체 사주를 살펴보면 비견인 갑목이 있고 인수인 수의 오행이 자수(子水)와 임수(壬水) 2개가 있다. 따라서 일간이 아주 강하지도, 아주 약하지도 않아 갑목의 특성이 적절하게 나타나고 있다. 외향적이고 성취 지향적인 면이 부드럽게 발현되어 예의를 중시하며 친밀한 인간관계를 유지하는 능력이 우수하다.

갑목의 오행을 가진 사람들은 자상하고 이타적인 성향을 지니고 있다. 또한 성장하려는 욕구가 강하고 미래 지향적이며, 시작이 빠르고 추진력이 우수하다. 남에게 구속받는 것을 싫어하고 지구력과 끈기가 강한 특성을 보인다. 부지런하고 성실하고 책임감이 강하며, 변덕이 적어 일이나 인간관계에서 처음과 끝이 한결같은 경우가 많다. 나름 부드러운 고집을 갖고 있다.

이 사례의 주인공에게 일지는 신금(申金)이다. 목의 오행을 가진 사람에게 금의 오행은 관으로 자기 자신을 통제하는 역량, 사회운, 조직운을 상징한다. 이 기운이 튼튼하므로 사회운도 좋다. 또한 신금은 아이디어와 창의성을 상징하는 오행으로 두뇌가 총명하다는 것을 알 수 있다. 다만 겉으로 드러나지는 않으나 내면으로는 날카롭고 비판적인 성향을 갖고 있다.

### 4) 나머지 일곱 글자의 오행을 골고루 살핀다

좋은 사주란 에너지의 흐름이 원활한 사주다. 이 사례는 화수목금토의 오행을 골고루 갖추고 있어 평생 다른 사람의 도움 없이 자급자족할 수 있는 능력을 갖추고 있다. 또한 에너지의 흐름이 연주에서 시주까지 금이 물을 생해주고, 물이 나무를 생해주고 있어 주위 사람들의 도움이 적절히 이어질 것이며, 자신이 공부한 학문을 기반으로 사회적 활동을 할 수 있는 역량을 지니고 있고 그 결실도 좋다.

즉 여름날의 나무에 필요한 수의 오행, 화의 오행, 토의 오행, 금의 오행이 골고루 갖추어져 있어 명리학적으로 좋은 사주에 속한다. 사주팔자 안에 일간을 도와주는 오행인 용신(用神)이 분명하게 존재하고 그 힘이 적절하기 때문이다.

또한 사주팔자가 균형을 이루고 있으므로 적절한 선에서 융통성을 발휘하고 합리적이고 실용주의적이다. 지나친 야심으로 자신을 괴롭히지 않으며 원칙과 양심을 중시한다.

월지는 일간이 추구하는 가치를 상징하는데, 이 사례의 경우에는 월지에 상관이 위치해 있다. 따라서 타인의 간섭을 싫어하고 표현력과 사고력이 우수하며 감각적이다. 비판적이고 관습에 저항하는 면도 보인다. 특히 오화(午火) 상관을 보면, 오화가 가장 양기가 강렬한 시기이므로 활동적이고 새로운 시도를 하려는 특성이 매우 강하다고 분석한다.

일지는 일간이 자기 역량을 충분히 발휘할 수 있는지 알려주는 역할을 하며 신체적 건강까지도 알 수 있다. 자연 현상으로 하면 '바위 위의 소나무'라고 할 수 있어 불안정한 상태이기는 하지만 일지가 앞서 기술한 대로 아이디어를 상징하는 신금(申金)이므로 두뇌가 총명하고 임기응변과 전화위복의 능력이 우수하다. 또한 사회적 활동운, 의협심, 권위 의식, 명예욕, 책임감, 결단력, 실천력 등의 특성을 갖추고 있다고 분석된다. 한편으로는 거절이나 비난에 민감하고 남의 평가에 예민하게 반응하는 면도 있다. 스스로 자신을 통제하므로 다른 사람의 간섭이나 불필요한 조언을 싫어한다.

비견이 시주(時柱)에 있어 자존감이 강하며, 일간을 도와주는 구조이므로 인간관계에서 자기보다 어린 사람들과 좋은 관계를 유지하는 역량이 우수하다.

인수의 오행이 2개 있어 부지런하고 끈기와 인내심이 강하다. 정신적 활력성과 에너지도 적절하고 편안하지만, 갑경충(甲庚沖), 자오충(子午沖)으로 급한 면도 있다(오행이 서로 충돌하는 현상을 충이라고 한다. 2개의 오행, 즉 에너지가 서로 충돌하는 현상을 말한다. 사주에 충이 있는 경우 일반적으로 머리가 좋고 임기응변에 능하다는 장점이 있다. 또 단점으로는 급하고 충동적이며 불안정하다고 분석한다. 보다 상세한 분석은 사주팔자 전체의 구조를 보고 판단한다).

직업은 학문적 능력과 아이디어에 바탕을 둔 전문직이 좋다.

### 5) 운의 흐름을 살핀다

사람마다 자기가 태어난 달인 월주의 오행에 따라 앞으로 살아갈 운의 흐름이 달라진다. 자신을 이루는 사주팔자에 조금 문제가 있더라도 운의 흐름이 좋으면 그 구조를 극복해 나갈 수 있다. 그러나 사주팔자가 좋아도 운의 흐름이 안 좋으면 사주의 격은 높지만 청빈한 삶을 살게 된다. 그래서 명리학적으로 좋은 사주란 사주팔자보다 운의 흐름이 더 좋은 경우라고 주장하는 학자도 있다. 즉 자기 능력이 조금 떨어지더라도 주위에 도와주는 사람이 있거나 때를 잘 만나면 성공하지만,

아무리 능력이 뛰어나도 조력자를 만나지 못하거나 좋은 때가 오지 않으면 성공하지 못하는 것과 같다. 우리는 그런 사례를 현실에서 너무나 많이 보고 있다.

이 사례에서는 운의 흐름이 임오(壬午)→계미(癸未)→갑신(甲申)→을유(乙酉)→병술(丙戌)→정해(丁亥)→무자(戊子)→기축(己丑)→경인(庚寅)으로 이어지며, 화→금→수→목으로 흐르고 있다. 이러한 개인의 운의 흐름은 만세력에 상세히 기술되어 있다. 따라서 청년기에는 자신이 하고 싶은 것을 자유롭게 하다가 중년기에는 조직에서 능력을 발휘하고 노년기에는 학문을 바탕으로 프리랜서로 활동할 수 있다.

○ ● ○

요즘은 외국에서 태어나는 아이들도 참 많다. 그래서 "해외에서 태어난 아이들의 사주는 어떻게 보나요?"라는 질문을 많이 받는데, 무조건 그 나라의 시간을 기준으로 해야 한다. 명리학의 기본 원리는 내가 태어난 그 순간의 기로 나를 아는 것인데, 인위적으로 시간을 한국 기준으로 바꾸면 문제가 생기기 마련이다.

제일 많이 접하는 잘못된 사례는 미국에서 한밤중에 태어난 아이를 한국 시간으로 바꿔서 아침, 혹은 낮으로 사주팔자를 보는 경우다. 그럴 때 나는 부모들에게 "우주 안에서 지구는 그야말로 하나의 '푸른 점'이니 미국이나 한국이나 마찬가지다. 그러니 미국 시간으로 사주를 정해야 한다"라고 말한다. 그동안 이처럼 한국 시간으로 바꿔서 사주팔자를 정한 아이들을 많이 보았는데, 태어난 나라의 시간을 만세력으로 전환해서 보는 것이 명리학 이론에 부합한다. 그리고 그러한 분석이 더 잘 맞는다는 것을 나는 정신의학적 데이터로 확인해 왔다.

마찬가지로 우리와 계절이 반대인 남반구, 즉 호주나 뉴질랜드에서 태어난 경우도 그 나라의 시간에 따라 사주팔자를 정하면 된다.

지금까지 사주 보는 법을 전체적으로 설명했으나 실제로는 지장간, 공망(空亡) 등 이 외의 수많은 이론을 활용해서 개인을 분석한다. 여기서는 그러한 과정은 생략했다. 단지 강조하고자 하는 것은 좋은 사주란 음양과 오행의 균형이 잡힌 사주, 환경인 조후(調喉)가 잘되어 있고 일간의 힘이 건강한 사주, 운의 흐름이 좋고 기가 잘 통하는 사주라는 점이다.

좋은 집이란 어떤 집인가? 편안하고 안정되어 있으며 온도와 습도가 잘 맞는 집이다. 이와 마찬가지로 명리학적으로 좋은 사주팔자도 오행이 너무 덥지도 너무 춥지도 너무 습하지도 너무 건조하지도 않은 사주를 말하는 것이다.

# 일주로 만나는
# 내 아이의 특성

일주란 명리학적으로 나의 생년월일시 중에서 내가 태어난 날의 오행, 즉 에너지를 뜻한다. 그리고 이 오행을 통해 우리는 명리학적으로 내가 어떤 특성을 지니고 있는지, 장점은 무엇인지를 매우 뚜렷하게 알 수 있다. 이처럼 일주는 나의 특성을 알려주는 역할을 하며, 내가 태어난 연, 월, 시를 구성하는 오행은 내가 타고난 사주팔자의 환경을 드러낸다.

내가 명리학에 매력을 느꼈던 부분도 바로 이것이다. 지금은 개인의 능력과 특성이 무엇보다도 더 중요한 시대다. 명리학도 내가 태어난 날인 일주의 해석을 중심으로 한다. 이는 정신의학의 핵심인 '나를 알고 세상을 알자'라는 이치와도 통한다.

일주는 내가 태어난 날 하늘의 기운을 상징하는 일간과 땅의 기운을 상징하는 일지로 구성되어 있으며 모두 60가지 버전이 있다. 예를 들어, 일간이 갑목(甲木)인 경우, 그것은 일지와 합쳐져서 갑자(甲子), 갑인(甲寅), 갑진(甲辰), 갑오(甲午), 갑신(甲申), 갑술(甲戌)이라는 일주가 형성된다.

일주는 만세력을 통해 알 수 있다. 만세력 앱에 생년월일시를 입력하면 바로 사주팔자 화면을 볼 수 있다. 그중 우리가 태어난 날의 오행이 바로 일주다. 일간과 일지의 첫 글자를 따서 읽으면 쉽게 일주를 확인할 수 있다.

명리학을 처음 접하는 입장에서 사주팔자를 복합적으로 분석하기는 쉽지 않을 것이다. 따라서 60개의 일주를 정리하여 누구든 아이의 특성을 한눈에 이해하는 데 조금이나마 보탬이 되고자 한다. 다만 이 일주만 놓고 아이의 전체를 알게 되었다고 섣불리 판단해서는 절대 안 된다. 아이의 전반적인 특성이나 적성 등은 사주팔자 전체를 보고 판단해야 한다는 점을 다시금 강조하고 싶다.

## 일간이 갑목(甲木)인 경우

갑목은 봄이 되어 새싹이 껍질을 이고 밖으로 돋아 나온 모양을 상징한다. 강한 생명력으로 위쪽을 향해 돌진하는 기운을 나타내므로 일의 시작, 성장, 창조성의 기운과 연관된다. 자연현상으로는 아름드리나무를 상징한다.

### 갑자(甲子)일주

자연현상으로는 넓은 연못이나 강에 수양 버드나무 그림자가 드리운 모습이다. 따라서 수의 오행의 도움을 받아 자신의 역량을 발휘하고자 하는 심리가 강하다. 아직은 나무가 어린 상태다. 그러나 미래를 위해 의욕적으로 발전하려고 노력하는 모습을 보인다.

자신감과 의지가 강한 특성의 소유자다. 자기만의 뚜렷한 소신이 있고 매사를 정확하게 판단하는 분별력도 지니고 있다. 논리적인 면도 있고 이해력도 우수하다. 재치 있는 발상을 자주 하므로 뛰어난 예술적 소양을 나타낼 가능성도 높다.

### 갑인(甲寅)일주

자연현상으로는 이른 봄날 피어오른 나무줄기의 상이기도 하고 2개의 아름드리나무가 서 있는 모습이기도 하다.

추진력이 강하고 발전적이며 미래 지향적인 특성의 소유자다. 따라서 남들보다 먼저 앞으로 나가려는 기상이 강하며 꿋꿋하게 자신의 의지를 관철하려고 한다. 자존심이 대단히 강하고 경쟁적이며 부정과 타협하지 않는 면모를 보인다. 그것 자체로 큰 장점이다.

다만 그런 면으로 인해 주변에 고집이 세다는 인상을 줄 수도 있다.

## 갑진(甲辰)일주

자연현상으로는 아름드리나무를 상징하는 갑목이 촉촉한 봄날의 땅을 상징하는 진토(辰土)에 뿌리를 잘 내린 상태라고 할 수 있다. 양분이 많은 땅에서 잘 자라는 나무의 모습이다.

매사에 끈기가 있고 집념이 강하다. 자신만의 목표를 세우고 그것을 성취하기 위해서 진격하는 면모를 보인다. 그러면서도 명랑하고 인정이 많다. 다만 강직한 면도 있어서 때로는 그것이 다소 욱하는 성향으로 나올 가능성도 있다. 남을 통제하려는 지배 욕구를 보일 수도 있다.

남에게 굽히는 것을 그리 좋아하지 않는다. 그러나 대체로 판단력이 뛰어나므로 크게 걱정할 필요는 없다.

## 갑오(甲午)일주

이 경우 갑(甲)은 양기가 성장해 나가는 형상을, 오(午)는 양기의 확산이 극에 달한 때를 의미한다. 자연현상으로는 나무에 꽃이 핀 상태 또는 아름드리나무가 한낮의 햇빛을 강렬하게 받는 상태라고 할 수 있다. 바싹 말라버릴 수 있으므로 경우에 따라서는 수기(水氣), 즉 물의 기운이 필요하다.

일주가 갑오인 사람들은 일단 두뇌가 명석한 경우가 많다. 언변도 뛰어나다. 추구하고자 하는 이상도 보통의 경우보다 높다. 늘 바쁘게 활동하는 것을 좋아하며, 명랑하고 순발력이 있고 다른 사람의 마음을 헤아리고자 마음을 쓴다. 성실하고 책임감이 있으며 표현력이나 감각적인 능력도 뛰어나서 창의적인 면에서도 성취를 이룰 수 있다. 한편으로 권위에 저항하는 자유분방한 면도 지니고 있다.

## 갑신(甲申)일주

자연현상으로는 큰 바위 위에 서 있는 소나무의 상이다.

역시 두뇌가 명석하고 재능이 많으며 창의적인 면도 뛰어날 가능성이 높다. 늘 변화를 추구하는 타입이어서 임기응변에도 능하다. 위기가 오면 오히려 이를 극복해 기회로 만들어 가는 면도 높다. 자존심이 강해 불필요한 조언이나 간섭은 별로 좋아하지 않는다. 권위를 중시하는 면도 있다.

한편으로는 의리 있고 의협심이 강해서 주위에 어려운 사정이 있는 사람이 있으면 도우려 노력한다. 다만 때로는 예민하고 자신을 통제하려는 면이 있어서 내적으로 쉽게 상처받는 모습을 보일 수도 있다.

## 갑술(甲戌)일주

자연현상으로는 발아된 씨앗이 가을 낙엽 속에 묻혀 있는 모습이다. 겉은 연약한 듯 보이지만 내면은 미래에 대한 희망으로 가득 차 있는 형상이다.

이 일주를 가진 사람의 특성을 한 마디로 정의하면 '거목으로 자라날 희망과 의지가 굳건한 상태'라고 할 수 있다. 뛰어난 두뇌와 지혜가 그러한 특성을 잘 받쳐주어서 무슨 일이든 헤쳐나가는 능력의 소유자다.

더욱이 독립적이고 자율성도 강해서 혼자의 힘만으로도 성취를 이룰 수 있다. 인간관계에서의 처세술도 능하고 언변도 좋아 주위 사람들을 잘 설득해 가며 앞으로 나가는 타입이 많다. 그런 특성이 자신의 위엄과 품위를 지키려는 면과도 연관되어 리더십에서도 능력을 발휘할 수 있다.

## 일간이 을목(乙木)인 경우

을목은 갑목에서 나온 양기가 한 단계 더 강건해진 단계로 목기(木氣)의 완성, 즉 목기의 실질적인 모습을 나타낸다고 할 수 있다. 따라서 목의 기운이 갑목보다 더 강하다. 외유내강의 전형이며 꺾이지 않는 생명력으로 어떤 난관에도 위로 뻗어

나가려고 한다. 그러면서도 위기 상황에서는 유연성을 발휘해 환경에 적응해 가는 현실적이면서도 미래 지향적인 모습을 보인다.

### 을해(乙亥)일주

자연현상으로는 꽃이 피어날 때를 기다리는 화초와 같은 모습이다. 또는 물 위에 떠 있는 연꽃의 형상을 나타내기도 한다.

우아하고 고상한 품위를 갖추고 있으며 사물에 대한 표현능력이 남다르다. 보통 사람들보다 여러 재능이 뛰어날 가능성이 높다. 사물과 인간에 대한 이해도 지니고 있으며 지식을 흡수해서 자기 것으로 만드는 능력도 우수하다.

한 가지 일에 몰두하는 능력도 지니고 있다. 따라서 자신이 지닌 재능 중에서 원하는 것을 선택해 집중한다면 큰 성취를 이룰 수 있다. 양심적이고 정직하며 조용하고 인정이 많은 성품의 소유자이기도 하다.

### 을축(乙丑)일주

자연현상으로는 동이 트기 전에 피어오르는 밤안개의 모습을 상징한다.

한겨울의 얼어붙은 땅을 상징하는 축토에 을목이 뿌리를 내리고 있는 형상이다. 그래서 자신의 기세를 펼치지 못하고 웅크리고 있는 모습을 상징하지만 목의 기운으로 목표를 향해 나아가려는 의욕이 매우 강력하다. 한겨울의 척박한 환경에서 희망의 기운을 펼치며 자신의 꿈과 이상을 묵묵히 실천해 나가는 모습이 감동적이다.

겉으로 보이는 모습은 조용하고 내성적이다. 자기 주관이 강하지만 인간관계에서는 가능한 한 온화하고 합리적으로 대처해 나가는 편이다. 그러나 내면에는 강한 집념과 인내심을 가득 품고 있다. 따라서 현실을 뚫고 목표를 향해 꿋꿋하게 나아가는 강한 면모의 소유자이기도 하다.

## 을묘(乙卯)일주

작은 나무, 잔디를 상징하는 을목이 성장세를 맞아서 양기(陽氣)를 크게 발현할 수 있는 때를 만난 형상이다. 자연현상으로는 봄날에 잎이 무성하게 피어난 나무의 모습에 비유할 수 있다.

전형적인 외유내강 타입이다. 자기 주관이 뚜렷하며 고집이 있다. 미래에 대한 희망으로 가득 차서 의욕과 패기가 넘친다. 목표를 향해 돌진하므로 그만큼 성취를 이룰 가능성도 높다. 이상과 욕망이 크고 자신감이 충만하며 다재다능한 면모도 지니고 있다. 그만큼 늘 많은 일에 둘러싸여 있을 여지가 있다.

겉으로는 유연하고 잘 타협하는 것처럼 보여도 내면으로는 자기만의 가치관이 뚜렷하다. 따라서 남의 밑에서 일하기보다 스스로 사람들을 이끌고 나가려는 면이 강하다. 한편으로는 선하고 인정 많은 성품이 인간관계에도 바람직한 영향을 미칠 가능성이 높다.

## 을사(乙巳)일주

자연현상으로는 초원에 꽃이 핀 모습이다.

여기서 을(乙)은 양기의 성장을 끝낸 목의 기상을, 사(巳)는 양기가 확장하고 분산하기 시작하는 때를 나타낸다. 따라서 이 일주는 끝없이 새로운 변신을 시도하는 특성이 있다. 특히 자기를 성장시키려는 욕구가 매우 강하다. 다재다능하고 감각적이며 자기표현력도 뛰어나다. 그런 면을 잘 계발하면 예술 분야 등 창의적인 분야에서 성취를 이룰 수 있다.

기본적으로 다정하고 명랑한 성품의 소유자로 대인관계가 매끄럽고 재치와 순발력이 있다. 임기응변에도 뛰어나다. 따라서 특별한 일이 없는 한 주위 사람들로부터 존중과 사랑을 받을 가능성이 높다. 을목의 특성상 역시 겉으로는 부드러워 보이나 내면으로는 자기 주관이 뚜렷한 편이다.

## 을미(乙未)일주

자연현상으로는 메마른 땅에 돋아난 나무의 상을 나타낸다.

굳은 의지로 조용히 앉아서 비가 내리기를 기다리는 모습이다. 강한 생명력으로 뜻을 이루려는 의지가 결연하다. 그러한 생명력과 의지로 위기의 순간에도 쉽게 굴복하지 않고 끝까지 어려움을 이기고 나가는 능력이 매우 뛰어나다. 인내심이 강하고 매사에 침착하게 대응하는 면이 높다.

인간관계에서는 부드럽고 온화한 면모를 보이며 인정이 많아서 어려운 사람을 그냥 보아 넘기지 않고 도움을 주려 애쓴다. 모든 일에 정직하고 합리적으로 대하는 것을 원칙으로 한다. 수리 능력과 창의력이 뛰어난 경우가 많아 그러한 면이 필요한 분야에서 원하는 성취를 이루어 나갈 가능성이 높다. 다만 때로는 계산적으로 행동하는 면도 있다.

## 을유(乙酉)일주

자연현상으로는 바위 위의 작은 나무를 상징한다.

재주와 지혜가 뛰어나고 감각이 남다른 데가 있다. 자기만의 개성과 취미를 발전시키려는 욕구가 강하며 위기에 대처하는 능력도 뛰어나다. 따라서 목표를 이루어 나가는 과정이 험난하더라도 잘 극복하여 명성을 드날릴 가능성도 있다.

책임감이 있고 도전 의식이 강해서 한번 하기로 결단한 일은 반드시 실천하려 한다. 인간관계에서는 유순하고 단정한 성품을 발휘하며 의리도 있다. 다만 때로는 자기를 비판하고 통찰하는 면이 강해서 심리적 피로감을 느끼기 쉽다.

# 일간이 병화(丙火)인 경우

병화는 양기가 확산 분열되어 화려하게 펼쳐진 모습이다. 따라서 자신을 드러내고 펼치는 성향을 나타낸다. 외향적이고 직선적이며, 주목받고 싶어 하고 소유욕도 강한 면이 있다. 스스로 솔직하고 명확한 것을 선호하나 때로는 자신보다는 외부나 다른 사람을 살피는 특성이 강한 면도 있다.

### 병자(丙子)일주

자연현상으로는 강가에 태양이 비추는 모습을 상징한다.

병화의 기세가 아직은 완전히 싹을 틔우지 못한 발아의 상태로 있는 형상이다. 자기 뜻을 펼쳐 나가려고 하지만 아직은 뒷심이 부족한 면도 있을 수 있다.

진취적이고 자유분방하며 항상 새로운 것을 추구하고 염원하는 특성이 매우 강하다. 동시에 책임감도 강해서 맡은 일을 합리적으로 수행하는 능력이 뛰어나다. 공명심과 정의감이 있으며 독립적인 면이 강해서 남의 도움 받는 것을 싫어하는 성향도 보인다. 독창적이고 창의력과 표현력이 뛰어나므로 그러한 특성을 요구하는 분야에서도 성취를 이룰 수 있다.

## 병인(丙寅)일주

자연현상으로는 아침 햇살이 산등성이를 타고 솟아오르는 모습 또는 큰 나무에 햇빛이 비치는 모습을 상징한다.

의욕과 열정에 가득 차서 밝은 세상으로 나가려는 목표를 세우고 자신을 불태운다. 한마디로 가슴을 활짝 열고 세상을 향해 큰 호흡을 내뿜는 모습이다. 그만큼 성공과 출세에 대한 의지가 강하다.

매사에 낙천적이고 명랑하며 밝고 화려한 것을 좋아한다. 주변에 있는 예쁘고 멋있는 것에도 큰 의미를 부여한다. 활동적으로 움직이는 것을 선호해서 여러 가지 다양한 경험을 즐긴다. 감수성이 풍부하고 적극적이며 예술적 역량도 우수하므로 그런 분야에서도 큰 성과를 발휘할 수 있다.

## 병진(丙辰)일주

병화의 역량이 크게 살아나는 시기로, 자연현상으로는 봄날 너른 들판에 떠오른 태양의 모습을 상징한다. 태양이 용을 타고 있는 형상으로 남들 위에 서려는 마음이 강하다. 세상의 이치에 밝아 사람을 다루는 수완이 뛰어나고 사회활동의 역량이 남다르다.

명예욕이 강하고 호탕하며 남 앞에 나서는 데 망설임이 없다. 특히 지배 욕구가 강한 리더의 면모를 지니고 있다. 그러면서도 자신의 장단점을 잘 알아서 주위 환경에 맞추어나가는 면도 우수하다. 또 침착하고 끈기가 강하다. 원만하고 사교적이고 친화력도 높아서 리더로 성공할 자질이 충분하다.

## 병오(丙午)일주

자연현상으로는 붉게 타오르는 태양이 한낮을 만나 그 작열함이 극에 달한 모습이다. 온 천지가 밝게 빛나므로 비밀이 없다. 자유분방하고 솔직하고 개방적인 면은 이 일주가 지닌 큰 장점이다. 매사 자신감에 차 있고 적극적이고 진취적이며 말솜씨가 뛰어나다.

명랑하고 호탕하며 화려하고 아름다운 것들을 좋아한다. 이와 관련된 취미를 갖고 이를 추구하며 살아가는 것에 큰 의미를 둔다. 다만 앞으로 나갈 줄만 알고 뒤로 물러설 줄 모르는 저돌적인 면이 낭비를 불러올 가능성도 있다.

인간관계에서는 예의를 중시한다. 품행이 단정하고 처세술 면에서도 모자람이 없다. 자존심이 강하고 조급하나 뒤끝은 없는 타입이다. 그러나 역시 지나친 자신감과 조급함에 대해서는 약간의 유의가 필요하다.

## 병신(丙申)일주

자연현상으로는 찬란하게 빛나는 태양이 저녁을 맞아 서산으로 돌아가는 준비를 하는 모습이다. 또는 커다란 바위산에 햇살이 비추는 형상으로도 본다.

두뇌가 명석하고 다재다능하며 역시 예쁘고 화려한 것을 좋아한다. 책임감도 강해서 맡겨진 일을 완벽하게 해내려고 하며 솔선수범하는 능력도 뛰어나다. 정직하고 양심적이며, 판단력과 상황 적응력도 우수하다. 친화력도 좋고 사교적이라 사람들과 원만하게 어울려 지낸다. 다정하고 인정이 많다. 한편 신중하고 매사를 조심스러워하는 면도 있다.

## 병술(丙戌)일주

자연현상으로는 태양이 서산 넘어 홀연히 지고 있는 상이다. 또는 가을 들판을 비추는 태양의 모습에 비유되기도 한다.

낙천적이면서 강한 열정을 지니고 있다. 감수성이 풍부하고 순수한 면모의 소유자이기도 하다. 매우 창의적이고 감각적인 역량이 뛰어나며 표현력도 남다르다. 철학을 포함한 인문학에도 관심이 많을 가능성이 높다.

인간관계에서는 단정하고 예의 바른 것에 큰 의미를 둔다. 자신뿐만 아니라 상대방 역시 예의 바르기를 바라는 마음이 있다. 신중하고 조심성 있는 면모도 있으나 때로는 감정의 기복이 가파를 가능성도 있다.

# 일간이 정화(丁火)인 경우

양기의 확산이 극에 이른 상태로 화려함이 최고조에 달한 모습이다. 자연현상으로는 별빛, 등불, 화롯불, 모닥불 등에 비유한다. 솔직하고 부지런하고 남을 위해 희생하는 미덕이 있다. 외향적이고 인정 많고 너그러운 면모도 지니고 있다. 감정 표현도 솔직하다. 그러나 한번 돌아선 마음은 되돌리기 어려울 때가 있다.

## 정해(丁亥)일주

자연현상으로는 달이 물을 비추는 모습을 상징한다.

책임감이 강하고 모범적이며 규칙을 준수하려는 면모가 강하다. 원칙과 도덕성에 큰 의미를 부여하며 스스로도 정의감 있고 공정하고 신중한 사람이 되고자 노력한다. 그러한 면이 주위 사람들에게 안정감과 신뢰감을 준다.

온화하고 선량한 모습으로 주위 사람들에게서 많은 사랑과 칭찬을 받을 가능성이 높다. 어느 곳에 있든 자기를 내세우지 않아도 돋보이는 보물과 같은 존재라고도 할 수 있다. 그러나 스스로는 자신감이 없을 가능성도 있으므로 주위에서 기운을 북돋아줄 필요가 있다.

## 정축(丁丑)일주

자연현상으로는 겨울날 새벽의 화롯불, 등잔불의 모습이다.

외유내강형 타입으로 겉모습은 늘 신중하고 조용하며 침착하다. 반면에 내면으로는 생각이 많고 지혜로우며, 자신만의 집념과 야심을 갖고 목표를 향해 나아간다. 한마디로, '겨울에 생명의 불꽃을 피워나가는 능력'을 갖고 있다고 하겠다.

인간관계에서는 원만함과 조화를 추구한다. 그러면서도 자기주장이 필요한 순간에는 쉽게 물러서지 않고 뜻을 관철하려는 모습을 보인다. 때로는 그로 인해 냉정하다는 평을 듣기도 하나, 평소에는 대체로 인간미가 넘친다. 다만 내면에 타고난 외로움이 있을 가능성도 있다.


## 정묘(丁卯)일주

자연현상으로는 봄날에 햇살이 넘실대는 이미지다.

두뇌가 명석하고 늘 명랑하고 쾌활하다. 재능이 많고 무엇이나 예쁘게 꾸미는 것을 좋아한다. 매사에 희망이 가득 차 있는 낙천적인 모습의 소유자이기도 하다. 그런 모습이 한마디로 '봄날에 넘실대는 햇살'이다.

한편으로는 욕심도 있고 승부 기질도 있다. 자기만의 개성과 주관도 뚜렷하다. 인내심이 있으며 때로는 저돌적인 면을 보이기도 한다. 학문적 역량이 우수할 가능성도 높다.

남에게 베푸는 것을 좋아한다. 또 타인의 평가에도 민감한 편이라, 가능한 한 주위 사람들로부터 인정과 칭찬을 받으려고 노력한다. 그런 점에서 감정의 변화가 잦을 수도 있다.

## 정사(丁巳)일주

자연의 이미지로는 불꽃이 끊임없이 분출하면서 확산해 나가는 모습이다. 또는 화롯불, 등잔불이 환하고 따뜻하게 집안을 꾸미는 것에 비유되기도 한다.

명랑하고 밝고 순수한 모습의 소유자다. 그러나 순수한 모습 속에 욕망이 강하고 경쟁적이며 물질을 추구하는 면도 지니고 있다. 무슨 일이든 의욕과 열정을 가지고 임하며 그런 모습이 주위 사람들로부터 크게 인정받는 요소가 되기도 한다. 사리에 밝고 정의감도 투철하다. 두뇌가 명석하고 다재다능해서 기술이나 예술 분야로 진출해도 성공할 가능성이 높다.

예절이 바르고 처세술도 뛰어나다. 불의 기운이 강해서 때로는 성격이 급하고 불같지만 뒤끝은 없다. 한순간 화르르 타오르다가 아내 사그라드는 불길을 연상하면 된다. 다만 경쟁심이 강한 면에는 약간의 유의가 필요하다.

## 정미(丁未)일주

자연현상으로는 잘 달궈진 화로에 타오르는 불이 담긴 모습이다. 또는 너른 들판을 비추는 별빛 또는 달빛에 비유되기도 한다. 매사에 대범하고 패기가 남다른 면모를 지니고 있다. 따라서 사회적으로 활동 역량이 매우 우수하며 사람들로부터 인정을 받는다. 한 번 정한 목표는 쉽게 바꾸지 않으며, 인내심이 강해서 그 목표를 향해 지속적으로 앞으로 나가는 모습을 보인다. 쉽게 꺼지지도 않고 사그라질 일도 없이 꾸준하게 타오르는 불꽃을 연상시키는 모습이다. 예술 분야에도 조예가 깊을 가능성이 높다.

인간관계에서도 대범하고 호탕하게 행동하는 타입이다. 여러 사람과 폭넓게 교제하는 편을 추구하며 또 그렇게 만들어 가는 역량도 우수하다. 그러한 면을 주위 사람들이 좋아해서 인기도 많다.

## 정유(丁酉)일주

자연현상으로는 광석을 제련하여 보물로 만드는 모습이다.

이 타입에는 대체로 용모가 수려하고 단정한 사람들이 많다. 다재다능한 면모로 매사에 도전적이고 열정이 넘친다. 한편으로는 현실적인 적응 능력과 판단력도 지니고 있다. 광물을 보물로 제련하는 이미지 그대로 경제적으로 결실을 만들어내는 능력도 뛰어날 가능성이 매우 높다.

탁월한 현실 적응 능력이 인간관계에도 적용되어 사람들과 원만한 관계를 유지한다. 기분파의 기질이 있어 때로는 주위를 살피지 않는 불같은 면을 보일 가능성도 있다. 하지만 곧장 화해하는 타입이다.

## 일간이 무토(戊土)인 경우

자연현상으로는 대륙, 지구를 상징한다. 모든 것을 받아들이는 땅이 그러하듯이 확산과 분산으로 극에 달한 양기를 다시 거두기 시작하는 단계라고 할 수 있다. 강렬한 열기를 가둬 놓은 가마솥에 비유할 수 있다. 그런 면에서 고집스러운 데가 있다. 그러나 무토는 화(火)의 기운과 금(金)의 기운 사이에서 일어나는 다툼을 중재하는 역할을 하는 오행으로, 수용과 포용 등을 상징한다. 따라서 일간이 무토인 사람들은 중재하고 조율하는 능력이 우수하다.

### 무자(戊子)일주

자연현상으로는 바위산 속에 자리 잡은 깊은 계곡 또는 너른 땅을 가로지르는 큰 물줄기의 모습이다.

매사에 책임감이 강하고 모든 일에 합리적이고 분명한 타입이다. 침착하고 신중한 면도 높다. 그러나 적극적인 행동이 필요할 때는 망설이지 않고 도전하는 면도 있다. 그러한 면에 부지런하고 성실한 면이 더해져서 주위 사람들로부터 인정과 존중을 받는다. 경제적인 판단 능력이 우수할 가능성이 높다. 따라서 손해 보는 투자는 하지 않으며 돈에 대해서도 철두철미하게 관리하는 것을 선호한다.

인간관계에서는 무토의 단점이라고 할 수 있는 고집스러운 성향이 완화된 상태로 어떤 일이든 그대로 받아들이고 이해하려는 자세를 보인다. 그만큼 포용력이 있다는 평을 들을 가능성이 있다.

## 무인(戊寅)일주

자연현상으로는 봄날에 드러난 광활한 대지의 모습 또는 드넓은 땅에 서 있는 아름드리나무에 비유된다.

그만큼 자신감에 차 있고 자신만의 가치관도 매우 뚜렷하다. 매사에 앞장서서 일을 추진하는 것을 선호하며 한편으로는 꿈을 이루려는 희망과 의욕으로 가득 찬 상태라고도 할 수 있다. 목표를 향해 전진하는 에너지도 충만할 때가 많다. 다만 목표가 너무 원대한 경우에는 현실에 만족하지 못할 여지가 있으므로 조율이 필요하다.

인간관계에서도 당당하고 자신감이 넘친다. 리더십을 발휘하는 데도 무리가 없다. 다만 때로는 감정을 이기지 못해 욱하는 면이 있을 수도 있다. 그런 면만 유의한다면 대인관계도 원만할 것이고 자신이 원하는 꿈을 수월히 달성해 나갈 가능성도 높다.

## 무진(戊辰)일주

자연현상으로는 크고 넓은 들판 또는 논밭의 모습을 상징한다. 무토가 진토(辰土)의 양기를 받아 더욱 왕성한 세를 보이는 상태로, 조용하던 태산이 때를 만나 야망을 이루기 위해 위세와 위용을 드러낸 모습에 비유되기도 한다.

다재다능하고 매사에 주도적이며, 이상을 실현하고자 하는 포부와 야망도 가득하다. 주관이 뚜렷하고 원칙주의적인 면이 있어서 때로는 고지식하다는 평을 듣기도 한다. 신용을 잘 지키는 것을 중요하게 생각한다. 주어진 일을 완벽하게 해결하는 능력도 우수하다. 단, 지나친 고집과 원칙주의적 면모는 살펴볼 필요가 있다.

평소에는 사람들에게 호의적이다. 주위에서 도움을 청하는 경우에도 흔쾌하게 들어주려고 노력한다. 그러나 잘 참다가 불끈하는 면도 있다.

## 무오(戊午)일주

자연현상으로는 강렬하게 흘러내리는 용암을 품고 있는 큰 산의 모습에 비유된다.

겉으로는 잘 드러나지 않으나 내면에 불의 기운이 강하게 자리 잡고 있는 형국이다. 따라서 명랑하고 밝은 겉모습 속에 남모르는 고집과 열정을 소유하고 있다. 인내심도 매우 강해서 거의 완고하다고 할 정도로 목표를 향해 나아간다.

한편으로는 어려운 위기 상황에서도 보통의 사람들보다 쉽게 헤쳐나가는 능력의 소유자이기도 하다.

인간관계에서는 따뜻한 친화력으로 사람들과 원만하게 지내려고 노력한다. 다른 사람의 도움을 받아 원하는 일이 잘 해결되어 나가는 면도 있다. 다만 섬세함이나 유연함은 그다지 뛰어나지 않을 가능성이 있다.

## 무신(戊申)일주

자연현상으로는 태산에 저장된 금은보화나 광물 등을 상징한다.

두뇌가 명석하고 여러 방면으로 뛰어난 재능을 보인다. 독창적인 아이디어도 풍부하다. 아이디어를 잘 살려서 원하는 결실을 만들어 내는 능력도 매우 뛰어난 경우가 많다. 그러한 특성을 잘 살려나간다면 전문직에서 자기 능력을 발휘할 가능성이 높다. 학문이나 타고난 재능으로 이름을 날릴 수도 있다.

인간관계에서는 따뜻한 면도 있지만 때로는 민감한 성향을 드러낼 수도 있다. 남들이 자신을 평가하는 면에 대해서도 그렇지만 스스로 상대방을 평가할 때도 그런 성향이 드러날 가능성이 있다. 매우 총명하고 재주가 많다 보니 때로는 인간관계에서도 지나친 자부심을 드러낼 수 있으므로 다소 유의가 필요하다.

## 무술(戊戌)일주

자연현상으로는 첩첩이 쌓인 흙산 또는 너른 대지와 들판의 모습을 상징한다.

자신만의 가치관이 분명하고 원칙주의적이고 고집이 센 측면이 있다. 일을 진행할 때도 대충 넘어가는 경우가 없으며, 시시비비를 가려서 옳은 방향으로 가도록 만드는 능력의 소유자다. 덕분에 때로는 마음도 몸도 바쁘고, 이 일 저 일로 분주하게 움직여야 하는 경우가 많이 생길 수 있다. 따라서 그 과정에서 실속을 챙기도록 노력할 필요가 있다.

처세술이 좋아 사회생활을 잘해나간다. 부드럽고 능숙하게 사람들을 이끄는 면도 지니고 있다. 다만 남성의 경우에는 전통적인 남성상을 추구해서 보수적인 면모를 보일 가능성이 높다. 그런 경우에는 가능한 한 섬세하고 유연한 면을 기를 수 있도록 마음을 써야 한다.

# 일간이 기토(己土)인 경우

무토가 양의 토라면 기토는 음의 토에 해당한다. 자연현상으로는 논밭과 같은 옥토를 상징한다. 또는 넓은 들판에 비유되기도 한다. 생각이 깊어서 철학적이고 사유하는 특성을 보인다. 흥미롭게도 프로이트와 카를 융의 일간이 다 기토인 것도 그러한 측면과 무관하지는 않을 것이다. 겉으로는 다른 사람의 말을 수용하는 것 같지만 내면으로는 자기 뜻이 분명하고 그것을 이루려는 욕망도 매우 강하다.

### 기해(己亥)일주

자연현상으로는 기름진 흙이 적절한 물기를 머금고 있어서 더욱 윤택해지는 모습을 상징한다.

기본적으로 봄에 피는 꽃처럼 화사하고 명랑한 타입이다. 겉으로 드러나는 모습은 사색적이고 신중하며 조용할 때가 많다. 그러나 내면으로는 뜨거운 열정을 분출하고자 하는 욕망을 지니고 있다. 대범하고 포용력이 있으며 작은 일 또한 소중히 여긴다. 현실적인 판단 능력도 우수하다.

생각이 깊은 특성과 대범함, 포용력 등이 인간관계에서도 빛을 발한다. 그만큼 넓은 마음의 소유자라고 할 수 있다. 남에게 아무런 대가를 바라지 않고 베푸는 면이 있다. 스스로가 물기를 머금은 윤택한 땅이므로 대인관계에서도 갈등을 느끼기보다 남을 돕는 것에서 기쁨을 느낀다고 할 수 있다.

## 기축(己丑)일주

자연현상으로는 부드러운 흙더미 여러 개가 겹쳐 있는 모습이다. 겉으로는 신중하고 조심성이 많은 사람처럼 보일 수 있다. 행동이나 언변도 침착하고 고지식한 편이다. 그러나 내면으로는 왕성한 의욕과 투지를 지니고 있다. 단지 자신이 처한 상황에 따라 앞으로 나서거나 물러설 때를 잘 알아서 분수를 지키는 모습을 보일 뿐이다. 그런 면에서 현실적이고 섬세한 타입이라고도 할 수 있다.

자기 것을 철저하게 관리하는 능력도 우수하다. 맡은 일을 완벽하게 수행하려는 의지도 강하다. 책임감도 높아서 무슨 일이든 성공적으로 끝내는 능력의 소유자다.

인간관계에서는 조심성이 많고 수줍음을 많이 타는 편이다. 천성적으로 과묵한 편이라 때로는 속을 알기 어렵다는 말을 듣기도 한다. 그러나 스스로는 그런 평가에 개의치 않는다. 여러 사람과 어울리는 것 자체를 별로 좋아하지 않는다. 다른 사람 말에 귀를 기울이지만 그로 인해 영향받는 일도 드물다.

## 기묘(己卯)일주

자연현상으로는 정원에 핀 꽃과 나무에 비유된다.

이 일주의 특성을 한마디로 설명하면 '삶에서 자신이 원하는 것을 이룰 수 있는 능력의 소유자'라고 할 수 있다. 그만큼 많은 역량을 타고났다.

겉으로 드러나는 모습은 자연 이미지 그대로 화사하고 명랑한 경우가 많다. 그러나 내면에는 자존심 강하고 올곧은 선비적인 기질이 자리하고 있다. 더불어 자기 모습을 늘 통찰하고 절제하는 것에도 큰 의미를 둔다. 그런 면들로 인해 머릿속에서는 늘 많은 생각이 오간다. 그것을 드러내지는 않으나 마음으로는 때로 동요를 느끼거나 민감하게 반응할 가능성도 있다.

마음이 넓고 호탕한 면도 있어서 사람들과의 관계가 원만한 편이다. 자기 통제와 절제가 강한 면으로 인해 쉽게 속을 드러내지는 않는다. 그러나 다른 사람들에게는 포용력 있는 모습을 보인다.

## 기사(己巳)일주

자연현상으로는 정원이나 논밭에 햇살이 비추는 모습이다.

겉으로 많은 것을 드러내지는 않으나 내면으로는 인내심 있고 자기 소신이 매우 분명한 타입이다. 자존심도 강하고 독립적이다. 자기 뜻을 관철하려는 의지도 투철하다. 따라서 누가 자기 일에 개입하려고 들거나 이것저것 간섭하는 것을 좋아하지 않는다. 표현하지는 않으나 속으로 많은 이상과 욕망을 지니고 있다. 그것을 추구해 나가는 과정에서도 자기주장이 뚜렷하고 남모르게 열정을 쏟아붓는다.

말수도 적고 표현도 많지 않아서 상대방은 그저 조용한 사람으로 알기 쉽다. 그러나 감수성이 풍부하고 안정감을 주는 면도 있어서 그런 모습이 주위 사람들에게 신뢰감을 줄 수 있다. 겉으로 보이는 모습보다 장점이 훨씬 많은 사람이므로 좀 더 자신을 내세워도 좋겠다.

## 기미(己未)일주

자연현상으로는 곡식으로 가득 찬 늦여름 들판의 이미지를 상징한다.

실제로 지니고 있는 특성도 수확의 계절이 다가오면서 곡식이 풍성하게 익어가는 형상이라고 보면 된다. 따라서 무엇보다도 사회적 활동 역량이 뛰어나다. 원하는 성취를 이루어 낼 가능성도 높다. 의지와 신념이 강하고 순수한 면모도 돋보인다. 진실을 추구하고자 하는 성향도 강하다.

타인의 시선에 신경을 많이 쓰고 남을 배려하는 마음도 크다. 그렇다 보니 때로는 자기주장을 하지 않아 손해를 보는 경우도 있다. 그런 면에서 적절한 자기주장이 필요하다. 그러면서도 한번 감정이 격해지면 앞뒤를 가리지 않는 경향도 있다. 내면으로는 팽창된 열기가 갇혀 있는 솥단지와 같은 면이 있기 때문이다. 그러나 대체로 처세가 밝고 사람들 사이에서도 인기가 있다.

## 기유(己酉)일주

자연현상으로는 화초를 키우기 위해 화분에 담아놓은 기름진 흙 또는 그 흙 속에 담겨 있는 광물에 비유된다.

어떤 화초라도 기를 수 있는 기름진 흙처럼 다재다능한 능력을 갖추고 있으므로 매사에 유능한 것이 가장 큰 특성이다. 그러한 특성을 발판으로 일을 해결하고 목표를 이루어 나가는 역량이 뛰어나다. 내면으로는 자기 생각에 대해 주관적이고 고집이 센 면도 있으나 대체로 매사에 양심적이고 분명한 것을 좋아한다.

감수성이 풍부하고 감각적인 역량도 잘 갖추고 있다. 따라서 섬세하고 부드러우면서 자기표현 능력도 우수하다. 인간관계에서는 솔직 담백하고 가식이 적어 사람들에게 존중과 신뢰를 받을 가능성이 높다.

# 일간이 경금(庚金)인 경우

자연현상으로는 큰 바위, 광물을 상징한다. 만물이 열매를 맺는 모양에 비유되기도 한다. 열매를 잘 맺기 위해서는 불필요한 요소들을 모두 없애는 것이 중요하듯이 삶에서 변화와 개혁을 추구한다. 매사를 판단하고 구분하고 정리하는 논리가 분명하다. 주관이 강하고 과단성이 있으며 생활철학이 뚜렷하다. 지배욕과 소유욕도 강하다.

## 경자(庚子)일주

자연현상으로는 금이 물을 얻어 맑아진 모습 또는 바위틈에 자리 잡은 폭포의 모습에 비유된다.

창의적이고 아이디어가 풍부하며 표현력과 감각적 역량도 우수하다. 원하는 결과를 만들어 낼 때까지 강력한 의지로 철저하게 몰두하는 면도 지니고 있다. 그러한 결과물을 정리해서 잘 편찬하거나 보관하는 능력도 있다.

자율적이고 독립적인 성향도 강해서 주위에서 불필요하게 간섭하거나 조언하는 것을 기꺼워하지 않는다. '누가 뭐라고 해도 나는 나의 길을 간다'는 식의 자유분방한 면도 높다. 카리스마와 권위를 추구하는 면도 있어서, 때로는 그러한 모습이 지배적으로 보일 가능성도 있다.

## 경인(庚寅)일주

자연현상으로는 봄에 열린 열매의 상이다.

매사를 밝고 긍정적으로 대하는 모습이 돋보이는 타입이다. 설령 어려운 과제가 앞에 놓여 있어도 뒤로 물러서는 것은 생각도 하지 않는다. 진취적이고 도전적인 모습으로 전략을 짜서 곧바로 실행에 옮기는 성향이 강하다. 따라서 주위 사람들로부터 열정적이고 추진력이 있다는 평을 듣는다. 전략을 구상할 때는 판단력과 그에 따르는 응용력을 활용한다.

정직하고 양심적이며 매사 공평무사한 것에 큰 의미를 둔다. 무슨 일이든 확실하게 매듭짓는 것 또한 중요하게 생각한다. 그런 면은 인간관계에서도 드러나 사람들을 솔직하고 사심 없이 대하려고 노력한다. 단, 매사를 조급하게 빨리 이루려는 면은 유의할 필요가 있다.


## 경진(庚辰)일주

자연현상으로는 너른 들판에 서 있는 바위산을 상징한다.

자연 이미지 그대로 웬만한 일에는 흔들리지 않는 강건함의 소유자다. 두뇌가 명석해 머리 회전이 비상할 정도로 빠른 면도 있다. 손해 보는 일은 하지 않으며 자기주장이 분명하다. 정의감이 투철해 옳지 않은 일은 용납하지 못한다. 자기만의 이상세계를 추구하며 야심만만한 면도 있다.

완벽주의자적인 성향도 있어서 한번 세운 계획에 대해서는 끝까지 최선을 다하려고 한다. 더불어 강한 인내심을 바탕으로 자기가 원하는 성취를 이루어내는 역량도 우수하다.

한편 강건한 겉모습 그대로 인간관계에서는 지배적이고 권력을 추구하는 면도 있다. 그러나 한번 깊게 마음을 준 상대에게는 오랫동안 변함없이 헌신하는 모습을 보인다.

## 경오(庚午)일주

자연현상으로는 열기가 활활 타오르는 용광로 속에서 원석이 가열되는 모습에 비유된다. 또는 거대한 바위산에 위에서 빛나는 태양을 상징하기도 한다.

금과 같은 광물이 제대로 가치를 발휘하기 위해서는 불 속에서 제련되는 과정을 거쳐야 한다. 그리하면 눈부신 광휘를 발하는 순간이 오기 마련이다. 물론 그러기 위해서는 많은 것들을 포용하고 참아내면서 때를 기다려야 한다. 그래서인지 이 일주를 가진 사람들은 마음이 넓고 쾌활하고 명랑한 성품의 소유자들이 많다. 그것이 좋은 일이든 그렇지 못한 일이든 간에 가능한 한 너그럽게 지나가려고 노력하는 온유함이 있다.

무슨 일에서나 남을 비난하기보다 먼저 자기를 돌아보는 성향이 강하다. 정을 베푸는 데도 아낌이 없어서 주위에 따르는 사람들이 많다.

## 경신(庚申)일주

자연현상으로는 열매가 잘 익은 상태로 완성된 모습을 상징한다. 또는 바위산이 겹쳐 있는 모습에 비유되기도 한다.

물고기가 물을 만난 것처럼 자신의 때를 잘 만난 형상이라고 할 수 있다. 두뇌가 명석하고 아이디어가 풍부하며 임기응변에도 능한 모습을 보인다. 다재다능하고 감각적인 면도 지니고 있다.

주관이 뚜렷해서 흔들림이 적고 자기가 생각하기에 바른길이다 싶으면 꿋꿋하게 그 길을 간다. 매사에 진취적이고 도전적인 면이 적극 발휘되는 경우 혁명이나 개혁을 꿈꾸기도 한다. 한 번 마음 먹은 일은 저돌적으로 밀고 나간다. 매사에 일 처리가 능숙하며 완벽을 추구하는 모습을 보이기도 한다.

카리스마가 있고 지배적인 면은 리더십을 발휘하는 데 도움이 된다. 그러나 때로 상대방을 지나치게 압도하거나 자기 고집만을 내세울 가능성에 대해서는 살펴볼 필요가 있다.


## 경술(庚戌)일주

자연현상으로는 벽에 걸려 있는 농기구에 비유된다. 또는 가을 들판에 서 있는 바위산을 상징하기도 한다.

매사에 능숙하고 노련하여 일관되게 목표를 향해 전진하는 타입이다. 두뇌가 대단히 명석하고 감각이 남다르다. 활동력도 왕성해서 늘 주변이 분주한 면도 있다. 창의적이고 장인정신이 뛰어나서 큰일을 쉽게 성사시킬 뿐 아니라 진행 과정에서도 수월하게 일을 풀어나가는 능력이 있다. 안으로는 매우 섬세하고 치밀한 면도 지니고 있다.

예의 바르고 단정하며 매너도 깔끔해서 사람들 사이에서 인정과 존중을 받는다. 좋고 싫음이 분명한 면이 있으나 그것을 잘 드러내지는 않는 편이다.

## 일간이 신금(辛金)인 경우

자연현상으로는 보석, 예리한 칼, 잘 다듬어진 광물 등을 상징한다. 또는 풍성하게 익어가는 오곡백과가 마침내 결실의 순간을 맞이해 견고하고 완성된 모습을 드러내는 것에 비유되기도 한다.

예리한 칼이나 보석이 그러하듯이 대단히 민감하고 매사를 정밀하게 살피는 능력의 소유자다. 이성적이고 논리적인 면이 강하며 자기 뜻을 관철할 때도 냉정한 합리성을 추구한다. 한번 결심하고 목표를 세운 일은 무슨 일이 있어도 성취하려는 성향이 매우 강하다. 더불어 매사에 섬세하고 꼼꼼한 면모가 더해져 어떤 일도 허투루 하는 법이 없다는 것이 큰 장점이다.

사람들에게 자기 것을 베푸는 데 인색함이 없다. 다만 자신이
나 남들이 잘못한 점에 대해서는 비판적인 시각이 강한 편이다.

### 신해(辛亥)일주

자연현상으로는 영롱한 보석에 아침이슬이 빛나는 이미지를
상징한다. 또는 가공된 보석이 물에 씻겨 더욱 빛을 내는 형상
에 비유되기도 한다.

두뇌가 명석하고 순발력이 있으며 지혜로운 면모의 소유자라
고 할 수 있다. 변화에 대처하는 욕구가 강하고 실제로도 늘 새
롭게 변신하는 모습을 보이려고 노력한다. 따라서 개혁에 가
까운 새로운 일 앞에서도 두려워하거나 망설이는 경우가 거의
없다. 일의 처리 속도도 빠르다. 다만 일을 너무 급하게 처리하
려는 면에 대해서는 살펴볼 필요가 있다.

인간관계에서는 명예와 의리를 중요하게 생각한다. 사람들과
있으면 다소 내성적이고 소심한 면을 보이기도 한다. 감성적
이고 예술적 감각이 뛰어나므로 부모는 아이의 그런 재능을
빨리 발견해서 키워주는 것이 좋다.

### 신축(辛丑)일주

자연현상으로는 잘 가공된 보석이 흙에 가려진 이미지를 상징
한다.

재능이 많고 똑똑하고 지혜로운 사람이 그러한 면모를 세상에 펼쳐 보일 기회를 잡는 형국이라고 할 수 있다. 그만큼 자신의 발전을 위해 꾸준히 노력하는 특성이 강하다.

무슨 일에나 요행을 바라지 않고 부지런하고 성실하게 맡은 바에 헌신한다. 자신만의 소신과 가치관이 굳건하고 자기 뜻을 관철하고자 하는 의지도 매우 강력하다. 위기 상황으로부터 자기를 지키고자 하는 보호본능도 강하게 지니고 있다. 따라서 쉽게 실패할 만한 일에는 손대지 않으며 근검절약하고자 노력한다.

겉으로는 인간관계가 온화하고 부드러워 보인다. 그러나 내면으로는 다소 보수적이고 고집이 센 면도 있다.

## 신묘(辛卯)일주

자연현상으로는 봄에 열매가 맺어지는 이미지를 상징한다.

크고 웅장한 것에서는 별로 감흥을 느끼지 못하는 타입이다. 그보다는 소박하고 평범한 것에서 소소한 행복을 느끼는 성향이 강하다. 일이든 사물이든 신중하고 꼼꼼하게 챙기는 것을 좋아한다.

현실에 적응해 나가는 실리적인 능력도 뛰어나다. 섬세한 판단력을 지니고 있으며, 자신의 가치 기준에 맞지 않는 것은 거리를 두려고 한다. 독창적인 심미안이 있으며 미적인 감각도 뛰어나다. 더불어 예술적 감각도 우수하므로 그러한 분야에서 전문적 능력을 발휘한다면 큰 성취를 이룰 수 있다.

사람들과의 관계를 솔직 담백하고 부드럽게 풀어나가는 것을 선호한다. 여러 면에서 자신과 잘 맞는 사람들에게는 꾸준한 관심과 애정을 기울인다.

## 신사(辛巳)일주

자연현상으로는 한여름에 열매가 열린 이미지에 비유된다.

자신만의 특별한 재능으로 고부가가치를 창출하는 역량이 뛰어난 경우가 많다. 일을 진행할 때는 결과에 대한 확고한 신념으로 끝까지 완수해 내고자 하는 의지가 강하다. 그런 점에서 끈기 있고 인내심도 많다.

매사에 신중하고 차분하게 대응하며, 소신을 지키는 것을 중요하게 생각한다. 따라서 맺고 끊는 것이 분명하다. 자기 것을 잘 드러내지 않는 까다롭고 섬세한 면도 있다.

그로 인해 겉으로는 예리하고 냉정하게 보일 수도 있으나 내면으로는 여리고 다정다감한 면이 더 많다. 한번 신의로 맺어진 관계에는 믿음이 두터워 다른 사람 말에 흔들리지 않는다. 다만 호불호가 지나치게 분명할 경우 인간관계에서 갈등을 경험할 수도 있으므로 유의가 필요하다.

## 신미(辛未)일주

자연현상으로는 여름날에 빛나는 보석과 과일의 모습을 상징한다.

전형적인 외유내강 타입으로 매사에 신중하고 이해심이 많다. 반듯하고 깨끗한 면모를 갖추고 있어서 주위 사람들로부터 인정과 존중을 받는다. 자존심이 강하고 민감한 면도 있다.

무엇을 하든 정확한 것을 선호해서 대단히 섬세하고 치밀하게 일을 진행해 나가는 타입이다. 따라서 판단력과 분석력이 뛰어나다는 평을 자주 듣는다. 그런 능력이 요구되는 분야에서 활동하는 경우 원하는 것을 성취할 가능성이 높다.

인간관계에서는 처세에 밝고 사람을 다루는 수완도 뛰어난 편이다. 관계에서도 정확하고 명확한 것을 중시한다. 그로 인해 때로는 냉정하게 보이기도 하나 스스로는 원만한 관계를 추구한다. 의리를 중요시하는 면모도 있다.


## 신유(辛酉)일주

자연현상으로는 빛나는 보석이 나란히 놓여 있는 이미지다. 또는 바위산에 숨겨져 있는 보석에 비유되기도 한다.

까다롭고 섬세한 면이 장점으로 작용해서 무슨 일이든 마음먹은 대로 재량껏 처리하는 능력이 뛰어나다. 판단력과 실행력도 뛰어나다. 자존심이 강하고 매사에 민감하게 반응하는 특징이 있다.

정직하고 양심적이며 불의를 보면 참지 못하고 불끈하는 면이 있다. 감성이 풍부하고 예술적 소질도 뛰어나서 그런 분야로 나가도 성공할 가능성이 높다.

인간관계에서는 무엇이든 순리대로 처신하려고 노력하며 신의를 중요하게 여긴다. 다만 고집이 세고 매우 예리해서 칼날 같은 면도 있으므로 그러한 점에 대해서는 살펴볼 필요가 있겠다.

## 일간이 임수(壬水)인 경우

가을 금의 기운으로 완성된 씨앗을 더욱 잘 감싸서 완전한 형태로 저장하는 것을 상징한다. 자연현상으로는 드넓은 바다, 큰 강, 호수 등에 비유된다. 사유의 폭이 넓고 호기심이 왕성하며 끈질긴 인내심과 지구력을 갖추고 있다. 안정되게 무언가를 계획하고 소유하는 것에도 의미를 둔다.

### 임자(壬子)일주

자연현상으로는 큰 호수에 빗물이 모여든 이미지다. 물이 풍부하므로 여유롭고 기세가 왕성한 것에도 비유된다.

다재다능하고 창의적이며 유능한 면모가 돋보이는 타입이다. 겉으로는 조용하고 차분한 듯 보여도 내면으로는 굽히지 않는 자존심과 신념을 지니고 있기도 하다. 한번 마음먹은 뜻을 잘 굽히거나 바꾸지 않는 특성을 보인다. 뜨겁고 강렬한 열정을 소유하고 있어서 모든 일에 의욕적이고 진취적이며 자신감이 매우 강하다.

논리정연한 면이 있으며, 통솔력과 포용력도 지니고 있다. 다만 고집이 너무 세고 한번 화를 내면 격노하기 쉬운 면이 있다. 흔히 "임자 만났다"고 하는 것도 이 임자를 두고 하는 말이다. 따라서 화를 자제하는 훈련이 필요하다.

## 임인(壬寅)일주

자연현상으로는 물속에 비친 버드나무 그림자에 비유된다. 또는 비를 맞고 서 있는 아름드리나무를 상징하기도 한다.

두뇌가 명석해 머리 회전이 빠르고 순발력이 있다. 감각적이고 표현력도 뛰어나다. 재치 있고 명랑하게 사회생활을 이끌어 가는 능력의 소유자다. 매사에 부지런하고 능동적으로 대처하는 역량도 잘 갖추고 있다. 목표를 향해 전진할 때도 앞뒤 재지 않고 최선을 다하는 자세를 보인다. 사교적이고 친화적인 면도 강하다. 따라서 외교 분야나 전문적인 상담직에 진출하는 경우 뜻한 바를 이룰 가능성이 높다.

대인관계가 원만하고 처세술이 뛰어나다. 다만 주관이 강하고 고집 센 면이 앞서면 무슨 일이든 지나치게 자기가 하고 싶은 대로 하려는 성향이 강하다. 평소에는 다정하고 친절하지만, 한번 화가 나면 냉정하게 돌아서는 면도 있다. 그러나 오래가지는 않는다.

## 임진(壬辰)일주

자연현상으로는 들판에 비가 내리는 모습을 상징한다. 또는 강물의 흐름을 조절하는 댐의 역할에 비유되기도 한다.

매사에 능동적이고 자신감이 넘치는 당당한 면모가 있다. 자기 소신이 명확하고 주관이 뚜렷하므로 다른 사람에게 굽히고 들어가는 일은 상상할 수 없는 타입이다. 머리가 좋고 남다른 지혜가 있어서 문제 해결 능력도 뛰어나다. 말솜씨가 좋고 추진력이 있으며 솔직 담백한 면도 있다. 따라서 다른 사람을 설득해 이끌어 가는 면에서도 역량을 발휘한다.

대체로 낙천적이고 인간관계의 폭도 넓다. 다만 쉽게 흥분하고 조급한 면이 있다. 때로는 자기주장이 너무 강해서 남들과 잘 화합하지 못하거나 오해를 살 가능성도 있다. 지나친 자긍심에 대해서도 살펴볼 필요가 있다.

## 임오(壬午)일주

자연현상으로는 바다 위를 비추는 태양을 상징한다. 또는 강물이 용암으로 흘러가는 모습에 비유되기도 한다.

명랑하고 밝은 성품으로 매사에 유연하게 대처하는 능력이 뛰어나다. 온화하면서도 열정적인 면모를 지니고 있으며, 감수성이 풍부하고 감각이나 표현력도 남다른 데가 있다. 그런 장점을 발휘할 수 있는 예술 분야 등에서 성취를 이룰 가능성도 높다. 친화력이 좋고 외교적 수완도 뛰어나다.

다정다감하고 마음이 여린 면도 있다. 덕분에 남의 말에 쉽게 흔들리기도 하고, 별다른 갈등 없이 남들이 하자는 대로 따라가는 모습을 보이기도 한다. 그러나 한번 안 한다고 마음먹은 일이나 끊어내기로 결심한 인간관계는 끝까지 돌아보지 않는 면도 있다.

## 임신(壬申)일주

자연현상으로는 암반에서 끝없이 솟아나는 물의 이미지를 상징한다. 또는 물에 씻겨서 빛나는 보석에 비유되기도 한다.

여러 분야에서 다재다능한 재능을 발휘하는 능력의 소유자다. 다방면으로 활동하는 역량이 뛰어나다. 두뇌가 명석하고 아이디어가 풍부하며 재치와 순발력이 있다. 말재주도 좋다. 매사에 적극적이고 끈기와 여유가 있으며, 환경에 적응하는 능력도 잘 갖추고 있다. 활력이 넘치고 맡은 일에 대해서는 끝까지 완벽하게 수행하려고 최선을 다한다.

처세술도 좋아서 대인관계에 능수능란하다는 평을 듣는다. 실제로도 사람들과 어울리기를 좋아하고 친화력도 대단히 높다. 다만 때로는 너무 분주하기만 하고 앞서간다는 평가를 받을 가능성도 있다.

## 임술(壬戌)일주

자연현상으로는 질그릇에 담긴 깨끗한 물을 상징한다. 또는 대지에 비가 내리는 형상에 비유되기도 한다.

두뇌 회전이 비상하고 감수성과 센스가 풍부한 타입이다. 자존심이 강하고 솔직 담백하며 언변이 뛰어나다. 쾌활하고 에너지가 많고 활동적인 면모도 강하다. 때로는 상대방이 과격하다고 느낄 정도로 과감한 모습을 보이기도 한다. 의지력도 강해서 어려운 상황에 부딪혀도 용감하게 뚫고 나가는 저력이 있다. 그러한 여러 가지 모습들이 조화를 이루어 리더로서 역량을 발휘하는 데도 손색이 없다. 사회적으로 의미가 깊고 가치 있는 것을 모으고 수집하는 데도 일가견이 있다.

온화하면서도 호탕한 태도로 대인관계에서 역량을 발휘한다. 카리스마가 있다는 평을 들으며 후배나 아랫사람을 잘 이끌어가는 데서 기쁨을 느낀다.

# 일간이 계수(癸水)인 경우

음 중의 음으로 자연현상으로는 샘물을 상징한다. 임수(壬水)의 수(水)의 작용이 한 단계 더 진행되어 씨앗의 저장이 완성된 상태라고 할 수 있다. 응축된 양기를 음기로 감싸서 보존하고 있으므로 겉으로는 냉철하고 조용하게 보인다. 그러나 내부에는 수축된 에너지가 강한 생명력을 품고 있는 형상이다. 기억하고 보존하고 저장하는 기운의 상징이기도 하다. 소극적으로 보이는 겉모습과 달리 내면으로는 치밀하고 열정적인 면이 있다.

## 계해(癸亥)일주

자연현상으로는 끝없이 펼쳐진 대양에 넘실대는 바닷물을 상징한다.

지혜를 상징하는 물의 기운이 하나로 뭉쳐져 있는 형상으로, 그 속에 무한한 잠재력이 내재해 있다. 매사에 거리낌이 없고 자유자재하며 욕망과 포부 또한 크고 다채롭다. 활동력이 뛰어나고 미래를 향해 이상을 추구하는 성향도 대단히 강하다. 한번 목표를 세우면 끝까지 매진하는 진취적 기상도 높다. 두뇌가 명석해 머리 회전이 빠르고 판단력이 우수하다. 치밀하고 분명하게 일을 처리해 나가는 능력도 뛰어나다.

남을 속일 줄 모르는 담백하고 정직한 성품의 소유자이기도 하다. 대인관계에서도 신의를 중요하게 생각한다. 다정다감하고 친절해서 사람들이 좋아한다.

### 계축(癸丑)일주

자연현상으로는 봄에 농사를 짓기 위해 물을 가두어 놓은 이미지를 상징한다. 물을 한껏 머금은 땅에 비유되기도 한다.

인내심을 갖고 때를 기다리는 상태로 미래에 대한 희망과 의지가 강하다. 출세하고 성취를 이루는 데 큰 의미를 두며, 자신의 주관과 목표 의식이 분명하다. 위기 상황에서 어려움을 극복하고 앞으로 나가는 면에서도 강력한 투지를 발휘한다.

신중하고 조용한 가운데서도 추진력이 강하고 매사에 용기 있게 대처한다. 한번 일을 시작하면 남에게 뒤처지는 것을 싫어해서 끝까지 완벽하게 해내는 모습을 보인다.

대인관계에서는 믿음직스럽고 조용하고 선량한 성품으로 사람들의 인정을 받는다. 긍정적인 면모로 주위에 희망을 전하면서도 굳이 앞에 나서는 것은 별로 좋아하지 않는다.

### 계묘(癸卯)일주

자연현상으로는 빗물이 초목을 타고 즐겁게 노는 모습을 상징한다. 또는 꽃과 나무에 비가 내리는 형상에 비유되기도 한다.

두뇌가 명석하고 다방면으로 재주가 많다. 감수성이 풍부하고 매사에 유연하게 대처하는 능력이 뛰어나다. 여유가 있으며 미래에 대해서도 낙관적으로 생각하는 성향이 강하다. 강한 책임감과 의지의 소유자이기도 하다. 맡은 일을 완벽하게 수행해 내려고 최선을 다하는 모습을 보인다. 재주가 많은 만큼 여러 분야에서 인정받으며 능력을 발휘할 가능성도 높다.

인간관계에서는 내성적이고 마음이 여린 면이 있다. 신의가 있고 다정다감하다. 다만 마냥 편안하기만 한 타입은 아니다. 내면으로는 까다롭고 고집이 센 면도 있어서 한번 틀어진 관계는 쉽게 되돌리려고 하지 않는다.

## 계사(癸巳)일주

자연현상으로는 여름날의 더위를 식혀주는 이슬비를 상징한다. 두뇌가 명석하고 인품이 반듯하고 올곧은 데가 있다. 언제나 자기가 세운 원칙에 충실하려고 노력한다. 겉으로 내세우지는 않으나 강한 추진력과 활동력이 있어 일을 처리해 나가는 능력이 뛰어나다.

일단 일을 시작하면 끝까지 최선을 다하려고 노력한다. 내면에는 야심만만하고 권위를 추구하는 면도 강하다. 보수적이고 날카롭고 고집이 센 면도 지니고 있다. 그러면서도 한편으로는 다른 사람 말에 쉽게 빠져드는 성향을 보이기도 한다.

대인관계에서는 인정이 많고 내성적인 편이다. 처세에 민감하고 사람들과 원만한 관계를 이루어나가려고 노력한다.

### 계미(癸未)일주

자연현상으로는 여름 땅에 내리는 빗줄기를 상징한다.

다재다능하고 총명하며, 사회적 능력도 뛰어나서 사람들로부터 부러움을 산다. 그러나 정작 스스로는 소박한 삶을 추구하고 작은 일에서 감사와 기쁨을 느끼는 면이 강하다. 겉으로 드러나지는 않으나 감수성이 풍부하고 내적인 안정감을 중요하게 여긴다. 신중하고 단정한 성품을 갖추고 있으며 자신만의 원칙을 준수하려고 노력한다.

우수한 개인적 역량으로 주위 사람들의 인정을 받으며, 원하지 않아도 도움을 주려는 사람들이 많다. 마음이 대범하고 온화해서 대인관계가 원만하다. 때로는 불끈하는 면도 있으나 자신을 절제하는 면이 강하다. 다만 그러한 면이 지나칠 때는 내면의 피로감이 클 가능성이 있다. 표현력을 보완하도록 노력하는 것도 필요하다.

### 계유(癸酉)일주

자연현상으로는 바위산에 내리는 가랑비, 혹은 이슬비를 상징한다.

생명력이 강해서 어떠한 경우에도 포기하거나 좌절하는 모습을 보이지 않는다. 목표 의식도 분명하고 인내심도 뛰어나 자기가 품은 이상과 포부를 끝까지 관철하려는 의지가 투철하다. 재주가 다양하고 감각적인 역량과 표현력도 우수하다. 따라서 예체능 분야에서 능력을 발휘하면 좋은 결과를 얻을 가능성이 매우 높다. 학문을 추구하는 역량도 우수해서 그쪽 분야로 진출해도 원하는 바를 성취할 수 있다.

인간관계에서는 겉으로는 강건하고 화려해 보이는 측면이 있다. 그러나 내면에는 부드럽고 여린 모습이 더 많다. 그리고 본능적으로 그러한 자신을 보호하려는 성향도 지니고 있다.

○ ● ○

부모가 아이의 특성을 알아야 하는 건 그 아이가 갖고 태어난 고유한 성질을 성장시키고 발전시키기 위해서다. 그런 이유에서 지금까지 태어난 날의 오행으로 아이의 특성을 쉽게 알아보는 법을 기술했다. 이러한 분석 결과를 도출하기 위해서 지장간 등 명리학의 복합적인 이론을 활용했으므로 이 일주의 특성으로도 어느 정도 개인을 이해할 수 있을 것이다. 다만 한 사람을 명료하게 이해하기 위해서는 사주팔자 전체의 정보가 필요하다는 것을 다시금 강조한다.

부모 자녀 관계에서 가장 중요한 것은 부모 자신과 자녀의 특성을 이해하는 것이다. 이는 아무리 강조해도 부족하다. 내가 상담 중에 가장 많이 듣는 인간관계의 불만은 "나를 이해해 주지 않는다"는 것이고, 그다음이 "불필요한 간섭이 많다"라는 것이다. 부모가 자녀의 특성을 이해해 주고 자녀가 스스로 성장해 나가도록 옆에서 지켜주기만 해도 자녀들은 제대로 자란다.

서정주 시인의 「국화 옆에서」라는 시에 "한 송이의 국화꽃을 피우기 위해 봄부터 소쩍새는 그리도 울었다 보다"라는 구절이 있다. 물론 시인은 한 송이 국화꽃이 피어나는 것은 봄부터 준비된 것이지 그냥 피어나는 것은 아니라는 뜻으로 이 구절을 썼을 것이다. 그러나 달리 해석하면 소쩍새가 우는 것과 국화꽃이 피는 것은 별개의 일이다. 그런데 때로 우리가 부모로서 국화꽃을 피우는 소쩍새의 역할을 한다고 생각하는 것은 아닌지 돌아보고자 이 60개 일주의 특성을 기술해 보았다.

일주만 봐도 이렇게 다양한 특성이 드러난다. 여기에 연월시의 오행이 더해진다고 상상해 보자. 한 개인의 성향과 특성은 얼마나 복잡하고 다채로운 것일까. 그러니 내 아이를 내가 다 안다고 여기는 착각, 내가 아이를 재단하여 원하는 모습으로 만들 수 있다는 착각에서 벗어날 필요가 있다.

# 정신의학과
# 명리학적 관점에서
# 내 아이는 어떤 유형인가

어느 부모가 아이의 속을 잘 모르겠다며 나를 찾아왔다. 드러나지 않는 무언가가 아이의 내면에 있는 것 같은데 아이가 그것을 표현하지 않는다는 것이었다. 뭘 물어봐도 대답하기까지 너무 오래 걸리고 때로는 고집스럽게 자기표현을 거부한다고 했다.

부모를 이토록 고민하게 하는 아이는 둘째 아들이었다. 아들만 둘인데 큰아들은 정말 모범생이라고 부모는 입을 모았다. 첫째는 단 한 번도 속을 썩인 적도 없었고 공부도 잘했다. 둘째와는 나이 차이가 커서인지 평소 동생한테도 잘해준다고 했다. 그런데 둘째는 뚱한 태도로 말도 잘 안 해서 부모의 마음을 자주 불편하게 만든다는 것이었다.

심리 검사를 해보니 아이는 우수한 두뇌를 가지고 있었고 성격은 진중한 편이었다. 그동안 부모의 말에 대답을 잘 안 해서 고집이 세다고 야단을 맞아온 모양이었다. 하지만 그런 태도는 행여 실수하지 않을까 조심하고 생각을 깊이 하다 보니 생겨난 것이었다. 부모는 그런 사실을 알고 나서야 자신들이 아이를 잘못 이해하고 있었다는 사실을 깨달았다고 했다.

아이의 명리학적 분석은 심리 검사 결과는 조금 달랐다.

| | 시주 | 일주 | 월주 | 연주 |
|---|---|---|---|---|
| 일간과의 관계 | 편재 | | 상관 | 상관 |
| 간 | 계수<br>(癸水) | 기토<br>(己土) | 경금<br>(庚金) | 경금<br>(庚金) |
| 지 | 유금<br>(酉金) | 축토<br>(丑土) | 진토<br>(辰土) | 인목<br>(寅木) |
| 일간과의 관계 | 식신 | 비견 | 겁재 | 정관 |

자연에 비유하면 '봄날의 논과 밭'이라고 할 수 있는 사주다. 아이를 상징하는 오행은 음의 토(土)로 강한 자기 주관과 끈기, 은근한 고집과 추진력, 민감함, 자기 감정이나 생각을 잘 드러내지 않는 특성을 상징한다. 그러나 관습에 저항하는 성향, 예술성, 표현력, 감각적인 성향, 감수성, 예지능력 등을 상

징하는 식상의 오행이 3개나 있어 근본적으로는 자기표현 역량이 강한 특성을 지니고 있다. 즉 현재의 심리 상태를 나타내는 결과와는 달리 타고난 특성은 자유분방하고 자기주장이 강하고 불필요한 간섭이나 조언에 저항하는 면이 강했다. 단지 그것을 나타내지 않은 것은 아이가 형과 자신을 비교하다 보니 부모에게 인정받고자 하는 욕구가 강해졌기 때문이었다.

아이는 대단히 감각적이고 감수성이 풍부한 면도 있었다. 그런 면이 인정욕구가 높은 성질과 연관되자 부정적인 평가나 비판에 민감해진 것이다. 조금이라도 상처를 받지 않으려는 마음도 강했다. 그런 노력이 타고난 특성과 다르게 겉으로는 신중하고 말 없는 모습으로 드러난 것이다.

이 아이는 마치 휴화산의 상태와 마찬가지이므로 좀 더 지켜볼 것을 부모에게 권유했다. 너무 성취욕구가 강하니 주말에는 부모가 함께 놀아주면서 그 억압된 에너지를 분출하는 방법을 찾아보는 것도 좋겠다고 조언했다. 아이의 특성을 알게 되니 부모가 어떻게 아이를 대해야 할지 방향이 뚜렷이 나온 사례라고 볼 수 있겠다.

아이를 기르는 과정에서 부모가 아이의 특성에 대해 제대로 알고 있는 것과 그렇지 못한 것 사이에는 커다란 차이가 존재한다. 이는 아이의 성장 과정에도 영향을 미치며, 나아가 아이의 앞날을 결정할 정도로 중요하다고 해도 과언이 아니다.

또 아이에게 부모가 지나친 기대를 품거나 성취에 대한 압력을 넣으면 아이는 불안감으로 인해 완벽을 추구하고 실패를 두려워해서 오히려 아무것도 해내지 못하는 아이가 되기도 한다. 이런 경우 부모가 아이에게 공부나 절제를 강조하기보다는 타고난 특성을 살려 왕성한 호기심을 키워주는 쪽이 더 도움이 되기 마련이다.

한편 회피적인 특성을 가진 아이들은 실패에 대한 두려움이 큰 경우가 많다. 그러므로 부모가 아주 작은 것이라도 같이 하면서 아이에게 성취감과 뿌듯함을 경험하게 해줄 필요가 있다. 아이가 지나치게 경쟁적이고 호불호가 분명한 경우 협동심을 키울 수 있는 운동 등을 시켜보는 것도 좋은 방법이다.

물론 아이가 어떤 특성을 가졌든지 부모가 아이의 모습을 있는 그대로 사랑하고 인정한다는 사실을 알려주는 것도 대단히 중요하다. 부모의 사랑을 확신하는 아이들은 자신감을 갖고 자기가 원하는 방식으로 미래를 계획해 나간다. 또한 아이가 어느 유형에 속하든 부모가 합리적인 설명을 할 줄 알아야 한다. 아이들의 경우 왜 자신들이 하고 싶은 대로 할 수 없는지 이해하지 못할 때가 있기 때문이다.

예를 들어 아이에게 인내심과 절제가 필요하다면 왜 그래야 하는지 그 이유를 일관되게 충분히 설명해 줄 수 있어야 한다. 부모의 설명이 무리 없이 받아들여질 때, 아이는 타고난 특성을 잘 키워나갈 뿐 아니라, 부모와의 사이에서 스트레스도 덜 경험한다.

　다음은 임상에서 만난 아이들의 유형을 정리한 것이다. 내 아이와 유사한 사례가 있는지 참고용으로 살펴보기 바란다.

## 책임감과 인내심 강한 아이

이런 타입의 아이는 전반적으로 모범생이란 칭찬을 받을 가능성이 높다. 학교생활도 잘하고 친구들과도 큰 갈등 없이 잘 지낸다. 부모에게도 심하게 반항하거나 대드는 일이 거의 없다. 혼자서도 무슨 일이나 계획을 세워서 잘해나가는 편이다. 책임감도 높아서 맡은 일이나 과제는 반드시 수행하려고 노력한다.

　다른 사람과 협동하는 일에도 열심이며 나와 결이 다른 친구들 사이에 있어도 편안한 편이다. 공감 능력도 뛰어나다. 한 가지 일에 끈기 있게 몰입하는 면도 높다. 다만 부모나 선생님, 친구들에게 인정받는 것을 중요하게 여겨서 자신이 원하지 않는 일도 참고 묵묵히 할 가능성이 높다.

　다음의 사례를 보자.

　이 아이의 사주는 일간이 을목으로, 자연현상으로는 한겨울의 작은 나무나 잔디에 비유할 수 있다. 을목은 인간의 속성으

| | 시주 | 일주 | 월주 | 연주 |
|---|---|---|---|---|
| 일간과의 관계 | 겁재 | | 편인 | 편인 |
| 간 | 갑목<br>(甲木) | 을목<br>(乙木) | 계수<br>(癸水) | 계수<br>(癸水) |
| 지 | 신금<br>(申金) | 사화<br>(巳火) | 해수<br>(亥水) | 미토<br>(未土) |
| 일간과의 관계 | 정관 | 상관 | 정인 | 편재 |

로는 생명력, 성장하려는 의욕, 의지, 자상함을 상징한다. 명리학에서 자신을 상징하는 오행인 일간 다음에 중요하게 생각하는 것이 자기가 태어난 달의 오행이다. 자신이 태어난 환경과 더불어 인생에서 자신이 가장 추구하는 가치관을 상징하기 때문이다.

이 아이의 경우 자신이 태어난 달의 오행은 인수, 특히 정인(正印)에 해당하는 수의 오행으로 자비심, 생명력, 학문의 힘, 부모와의 관계 등을 상징한다. 따라서 아이는 생명력도 있고 의지가 강하며 성장하려는 욕구도 높다. 특히 보다 폭넓은 학문을 추구하는 성향인 편인에 해당하는 오행이 2개나 있어 새로운 것을 배우려는 욕구도 강하다. 학문을 추구함에 있어 유연하고 융통성 있는 사고를 지닌 것이다. 그리고 겨울날의 나무가 살아남기 위해서는 햇빛이 필요한데, 그러한 화의 오행이 일지에 자리 잡고 있어 감수성이 뛰어나고 다른 사람이 생각하지 못하는 아이디어가 풍부하다. 또한 이 아이에게는 자신을 통제하는 능력, 의리 등을 상징하는 관성에 해당하는 금의 오행이 시지에 있어서 자신을 성찰하는 능력도 우수하다.

시간에 있는 갑목의 영향으로 인해 인간관계에서는 경쟁적이고 호불호가 분명한 면도 있으며, 일간의 성향인 성취욕구를 더욱 강하게 만드는 영향력을 주고 있다. 지지에서 오행끼리 서로 합(合)되고 충(沖)되는 현상이 일어나고 있어 때로는 우유부단하고 충동적인 성향을 보일 때도 있으나, 전반적으로 오행의 균형과 조화가 이루어지고 있어 그러한 성향도 스스로 잘 다스린다. 오행이 골고루 갖추어져 있고 균형과 조화가 이루어진 경우, 평생 다른 사람의 도움 없이 자급자족할 수 있는 삶의 흐름을 갖고 있다고 분석하는데, 이 아이는 스스로 자신의 적성을 찾아서 원하는 것을 성취하기 위해 부단히 노력하고 있다. 이러한 경우 부모는 아이의 그러한 역량을 지켜봐 주고 격려해 주는 것이 바람직하다.


## 자기주장이 강하고 절제력이 약한 아이

다음은 정반대로 자기주장이 강하고 절제력이 약한 사주의 경

|  | 시주 | 일주 | 월주 | 연주 |
|---|---|---|---|---|
| 일간과의 관계 | 편재 |  | 겁재 | 편재 |
| 간 | 무토<br>(戊土) | 갑목<br>(甲木) | 을목<br>(乙木) | 무토<br>(戊土) |
| 지 | 진토<br>(辰土) | 오화<br>(午火) | 축토<br>(丑土) | 진토<br>(辰土) |
| 일간과의 관계 | 편재 | 상관 | 정재 | 편재 |

우다.

이 아이는 겨울날의 아름드리나무에 비유할 수 있다. 겨울날의 나무가 살아남기 위해서는 일단 햇빛이 필요하다. 그 햇빛을 상징하는 화의 오행이 일지에 상관으로 자리 잡고 있다. 상관은 명리학적으로 자유분방하고 저항적이며 반항적인 특성을 상징한다. 두뇌가 총명하고 감각적이고 감수성이 풍부하다. 표현력도 갖추고는 있지만 그 표현이 약간 거친 편이다.

그런데 이 사주에는 재물을 상징하기도 하며, 남자 사주에서는 이성을 뜻하기도 하는 재성(財星)이 너무 많다. 목의 오행이 일간인 경우 재성은 토의 오행인데, 그러한 오행이 무려 5개나 되어서 성장 과정에서도 그러한 문제로 많은 갈등을 일으킬 수 있다. 게다가 인성(人性)과 학문을 상징하는 인수의 오행이 드러나지 않고 있고, 자기를 성찰하는 성향, 의리, 의협심, 책임감 등을 상징하는 관성도 드러나지 않고 있다.

게다가 인간관계에서 경쟁심, 좋고 싫음을 상징하는 겁재에 해당하는 을목이 있어 전반적으로 자기 하고 싶은 대로 하려는 성향에다 당장 눈에 보이는 결과만 추구하고 인내심이 부족하다. 이런 경우는 어릴 때부터 부모가 같이 책을 읽거나 공부하면서 인성을 키워주는 것이 꼭 필요하다. 행동에 적절한 통제도 필요하고, 특히 경제 개념을 심어줄 필요가 있다. 아이가 재물에 욕심이 많은 편이니 그러한 쪽으로 공부를 시작하는 것도 좋다. 예를 들어 워런 버핏이나 찰리 멍거와 같은 사람들의 이야기를 들려주고 그들의 자서전을 같이 보는 것도 한 방법이다.

## 매사 정확하고 완벽해야 하는 아이

초등학교 저학년일 때부터 숙제하는 것이 힘들고 특히 뭔가를 시작하기가 몹시 힘들다는 문제로 상담을 원한 학생이 있었다. 자신의 그런 모습 때문에 친구들도 자기를 싫어하는 것 같아 학교 가기도 싫다는 말도 했다.

아이는 정신의학적 검사에서는 감수성이 풍부하고 지적 호기심이 높으며 창의적이라는 결과가 나왔다. 또한 성취와 인정에 대한 욕구가 강해 무엇이든 잘해내고 싶어 하는 동기도 높았다. 문제는 무슨 일이든 자신이 원하는 기대치에 미치지 못하면 바로 실패했다고 생각하고 자포자기하는 모습을 보인다는 것이었다. 한마디로 아이는 기질 특성상 매사 정확하고 완벽하지 않은 상태를 견디지 못하는 성향이 매우 높았다.

아이의 사주는 여름날의 태양이다. 자존심, 경쟁심 등을 상징하는 비겁과 자신의 뜻을 펼치고 싶어 하는 성향을 상징하는 상관이 있어 자존심이 강하고 분명한 것을 선호하고 매사를 자기 뜻대로 하고 싶어 하는 성향도 강했다. 한편으로는 감수성이 풍부하고 과제가 주어지면 그것을 계획하고 추진하려는 의지도 강했다.

특히 일간인 병화는 자연현상으로는 태양, 큰불을 상징한다. 이러한 오행이 일간인 경우 자신이 중심이 되고 싶어 하며 인

| | 시주 | 일주 | 월주 | 연주 |
|---|---|---|---|---|
| 일간과의 관계 | 편관 | | 상관 | 편인 |
| 간 | 임수<br>(壬水) | 병화<br>(丙火) | 기토<br>(己土) | 갑목<br>(甲木) |
| 지 | 진토<br>(辰土) | 오화<br>(午火) | 사화<br>(巳火) | 신금<br>(申金) |
| 일간과의 관계 | 식신 | 겁재 | 비견 | 편재 |

정욕구가 강해서 다른 사람의 평판에 매우 민감한 성향을 보인다. 게다가 남이 뭐라고 하기 전에 스스로를 통찰하고 비판하는 성향인 관성이 시주에 있어 일간과 충돌하는 양상이다. 따라서 자신이 뭔가 행동하거나 생각하면 바로 제대로 한 것인지 반추하는 성향도 강했다.

두뇌의 총명함과 예리함을 상징하는 신금도 있어 뛰어난 능력을 갖고 있으나, 늘 민감하고 세심하게 다른 사람의 반응을 살피고 매사 완벽함을 추구하는 데서 오는 피로감이 높았다. 이러한 성향으로 인해 스스로 좌절이나 실패라고 생각하는 상황에 직면하면 바로 전적으로 자신이 실패했다는 인식을 하면서 자포자기하는 태도를 보여왔다.

정신과적 검사에서는 머리도 좋고 예술적 특성도 뛰어나다고 나타났다. 아이에게 심리 검사 결과를 데이터로 보여주어 그러한 역량을 확인시켜 주었다. 또한 다른 사람의 태도에 너무 민감한 면을 가지고 있다는 걸 인지할 수 있도록 상담을 시도했다. 즉 공부를 잘하려는 것과 1등을 하고 100점만 맞겠다고 하는 것이 어떻게 다른지를 설명해 주었다. 우리 뇌는 다른 사람의 평가를 의식하는 순간 긴장하게 되고 그러면 불안해져서 집중력, 기억력이 평소보다 저하된다는 점도 설명해 주었다. 명석한 아이라서 그러한 설명을 바로 받아들이는 자세를 보였다.

# 목표 지향적이고 현실적인 아이

기본적으로 자율성이 높고 자기 능력에 대해서도 자신감이 있는 타입이다. 한번 목표를 세우면 중간에 그만두는 것을 좋아하지 않는다. 현실에 적응하는 실리적인 면도 높아서 문제가 생겨도 스스로 해결책을 찾아보려고 노력한다.

대체로 성격이 깔끔하고 똑똑한 아이들이 많은 유형이다. 부모가 그러한 특성을 잘 헤아려 도움을 주면 자기 분야에서 원하는 바를 이룰 가능성이 높다.

그런데 엄마가 아이와는 반대 유형, 즉 충동적인 데다 방임형이어서 갈등하다 상담을 원한 경우가 있었다. 엄마의 말에 따르면 아이는 고집이 세고 너무 자주 대들고 자기 하고 싶은 대로 하려고 든다고 했다.

게다가 요구도 많아서 어느 곳의 어떤 학원에 가고 싶으니 꼭 보내달라는 이야기를 꺼내기도 하는데 자신은 그렇게 아이를 픽업하고 다닐 시간이 없다고 했다. 자신이 꼭 참여해야 할 모임도 많은 데다, 자기는 아이가 너무 공부에만 매달리기보다는 그냥 자유롭게 뛰어노는 것이 더 중요하다고 생각한다는 것이었다. 일리가 없진 않으나 아이보다는 자기 생활을 좀 더 중요하게 여기고 있음을 짐작할 수 있었다.

아이의 사주를 살펴보니 다음과 같았다.

| | 시주 | 일주 | 월주 | 연주 |
|---|---|---|---|---|
| 일간과의 관계 | 정관 | | 식신 | 식신 |
| 간 | 경금<br>(庚金) | 을목<br>(乙木) | 정화<br>(丁火) | 정화<br>(丁火) |
| 지 | 진토<br>(辰土) | 미토<br>(未土) | 미토<br>(未土) | 미토<br>(未土) |
| 일간과의 관계 | 정재 | 편재 | 편재 | 편재 |

여름날의 잔디, 작은 나무를 상징하는 일간의 소유자다. 현실 적응 능력을 상징하는 재성이 무려 4개나 돼서 매우 현실적이다. 게다가 자신의 역량을 발휘하고 싶어 하는 특성, 표현력, 처세술, 감각적이고 감수성이 풍부한 성향을 상징하는 식신이 2개나 있어 노력으로 바로 결실을 보고자 하는 성향이 강하다.

시주에 있는 관성으로 인해 지나치지 않게 자신을 조절하는 능력도 우수하다. 또한 일간인 을목과 관성인 경금이 서로 합을 해서 금의 오행으로 합하는 구조를 갖고 있어 외강내유의 모습을 보인다. 따라서 자신이 원하는 것을 표현하는 데도 똑 부러지고 자신의 할 일을 잘 찾고 있다. 다만 학문의 힘, 자비심, 수용성 등을 상징하는 인수에 해당하는 수의 오행이 드러나지 않아 냉정한 면도 있다.

정신의학적으로도 자율성이 높다고 나왔으며, 또래들과의

관계를 맺는 역량도 무난해 보였다. 이런 경우 부모는 아이에게 부족한 기운인 인수를 보완해 주고자 노력해야 한다. 예를 들어 식물이나 동물 등을 키우거나 돌보는 과정을 통해 좀 더 따뜻한 마음을 갖도록 도와주는 것만으로도 충분하다. 말 그대로 똑 부러지게 자기 할 일을 하는 성향을 지녔기 때문에 크게 걱정할 필요는 없다.

## 경쟁적이고 좋고 싫음이 분명한 아이

이런 타입의 아이는 다른 사람들을 있는 그대로 받아들이는 데 어려움을 겪는다. 심리 검사 결과를 보면 대체로 감수성과 연대감이 매우 낮고 매사를 흑백논리로 보는 경향도 강하다. 비교 의식도 매우 높다. 즉 남을 판단하고 비교하면서 나는 너보다 옳고 똑똑하다고 여기는 것이다. 남들이 그것을 인정해 주어야 한다는 생각도 강하다.

이러면 어릴 때부터 친구들과 어울리지 못하고 갈등을 겪는 일이 많다. 인간관계를 경쟁 관계로만 보기 때문에 수평적 관계를 맺지 못하는 것이다. 상대의 평가에 민감하고 자신이 늘 우위에 서지 않으면 힘들어한다.

그런 문제로 중고등학교 시절에 많은 문제를 겪은 남학생이 있었다. 그런데 아이의 부모도 그러한 문제를 이해하고 소통하기보다는 이겨내야 한다고 윽박지르는 방식으로 아이와 소통해 왔다. 그러다 보니 아이는 어느 시점부터 공부도 안 하고 친구들과도 어울리지 못하고 오로지 게임만 했다. 아이는 결국 폭발한 부모 손에 이끌려 상담을 받게 되었다.

아이는 금의 기운이 가장 왕성한 계절에 일간도 금이라, 금의 속성이 매우 강한 사주를 갖고 있었다.

사주에 비겁이 많아 자존심이 강하고 경쟁적이고 좋고 싫음도 분명했다. 아이가 공부하기를 힘들어하는 데도 그 나름대로 이유가 있었다. 공부를 잘하려면 일단 인수와 식상의 기운이 적절해야 하는데 이 아이의 경우에는 그러한 균형과 조화가 깨져 있었다. 오로지 경쟁적이므로 공부하는 과정보다는 결과물에 신경을 쓰니 성적이 안 좋을 수밖에 없었다.

| | 시주 | 일주 | 월주 | 연주 |
|---|---|---|---|---|
| 일간과의 관계 | 정관 | | 정재 | 겁재 |
| 간 | 병화<br>(丙火) | 신금<br>(辛金) | 갑목<br>(甲木) | 경금<br>(庚金) |
| 지 | 신금<br>(申金) | 유금<br>(酉金) | 신금<br>(申金) | 진토<br>(辰土) |
| 일간과의 관계 | 겁재 | 비견 | 겁재 | 정인 |

또한 일간이 민감한 칼날, 보석 등을 상징하는 신금(辛金)의 오행이라, 더욱 완벽주의적이고 자신이나 타인의 실수를 잘 용납하지 못하는 성향도 강했다. 그처럼 지나치게 고지식하고 경직된 면으로 인해 인간관계도 어려운 것이 당연했다.

이런 타입의 아이는 어릴 때부터 부모가 의식적으로 표현력을 키워주면 크게 도움이 된다. 또 타인의 실수에 너그럽게 반응할 수 있도록 가르쳐야 한다. 부모가 모범을 보이는 것도 좋은 방법이다. 그런데 안타깝게도 이 아이는 부모 모두 완벽주의 성향이 강해서 아이의 날카로운 면이 더 강조된 사례였다.

## 자유분방하고 독립적인 아이

기질은 한마디로 사람의 집을 짓는 터라고 할 수 있다. 바탕이 되는 기질 위에 우리의 성격과 행동 등이 나타나는 것이다. 익숙한 것에 쉽게 싫증을 내고 호기심이 많은 기질의 경우에는 자유분방하고 감정 절제가 어렵다. 규칙에 얽매이고 간섭당하는 것을 싫어하므로 무슨 일이나 주도적이고 독립적으로 해야 마음이 편하다.

또래끼리 어울려 놀 때 리더십을 발휘하는 아이들 중에 이런 유형이 많다. 흔히 부모들이 "우리 아이는 손 안 타고 다 뭐든 알아서 하는 편이야" 하고 말하는 유형이기도 하다. 다만 이것도 부모가 아이의 특성에 대해서 잘 알고 그에 알맞은 도움을 주려고 노력할 때 가능한 이야기다. 그렇지 못한 경우에는 갈등이 생겼을 때 아이도 부모도 서로를 원망할 확률이 높다.

한번은 한 엄마가 딸과 함께 내원했다. 살펴보니 그 딸의 사주는 다음과 같았다.

딸의 사주는 가을날의 태양을 상징한다. 이 일간의 소유자는 주목받고 싶어 하며 화려한 것을 좋아하는 성향을 갖고 있다. 게다가 표현력, 감수성 등을 상징하는 식신과 관습에 저항하는 자유로운 성향을 뜻하는 상관이 있어 자신을 드러내고자 하는 성향이 강하다. 게다가 인간관계에서는 동료를 상징하고 한 개인의 특성으로는 독립성을 상징하는 비견도 2개나 있어 누구의 간섭이나 조언을 기꺼워하지 않는다.

| | 시주 | 일주 | 월주 | 연주 |
|---|---|---|---|---|
| 일간과의 관계 | 정관 | | 편인 | 상관 |
| 간 | 계수<br>(癸水) | 병화<br>(丙火) | 갑목<br>(甲木) | 기토<br>(己土) |
| 지 | 사화<br>(巳火) | 진토<br>(辰土) | 술토<br>(戌土) | 사화<br>(巳火) |
| 일간과의 관계 | 비견 | 식신 | 식신 | 비견 |

물론 자신을 통제하는 성향을 상징하는 관성인 계수가 시주에 하나 있으나, 계수의 뿌리가 되는 금의 오행이 드러나지 않고, 게다가 시지(時支)에는 불을 상징하는 사화가 자리 잡고 있어 관성의 힘이 약하다. 그러니 이 아이는 자기가 생각하는 것을 바로 표현하고 싶어 하는 성향이 강하다.

문제는 부모는 관습적이고 보수적인 성향이 강하다는 것이었다. 부모 입장에서는 아이가 하는 행동 하나하나가 다 마음에 안 드니 무엇이든 통제하려 들었다. 부모에게 자녀의 장점, 즉 감수성이 높고 개성이 있고 독창적인 면을 지닌 점, 사람들과 어울리기 좋아하고 변화와 다양성을 중요하게 생각하며 남을 이해하고 도와주려는 경향을 지니고 있다는 것을 설명해 주었다. 부모가 그러한 장점을 잘 계발해 주면 원하는 것을 이룰 가능성이 높았다. 부모도 그러한 사실을 알고 큰 힘을 얻었노라고 이야기하면서 아이를 위해 최선을 다하겠노라고 약속했다.


## 즉흥적이고 충동적인 아이

아직 중학교 1학년인 남자아이가 아빠 자동차 열쇠를 몰래 가지고 나갔다가 들켜서 부모 손에 이끌려 내원했다. 다행히 아빠 차를 운전하기 직전에 들켜서 큰 문제는 피할 수 있었다. 하지만 그 비슷하게 "제멋대로 날뛰는(이건 아이 아빠의 표현이다)" 일이 한두 번이 아니라고 부모는 한숨을 토했다.

아이의 사주는 다음과 같았다.

| | 시주 | 일주 | 월주 | 연주 |
|---|---|---|---|---|
| 일간과의 관계 | 식신 | | 편관 | 편관 |
| 간 | 무토<br>(戊土) | 병화<br>(丙火) | 임수<br>(壬水) | 임수<br>(壬水) |
| 지 | 자수<br>(子水) | 진토<br>(辰土) | 자수<br>(子水) | 진토<br>(辰土) |
| 일간과의 관계 | 정관 | 식신 | 정관 | 식신 |

이는 한겨울의 태양에 비유할 수 있는 사주다. 자신의 역량을 발휘할 수 있는 구조라고 할 수 있겠다. 겨울은 태양이 가장 필요한 계절이니 말이다. 그러나 아이는 자신을 상징하는 오행인 병화와 편관에 해당하는 임수가 충돌하는 형상을 갖고 있다. 마치 불과 물이 부딪치는 형국이다. 따라서 창의적이기는 하지만 임기응변에 능할 뿐 꾸준히 무언가를 하지 못한다. 게다가 지지에 있는 4개의 오행이 모두 합해서 수의 오행으로 변해서 그러한 성향을 더욱 강하게 만들고 있다.

또한 자기 하고 싶은 대로 하려고 하는 자유분방한 성향을 상징하는 식신의 오행도 강하다. 그러니 이 아이는 기질적으로 충동적이고 자유분방하고 주위 사람들을 자기 뜻대로 하려고 한다. 그러한 면으로 인해 실제 학교생활에서도 문제를 일으키고 있었다. 또한 인수인 목의 오행이 드러나지 않고 있어 참을성도 약하다. 이 아이의 경우처럼 인수가 드러나지 않고 오행끼리 서로 부딪치는 현상이 많으면 두뇌는 좋으나 부주의하고 즉흥적이며 충동적인 면이 있다. 그러한 성향이 지나치면 산만하고 무모하며 무계획적인 성향도 강하다. 성급하고 쉽게 지루함을 느끼고 경쟁적이다. 당장 주어지는 보상이 없으면 행동하려고 하지 않는 성향을 띨 가능성도 있다. 따라서 이런 아이는 인내심을 키워주는 것이 가장 중요하다. 행동이 지나칠 때는 적절한 제재도 필요하다.

아이는 사실 자기도 공부도 잘하고 부모 말씀도 잘 듣는 아이가 되고 싶다고 했다. 하지만 행동은 늘 반대로 하게 되는데 왜 그러는지 모르겠다고 호소했다. 그냥 어느 순간 보면 이미 일을 저지르고 있다는 것이었다. 아이는 병화의 특성상 쾌활하고 사교적이며 즐거움을 추구하는 타입이었다. 그러나 인수가 드러나지 않아 모든 면, 특히 사회적 판단이나 대처 방안이 매우 미숙할 가능성이 높았다. 부모에게 아이의 특성을 설명하고 즉흥적이고 충동적인 면을 분출하고 자기 조절 능력을 조금이라도 키울 수 있게 운동을 시켜볼 것을 권유했다. 나아가 아이가 스스로를 절제할 수 있도록 의사전달 능력과 사회성을 키워나갈 필요도 있었다.

## 회피적이고 소극적인 아이

기질적으로 앞서서 걱정하고 새로운 것보다는 익숙한 것을 더 선호하는 조심성 많은 타입이다. 아이가 내향 성향이 높고 사회적 감수성이 낮은 경우, 매사에 소극적이고 수줍음이 많고, 심지어는 회피적인 모습까지 보일 수 있다. 심층 심리로는 자의식이 강해서 작은 일에도 수치심이나 부끄러움을 느끼고 위축된 모습을 보이기도 한다. 스스로 안전하다고 느끼는 환경에 놓여 있지 않으면 몹시 불안해하고, 창피한 경험을 반추하는 성향도 높다.

이런 유형의 아이들은 사주에 대체로 자신을 통제하는 성향인 관이나 자기를 보호하는 성향을 상징하는 인수가 많은 특징을 보인다.

다음 사례를 살펴보자. 이 사주는 인내력, 자비심을 상징하는 인수의 오행은 드러나지 않고, 자기비판적 성향을 상징하는 관성이 많다. 따라서 매사 겁이 많아 새로운 것을 시도하지

| | 시주 | 일주 | 월주 | 연주 |
|---|---|---|---|---|
| 일간과의 관계 | 편관 | | 편관 | 편관 |
| 간 | 경금<br>(庚金) | 갑목<br>(甲木) | 경금<br>(庚金) | 경금<br>(庚金) |
| 지 | 오화<br>(午火) | 인목<br>(寅木) | 진토<br>(辰土) | 인목<br>(寅木) |
| 일간과의 관계 | 상관 | 비견 | 편재 | 비견 |

못하고 있다. 봄날의 아름드리나무로, 그 힘을 더해주는 비견이 2개나 있어 얼마든지 갑목의 성향인 의욕, 의지, 성장 욕구를 보일 수 있는 잠재 역량을 가지고 있다. 그러나 무려 3개의 편관이 바로 이 사주의 주인공인 갑목을 치는 구조다. 즉 나무가 성장하려고 하면 바로 톱날이 그것을 잘라내는 현상에 비유할 수 있는 사주다. 따라서 이 아이는 자기가 하는 행동, 생각 하나하나를 다시 반추하면서 제대로 했는지 안 했는지를 살피곤 한다. 그러니 스스로도 피로감이 높아 조금만 공부하거나 하면 바로 지친다. 그것을 알 리 없는 부모가 아이가 게으르다는 이유로 데리고 온 경우다.

이처럼 스스로 자기를 통제하는 성향이 강한 경우에는 아이를 조금 자유분방하게 내버려둘 필요가 있다고 했다. 다행히 그러한 성향을 상징하는 식상에 해당하는 오화가 하나 있어 그 오행을 살려서 표현력을 키워줄 수 있는 예술이나 운동 등을 시켜보기를 권유했다.

또 다른 경우를 함께 확인해 보자.

| | 시주 | 일주 | 월주 | 연주 |
|---|---|---|---|---|
| 일간과의 관계 | 편인 | | 정인 | 편인 |
| 간 | 임수<br>(壬水) | 갑목<br>(甲木) | 계수<br>(癸水) | 임수<br>(壬水) |
| 지 | 신금<br>(申金) | 자수<br>(子水) | 축토<br>(丑土) | 진토<br>(辰土) |
| 일간과의 관계 | 편관 | 정인 | 정재 | 편재 |

이는 한겨울의 아름드리나무에 해당하는 사주다. 그런데 한겨울에 나무가 생존하려면 햇빛이 필요하다. 이 사주에는 햇빛에 해당하는 화의 오행이 드러나지 않고 있다. 일간이 갑목인 경우 화의 오행은 표현력, 감각적이고 풍부한 감수성, 처세술 등을 상징하는 오행이다. 일단 그러한 오행이 드러나지 않아 또래들과 어울리는 것을 회피한다.

게다가 나무에 물이 너무 공급되고 있다. 지나친 물의 공급을 막아주는 토의 오행이 축토와 진토로 있으나, 자세히 살펴보면 그 땅들이 모두 축축한 물의 땅으로 변화하고 있어서 이 아이는 물에 떠내려가는 나무라고 할 수 있다. 그러니 갑목의 특성인 의욕, 의지, 미래 지향성 등을 살리지 못한다. 실제로도 부모 옆에서 의존적이고 회피적인 성향을 보이고 있었다. 이 경우 부모에게 자녀의 표현력을 키워주고 독립성을 길러줄 수 있는 운동을 시켜보기를 권유했다. 아이는 처음에는 거부했으나 시간이 갈수록 운동의 즐거움을 알고 그러한 회피 성향을 보완한 경우다. 앞서 기술한 대로 일간을 통제하는 관성이 많거나 일간을 보호해 주는 인수가 많은 경우에는 아이의 표현력에 보다 마음을 쓸 필요가 있다.

# 정신의학과
# 명리학적 관점에서
# 나는 어떤 유형의 부모인가

부모는 아이를 알기에 앞서 자신의 특성 또한 올바르게 이해하고 있어야 한다. 예를 들어, 부모는 관습적이고 심리적 유연성이 낮은데 자녀는 모험적이고 유연성이 높으면 갈등이 일어날 소지가 높다. 반면에 부모는 충동적이고 새로운 것에 대한 호기심이 강한데 아이는 조심성이 많아 익숙한 것만 추구하면 역시 서로 문제가 될 여지가 많다.

　정신의학자 카를 융은 어린아이는 출생 후 몇 년 동안 자신의 정체성을 갖고 있지 않다고 주장했다. 이때 아이들의 정신은 부모의 정신이 반영된 결과라는 것이다. 아이의 정신에 부모의 정신적 혼란까지도 비친다고 그는 말했다. 또한 그는 아이가 학교에 갈 나이가 되어서야 부모와의 동일시가 약해지고 자신만의 개성이 발달하기 시작한다고 보았다. 그런데 부모가 그 전에 아이에게 결정을 강요하고 과보호로 경험을 제한하며 아이를 계속 지배하려고 하면 아이의 개성화는 방해받을 수밖에 없다고 했다.

또한 카를 융은 부모가 아이에게 부모의 성품을 강요하거나 자신의 모자란 면을 아이에게 발달시키려고 행동할 때도 아이의 개성화가 방해받는다고 했다. 예를 들어 내향적인 부모가 아이는 외향적으로 자라기를 바라거나, 배우자에 대한 불만을 아이에게 투사해서 배우자가 갖지 못한 면을 아이가 갖도록 강요하는 경우에도 문제가 생기는 것이다.

이런 주장을 펼친 카를 융의 어린 시절은 어땠을까? 그의 부모도 완벽하지 못했다. 그의 아빠는 짜증을 잘 내는 까다로운 사람이었다. 엄마는 우울증으로 고생하고 있었으며, 부부 사이도 좋지 않았다. 그런 환경을 견디기 힘들어질 때면 그는 다락방으로 도망쳐 공상의 세계 속에서 난쟁이와 놀았다고 한다. 또한 학교에 들어간 뒤 비로소 자신의 집이 얼마나 가난한지 알게 되어 부유한 친구들을 부러워했다고 한다. 학교생활이 버거운 나머지 발작까지 일으켜 몇 달간 휴학한 적도 있었는데, 그는 이 기간이 실은 몹시 좋았다고 털어놓기도 했다.

융의 이야기를 통해 우리는 아이에게 성장 환경이 얼마나 중요한 것인지를 다시금 되새기게 된다. 이 세상에 완벽한 부모는 없다. 우리는 이미 이 사실을 안다. 그러므로 자신이 어떤 사람인지를 더 명확히 알고자 하는 노력이 필요하다. 부모가 자신을 온전히 마주한다면 자녀 양육 문제 또한 더 수월하게 풀어나갈 수 있다.

다음은 이를 위해 정리한 부모 유형이다.

## 지나치게 통제와 절제를 중요시하는 부모

건강한 아이들은 혼자서 뭔가를 탐험하고 시도하고, 그 과정에서 실패도 경험하면서 성장한다. 앞서 아이의 성장기에서도 살펴봤듯이, 아이들은 이미 두세 살부터 부모에 대한 의존과 독립 사이에서 갈등한다. 그러다가 사춘기가 되면 그런 갈등이 정점에 이르면서 여러 가지 문제를 일으키기도 한다.

이때 안정되고 합리적인 부모라면 아이의 행동을 정서 발달의 한 과정이라고 이해하면서 위기를 잘 극복해 나간다. 반면 아이를 통제하는 것에 초점을 맞추는 부모들은 아이의 행동을 모두 부모에 대한 반항으로 받아들인다.

물론 성장 과정에서 어느 정도 통제하고 절제하는 훈련은 반드시 필요하다. 다만 부모가 심리나 기질 특성상 지나치게 통제적이면 아이들과의 사이에 갈등이 생길 수밖에 없다.

딸아이가 공부는 하지 않고 놀러 다니며, 좋아하는 아이돌 공연에 가고 그들의 굿즈를 모으는 데만 너무 열중해서 고민이라는 엄마가 있었다. 그런데 심리 검사 및 명리학적 분석을 거쳐 보니 아이는 엄마가 걱정할 정도로 자유분방한 타입은 아니었다. 아이 나름대로 자율적인 면도 높았으며 머리도 좋고 유연성도 있고 표현력도 우수했다. 다만 엄마의 눈에는 아이의 모든 행동이 불안해 보여 갈등이 깊어졌던 것이다.

엄마는 자연 현상에 비유하면 겨울날의 대륙에 해당하는 사주였다. 그녀를 상징하는 오행인 무토는 은근한 고집, 성실성, 강한 주관, 신용 등을 상징한다. 게다가 자기 자신을 통찰하고 평가하며 비판하는 성향을 상징하는 관의 특성이 강하고 감수성, 표현 역량 등을 상징하는 식상의 오행은 드러나지 않고 있

| | 시주 | 일주 | 월주 | 연주 |
|---|---|---|---|---|
| 일간과의 관계 | 편재 | | 정재 | 정인 |
| 간 | 임수<br>(壬水) | 무토<br>(戊土) | 계수<br>(癸水) | 정화<br>(丁火) |
| 지 | 술토<br>(戌土) | 인목<br>(寅木) | 축토<br>(丑土) | 사화<br>(巳火) |
| 일간과의 관계 | 비견 | 편관 | 겁재 | 편인 |

다. 그 영향으로 자녀와의 관계에서 판단적이고 자신의 의도대로 행동을 바꾸려고 강하게 시도했다. 늘 옳고 그름을 중요하게 생각해서 아이에게도 규칙을 준수할 것을 요구했다. 상담을 할 때도 한 시간 내내 꼿꼿이 앉아서 조금이라도 흐트러진 모습을 보이는 적이 없었다. 게다가 현실 적응 능력과 재물에 대한 집착을 상징하는 재성의 영향으로 뭐든지 바로 결과물을 내기를 바라는 성향도 갖고 있다. 그러니 자유분방한 아이의 모든 행동을 용납할 수 없었던 것이다.

심리 검사 결과도 이성적이고 실용적인 면이 강했다. 보수적인 면도 강해서 자신이 지속해 온 방식을 잘 바꾸려 하지 않으며 냉정한 타입이었다. 실제로 자녀 관계에서도 처벌하는 성향이 강하고 성취에 대한 압력도 과도한 면이 있었다. 자세한 설명을 듣고 몇 차례 상담을 거치고 나서야 엄마는 태도를 조금씩 바꾸기 시작했다. 통제와 절제 면에서 적절한 기준을 세워 아이에게 합리적인 설명을 하자 아이도 이해하고 좋아진 사례였다.

## 자유방임적이고 절제력이 약한 부모

아이를 과보호하고 집착하는 부모도 문제지만 반대로 방임하

는 부모도 아이에게 나쁜 영향을 끼치기는 마찬가지다. 부모
는 아이가 성숙한 인격을 갖춘 한 인간으로 성장할 때까지 그
들의 울타리가 되어주고 옳고 그름을 판단할 수 있는 가치 기
준을 세워줄 의무가 있다. 그런데 우울증이나 회피 심리 등으
로 아이에게 그러한 가르침을 제공하지 못하는 경우, 아이들
은 자기 하고 싶은 대로 하려고 하며 부모에게 저항한다.

　방임형 부모에게 공통으로 나타나는 것은 아이와의 사이에
문제가 생길 경우 갈등이나 다툼을 피하고자 네가 다 알아서
하라는 식으로 내버려두는 태도다. 이때 아이들은 부모의 관
심을 끌기 위해서 일부러 문제를 일으키기도 한다. 아니면 잠
재 능력이 뛰어난데도 그것을 발휘하지 못하고 무력하게 자라
나는 아이들도 있다.

　그런 문제로 상담을 원한 어느 엄마가 있었다. 그녀는 명리

| | 시주 | 일주 | 월주 | 연주 |
|---|---|---|---|---|
| 일간과의 관계 | 상관 | | 비견 | 편인 |
| 간 | 갑목<br>(甲木) | 계수<br>(癸水) | 계수<br>(癸水) | 신금<br>(辛金) |
| 지 | 인목<br>(寅木) | 축토<br>(丑土) | 사화<br>(巳火) | 유금<br>(酉金) |
| 일간과의 관계 | 상관 | 편관 | 정재 | 편인 |

학적으로 보면 여름날의 샘물로 충동적인 면이 높고 자유분방한 특성을 상징하는 식상의 기운이 강했다.

또한 자신을 통제하는 성향을 상징하는 관의 오행인 축토(丑土)가 지지에 있는 다른 오행과 합쳐져서 오히려 일간의 성향을 더 강하게 만드는 구조였다. 그러니 더더욱 자신이 하고 싶은 대로 하려는 성향이 강했다. 이처럼 본인이 규칙을 지키고 절제하는 것이 어렵다 보니 아이들도 방임형으로 키웠다. 예를 들어 스마트폰 사용이나 게임 시간에 한계를 두지 않는 식이었다. 아이들이 하고 싶은 것을 왜 통제해야 하는지 설명하는 것조차 버거워 그냥 마음대로 하라고 했다고 한다.

문제는 배우자조차도 비슷한 성향이라는 것이다.

사주를 보니 배우자는 한겨울의 차가운 광석, 또는 바위에 비유할 수 있었다. 정인, 편인이 있어 기본적인 따뜻함, 수용

| | 시주 | 일주 | 월주 | 연주 |
|---|---|---|---|---|
| 일간과의 관계 | 정인 | | 상관 | 상관 |
| 간 | 기토<br>(己土) | 경금<br>(庚金) | 계수<br>(癸水) | 계수<br>(癸水) |
| 지 | 묘목<br>(卯木) | 술토<br>(戌土) | 해수<br>(亥水) | 축토<br>(丑土) |
| 일간과의 관계 | 정재 | 편인 | 식신 | 정인 |

성, 인내력은 갖추고 있으나, 자기 하고 싶은 대로 하려는 성향을 상징하는 식상의 기운이 매우 강했다. 또한 자신을 성찰하고 통제하려는 성향을 상징하는 관의 오행이 드러나지 않고 있어 배우자 역시 자녀 교육에서 절제를 가르치기보다는 방임하는 모습을 보이고 있었다.


## 지나치게 목표 지향적이고 간섭이 심한 부모

스스로가 대단히 성취 지향적이고 야망이 높은 타입이다. 아이들에 대해서도 지나치게 높은 목표를 세워놓고 일종의 '성공 스트레스'로 아이들을 힘들게 하는 경우가 많다. 이런 부모 밑에서 성장하는 아이들이 그 문제를 해결하는 방법은 대체로 두 가지로 나뉜다. 부모 뜻에 따라 자신을 혹사하거나 아니면 부모 뜻을 거스르며 반항하는 것이다.

사회적 성공을 위해서 넌 어느 대학, 어느 과에 진학해야 한다는 목표를 세우고 초등학교 때부터 아이를 밀어붙여 온 부모가 있었다. 특히 엄마는 아이가 초등학교 고학년 때부터 선행학습을 시키면서 거의 세뇌하는 수준으로 아이에게 공부를 강요했다. 아이는 처음에는 무리해서라도 부모 뜻을 따르려고 노력했다. 하지만 어느 순간부터 자신이 아무리 노력해도 부모가 원하는 목표에는 한참 못 미친다는 생각이 들었다. 그러자 공부에 흥미를 잃게 됐고 게임에만 몰두하다가 엄마 손에 이끌려 병원에 오게 되었다.

심리 검사 결과 엄마는 생각과 가치관이 분명하고 이를 명확하게 주장하는 타입이었다. 한편으로는 불확실한 상황을 잘 견디지 못하고 원하는 것을 당장 얻지 못할 때는 쉽게 분노를 표출했다. 명리학적으로 보니 봄날 아침의 호롱불, 화롯불에 비유할 수 있었다.

정화의 특성상 겉으로는 부드러운 듯 싶으나, 천간을 이루는 오행이 충하고 있어 쉽게 흥분하고, 자신을 돌아보기보다는 다른 사람의 문제점을 알아내는 데 더 에너지를 쏟는 면이 있었다. 더욱이 나를 상징하는 오행인 일간이 강한 만큼 자신이 옳다고 여기는 관점에 대해서는 단호하게 판단을 내리는 경향

| | 시주 | 일주 | 월주 | 연주 |
|---|---|---|---|---|
| 일간과의 관계 | 편관 | | 정인 | 편관 |
| 간 | 계수<br>(癸水) | 정화<br>(丁火) | 갑목<br>(甲木) | 계수<br>(癸水) |
| 지 | 묘목<br>(卯木) | 해수<br>(亥水) | 인목<br>(寅木) | 축토<br>(丑土) |
| 일간과의 관계 | 편인 | 정관 | 정인 | 식신 |

도 높았다.

인수와 관의 오행이 많아서 기본적으로 도덕성, 모범성, 합리성, 책임감, 정의감, 공정함, 신중함, 신뢰를 중시하는 성향이 강했다. 자신의 생각과 가치관이 분명하고 이를 명확하게 주장한다. 매사 적극적으로 해결하려는 태도를 갖고 있어 사회적 성취와 성과를 내는 데 탁월했다.

불확실한 상황을 견디기 어려워하고, 자신이 원하는 대로 일이 진행되지 않으면 참지 못하는 면도 있었다. 성장하려는 욕구, 의지를 상징하는 목의 오행이 강해서 새로운 상황에 대처하는 데 거침이 없고 적극적으로 행동했다. 다만 그러한 태도를 가까운 사람들, 특히 자녀와의 관계에서 보이니 문제인 것이다. 자신은 목표를 세우면 거침없이 나아가는데, 그것을 따라주지 않는 아이에 대해 이해할 수 없다는 태도를 보였다. 하면 되는데 왜 안 하느냐는 것이었다.

상담이 진행되면서 그녀는 지금까지 최선을 다해 목표를 이루며 살아왔는데 아이 문제는 마음대로 되지 않아 괴로웠노라고 했다. 그러면서 그동안 자신이 아이를 지지하고 격려해 주는 대신 지나친 기대로 인해 간섭과 처벌의 수위만 높여왔음을 인정했다.

상담을 해보면 사회적 어려움을 극복하고 개인적 성취를 이룬 부모들 중에서 자녀가 자기 뜻대로 따라오지 않는 걸 이해하지 못하고 자녀를 비난하거나 과도하게 간섭하는 경우가 많다. 이때 자신과 자녀와 서로 다른 특성을 가지고 있다는 것을 받아들이기만 해도 갈등이 줄어들 여지가 생긴다.

## 경쟁적이고 지기 싫어하는 부모

일차적으로 스스로 우월의식이 높고 아이들도 그런 자신의 기대에 맞추어야 한다고 여기는 타입이다. 이런 성향의 사람은 아이의 행동을 포함한 모든 것에 점수를 매기는 것을 선호한다. 아이들에게도 늘 "주변에 너보다 더 뛰어난 아이가 있다는 것은 네가 실패했다는 뜻이다"라며 압력을 넣는다.

그런데 그들의 높은 경쟁심과 우월의식 아래에는 대체로 열등감이 자리 잡고 있는 경우가 많다. 심리적으로 건강하고 자존감이 높은 사람이라면 굳이 상대방에게 우월의식이나 과도한 경쟁심을 느낄 필요가 없기 때문이다.

아이들이 이처럼 매사를 자신이 이겨야 하는 싸움이라고 생각하는 부모 아래서 성장하는 경우, 쉽게 무력감을 느낄 가능성이 높다. 그런 부모일수록 아이에게 "정신 바짝 차려라. 인생은 정글이야. 그러니 내가 하라는 대로 해"라든가 "너처럼 멍청한 애를 내가 왜 키우고 있는지 모르겠다"라는 식의 말을 서슴지 않고 하는 경우가 있다. 그런 압력 아래서 아이들은 저항할 힘을 잃고 될 대로 되라는 식으로 포기하게 되는 것이다.

실제로 그런 문제를 안고 있는 엄마와 아들이 상담을 받으러 왔다. 아이는 완전히 풀이 죽은 모습이었고 무슨 이야기를 물어도 모기만 한 소리로 겨우 네, 아니요 정도의 대답만 하는 형편이었다. 이와 반대로 엄마는 그런 아들에 대해 답답함과 화를 참을 길이 없다는 표정이었다.

엄마의 사주를 보면 봄날의 대륙으로 비견과 인수가 강했다. 비견이 많은 사람들은 경쟁적이고 호불호가 분명하다. 또한 일간의 뿌리가 되는 인수가 강해서 사주팔자의 대부분이 일간을 향해 기가 흐르는 양상이다.

따라서 대단히 자기중심적이고 경쟁심도 매우 높았다. 표현력과 감각적인 특성, 감수성을 상징하는 식상의 오행과 스스

| | 시주 | 일주 | 월주 | 연주 |
|---|---|---|---|---|
| 일간과의 관계 | 편인 | | 편인 | 정재 |
| 간 | 병화<br>(丙火) | 무토<br>(戊土) | 병화<br>(丙火) | 계수<br>(癸水) |
| 지 | 진토<br>(辰土) | 진토<br>(辰土) | 진토<br>(辰土) | 해수<br>(亥水) |
| 일간과의 관계 | 비견 | 비견 | 비견 | 편재 |

로를 통제하고 성찰하는 역량을 상징하는 관성도 드러나지 않아 감성적인 면도 부족하고, 다른 사람이 자신에게 간섭하거나 조언하는 것도 기꺼워하지 않았다.

아이와의 관계에서도 지시적이고 때로는 냉정한 면도 보였다. 또한 아이가 남보다 못한 모습을 보이거나 경쟁에서 뒤처지는 경우 그것을 참지 못했다. 그때마다 아이에게 "이러면 난 너 안 키울 거야"라거나 "차라리 네가 집을 나가는 게 낫겠다" 등의 험한 말을 내뱉었다.

그녀에게는 스스로를 돌아보는 시간이 반드시 필요했다. 상담 과정에서 자신의 기질 특성과 심리 상태 등을 충분히 이해하고 나서야 그녀는 아들에게 사과하고 자신의 태도 역시 고쳐나가기로 했다.

## 지나치게 수동적이고 회피적인 부모

방임형 부모와는 또 다른 타입이다. 지나치게 수동적이고 감정 표현도 매우 적고 자기 확신이라곤 없어서 자식에게조차 무의식적으로 두려움을 느끼는 경우가 많다. 당연히 아이 양육에서도 회피적인 부모가 될 가능성이 크다. 무엇이든 자신이 책임을 져야 하는 일이 생기면 결정을 내리지 못하고 작은 일에도 곁에 있는 누군가에게 동의를 구해야 마음이 놓이는 타입이다.

이러한 성향의 사람은 거절하거나 거절당하는 문제에서도 매우 취약하다. 심지어 아이들과의 관계에서도 그렇다. 아이에게 적절하게 절제와 인내를 가르치는 일에서조차 두려움을 느껴 그냥 외면하는 식이다.

이런 부모 밑에서 성장하는 아이들은 독선적이고 억압적인 부모 아래에서 자라는 아이만큼이나 문제를 일으킬 가능성이 높다. 매사에 회피적이기만 한 부모를 무의식적으로 이용해 자기가 하고 싶은 대로 부모를 이끄는 아이들마저 있다. 한 엄마 역시 그런 문제로 상담을 원했다. 그녀 또한 위에 말한 문제를 고루 겪으면서 알코올에 의존하다가 병원에 오게 된 것이었다.

그녀는 여름날의 대륙에 비유할 수 있는 사주를 가지고 있었다. 인수가 많고 식상이 드러나지 않아 생각은 많으나 그것을 행동으로 옮기는 면은 매우 낮았다. 지나치게 통찰하고 반추하는 특성도 강했다. 인간관계에도 관심이 적었고 사람들과 거리를 두고 지내는 것을 선호했다.

심리 검사에서도 매우 수동적이고 소극적인 타입이라는 결과가 나왔다. 모든 갈등에 회피적인 모습을 보였으며 자기 신뢰도 매우 낮았다. 그로 인해 쉽게 무력감과 우울감을 느꼈으

| | 시주 | 일주 | 월주 | 연주 |
|---|---|---|---|---|
| 일간과의 관계 | 편인 | | 정재 | 편인 |
| 간 | 병화<br>(丙火) | 무토<br>(戊土) | 계수<br>(癸水) | 병화<br>(丙火) |
| 지 | 진토<br>(辰土) | 인목<br>(寅木) | 사화<br>(巳火) | 오화<br>(午火) |
| 일간과의 관계 | 비견 | 편관 | 편인 | 정인 |

며 내면에는 억압된 적대감도 자리하고 있었다. 당연히 아이 양육에 관심을 기울일 에너지가 없었다. 그에 대해 죄책감을 느끼면서도 회피할 수밖에 없는 처지이기도 했다. 긴 상담 과정을 거친 후에야 문제점을 깨닫고 점차 변화를 보였다.

## 충동적이고 미성숙한 부모

부모가 지나치게 자유분방하고 충동성이 높아 스스로도 통제와 절제가 힘든 경우다. 아이에게도 같은 일을 두고 오늘은 이렇게 하라고 했다가 내일은 또 다른 식으로 말을 바꾸는 것을 아무렇지 않게 여긴다. 아이를 대하는 태도도 그때의 기분에 따라 내키는 대로 하는 경우가 많다. 한마디로 부모로서 갖추어야 할 인간적 성숙함이 결여된 상태라고 할 수 있다.

그런 부모 밑에서 자라는 아이는 올바른 규범이나 가치관에 대해 배울 기회가 없다. 그런 경우 아이들은 사소한 결정을 내리는 데도 어려움을 겪는다. 아니면 무엇이든 자기 하고 싶은 대로 하는 아이로 성장할 가능성도 매우 높다. 그러면서도 무엇이 잘못됐는지 잘 모르므로 누군가가 그것에 한계를 지으려고 하면 크게 반발한다.

아이가 학교에서 공격적인 언사를 하고 다른 아이를 괴롭힌다는 문제로 아빠와 아들이 상담을 원한 일이 있었다. 아빠는 학교와 주변에서 아이에게 상담이 필요하다고 하니 그냥 함께 온 것뿐이라는 태도로 일관했다. 아내와는 이혼한 상태였다.

자기 부모가 큰손주는 집안의 대를 이어야 하는 만큼 절대 제 엄마 손에 맡길 수 없다고 해서 아이는 자신이 키우고 있다고 했다. 힘들지만 자기 부모가 매우 억압적인 타입이어서 그 손에 전적으로 아이 양육을 맡길 수는 없고 서로 도와가며 아이를 돌본다고 했다.

그런 이야기만 듣고 보면 좋은 아빠인 것 같았으나 실제로는 아니었다. 자신이 너무 엄격하게 자라서 아이에게는 자율과 독립을 키워준다는 명분 아래 자기 마음 내키는 대로 아이를 대하고 있었던 것이었다.

그는 한여름의 태양에 비유할 수 있는 사주를 갖고 있었다.

| | 시주 | 일주 | 월주 | 연주 |
|---|---|---|---|---|
| 일간과의 관계 | 정인 | | 비견 | 편관 |
| 간 | 을목<br>(乙木) | 병화<br>(丙火) | 병화<br>(丙火) | 임수<br>(壬水) |
| 지 | 미토<br>(未土) | 술토<br>(戌土) | 오화<br>(午火) | 진토<br>(辰土) |
| 일간과의 관계 | 상관 | 식신 | 겁재 | 식신 |

게다가 비견에 해당하는 병화의 오행이 하나 더 있어서 여름날 태양이 2개나 있는 형국이라 강렬하기가 이루 말할 수 없었다. 남을 통제하려는 성향을 상징하는 편관에 해당하는 임수가 있어서 물과 불이 충돌하는 양상을 보였다. 당연히 충동적이고 자유분방한 면이 지나치게 높을 수밖에 없었다.

한편으로는 자신을 통제하는 관성에 해당하는 임수의 힘이 약해 사회적 관습을 따르지 않는 경향도 강했다. 그런 면들이 아이에게 고스란히 투영되다 보니 아이의 성장 과정이 순탄하기가 어려웠다. 게다가 자유분방하고 저항적인 성향을 상징하는 식상의 기운도 강하여 매사 자기 감정대로 변덕스러운 태도를 보이고 있었다.

이 아빠도 상담 과정에서 자신의 그런 모습을 어느 정도 이해하고 나서야 양육 태도를 조금씩 고쳐나가게 되었다.

# 너그럽고 허용적인 부모

심리적으로 자율성이 높고 독립적이며 인간관계도 원만한 타입이다. 가능한 한 주위 사람을 판단하거나 비난하지 않고 있는 그대로 수용해 주려고 노력하는 면도 크다. 어느 교육학자가 "아이가 내리는 가장 옳은 선택은 부모의 눈치를 살피지 않고 스스로 하고 싶은 것을 하는 것이다"라는 말을 했는데, 바로 그런 부모 유형에 가깝다고 할 수 있다.

임상에서 만난 일간이 병화인 엄마가 있었다.

자연현상으로 비유하면 여름날의 태양으로 급한 면은 있으나 병화의 특성대로 상대를 잘 살피고, 식상으로 인해 감각적인 면과 감수성과 표현력도 뛰어났다. 정인, 편인이 있어 인간과 삶에 대한 근본적인 수용성과 자비심도 있다. 재성으로 인

| | 시주 | 일주 | 월주 | 연주 |
|---|---|---|---|---|
| 일간과의 관계 | 정재 | | 식신 | 식신 |
| 간 | 신금<br>(辛金) | 병화<br>(丙火) | 무토<br>(戊土) | 무토<br>(戊土) |
| 지 | 묘목<br>(卯木) | 인목<br>(寅木) | 오화<br>(午火) | 신금<br>(申金) |
| 일간과의 관계 | 정인 | 편인 | 겁재 | 편재 |

해 현실 판단 능력과 적응 능력도 우수해서 자신의 사회적 역할도 잘 수행하고 있으며 스스로에 대한 자긍심도 높았다. 자녀와의 관계에서 처음에는 자기 가치관을 주장하는 문제로 갈등이 생겨서 상담을 원했다. 그러나 곧 아이와 자신의 특성을 이해하고 아이에게 너그럽고 허용적인 태도를 보임으로써 모자 관계가 아주 좋아진 경우다.

# 4장

내 아이에게 딱 맞는 길은
따로 있다

"아이는 절대 말랑말랑한 진흙처럼

부모가 원하는 대로 모양을 내주지 않는다.

그러므로 부모는 자녀를 나의 잣대나 기준으로

살펴보는 태도에서 과감히 벗어나야 한다."

# 아이의
# 찬란한 미래를
# 그려보는 일

부모 역할은 명리학적으로 용신(用神)의 역할과 같다는 것이 내 생각이다. 용신이란 자기 사주팔자에서 일간이 힘을 발휘하도록 도와주는 오행을 말한다. 예를 들어, 일간이 목이라면 여름날의 나무는 물이 필요하므로 수의 오행이 용신에 해당한다. 겨울의 나무에는 햇빛이 필요하니 이 경우에는 화의 오행이 용신이다.

또 일간이 화의 오행이면 여름날의 불은 물이 필요하다. 반면에 겨울날 불꽃이 잘 타오르기 위해서는 불쏘시개가 되어주는 나무가 있어야 한다. 즉 목의 오행이 필요한 것이다. 이러한 용신처럼 부모는 아이에게 자신이 어떻게 도움을 주는 것이 가장 바람직한지를 먼저 살펴봐야 한다.

아이의 앞날에 가장 중요한 것이 무엇인가? 첫 번째는 사회적 존재로서 독립적으로 살아갈 수 있는 능력을 키우는 것이다. 두 번째는 누구나 경험할 수밖에 없는 인생의 여러 위기에 대처할 수 있는 지식과 정보를 올바르게 배워나가는 것이다. 명리학적으로 말하면 일간의 힘을 키우는 것이고, 정신의학적으로는 자아 강도를 높이는 법이라고 할 수 있다. 따라서 이두 가지 측면에서 자녀가 제대로 된 역량을 키워나가도록 돕는 것이 부모 역할이다.

그러나 이 길은 결코 쉽지 않다. 부모가 아이와 힘을 합쳐 어릴 때부터 아이에게 맞는 적성과 진로를 찾아주는 것이 가장 좋겠으나 그렇지 못한 경우도 얼마든지 있는 것이다. 그래서 어떤 부모는 무조건 자녀의 의사에 맞춰주기도 하고, 이와 반대로 일방적으로 자신이 시키는 대로 아이가 따르도록 강요하기도 한다. 둘 다 좋지 않은 방법임은 분명하다.

2025년부터는 고등학교에서도 학생들이 자기가 듣고 싶은 과목을 선택해서 들을 수 있다고 한다. 그런데 문제는 상담을 해보면 아이들이 자기가 무엇을 좋아하는지 잘 알지 못한다는 것이다. 물론 이는 아이들만의 문제는 아니다.

언젠가 건축가 모임에서 한 사람이 자기는 은퇴하면 건축주들과 대화를 나눠 그들이 살고 싶은 집을 지어주고 싶다고 했다. 그러자 다른 한 사람이 그동안 만나본 사람 중에 자기가 어떤 집에 살고 싶어 하는지 아는 사람이 거의 없다고 이야기 했다. 두 사람의 대화가 인상적이어서 기억에 남는 장면이다.

상담을 해보면 자기가 원하는 적성을 선택했다고 말하는 사람이 거의 없다. 대부분 부모의 의견을 따르거나, 학교에서 많은 친구들이 선택한 진로를 따라간다는 경우가 많다. 얼마 전 교육부가 조사한 결과, 중학생의 40%가 희망하는 직업이 없다고 응답했다고 한다.

아이들이 그렇게 답하는 이유는 자기가 무엇을 좋아하는지 잘 모르고, 자기의 강점과 약점 역시 잘 몰라서라고 한다. 부모도 아이를 모르기는 마찬가지다. 부모가 자녀의 적성을 모른 채 그냥 의대, 상대, 법대 등을 강요해서 생기는 부작용은 너무 많다.

○ ● ○

어느 아빠와 딸이 상담을 받으러 온 적이 있었다. 딸은 매우 자유로운 성향으로 예술 쪽을 전공하고 싶어 했다. 그런데 부모, 특히 아빠의 반대가 심했다. 그는 요즘 명문대 나와 전문직을 가져도 사는 게 힘든 세상인데 무슨 그런 걸로 시간을 낭비하려고 드느냐며 딸을 압박했다. 이미 갈등의 수위가 높아진 안타까운 상황이었다. 나는 딸이 적성과 성격 및 기질, 심리 특성, 삶의 흐름 등에 관한 자세한 검사를 받도록 안내했다.

검사 결과 딸은 예술 분야로 나가는 것이 전적으로 적성에 맞고 앞날에도 크게 도움이 된다고 나왔다. 다양한 검사 결과를 마주하고서야 아빠는 딸이 원하는 방향으로 진로를 정하는 것에 동의했다. 나중에 그 딸과 이야기를 나눠보니 아빠의 태도가 바뀌어 자기를 예전처럼 몰아세우지 않아서 너무 좋다고 했다. 그러자 자기도 더 열심히 공부하게 되더라는 말도 덧붙였다.

요즘 의과대학이 인기라고는 하지만 임상에서도 그렇고 주위에서 봐도 의사라는 직업이 적성이 맞지 않아 힘들어하는 사람이 적지 않다. 구체적인 사례를 보면 마음 아픈 경우도 많다. 자신은 성악과를 지망했으나 부모가 강제로 의대를 보낸 사람이 있었다. 그는 어찌어찌 졸업은 했으나 결국 알코올 중독이 되고 말았다고 한다.

또 어떤 사람은 어릴 때부터 동물을 사랑해서 수의사가 되고 싶었으나 부모의 강요로 회계사가 되었다. 마음에 상처를 입은 그는 수동공격성의 심리를 품고 계속해서 법적인 문제를 일으키기도 했다.

그런가 하면 어릴 때부터 딱히 공부하고 싶은 분야가 없다는 이유로 적성을 찾지 못하고 수능 점수에 따라 전공을 택했다가 실패하는 사례 역시 수없이 많다. 어느 쪽이든 일이 잘못되었을 경우 생겨나는 갈등과 원망과 분노의 드라마를 나는 임상에서 너무도 자주 경험한다.

그렇다 보니 날이 갈수록 자녀의 적성과 진로를 찾아주는 부모의 역할에 관해 생각을 거듭하게 되었다. 아이의 적성과 진로 문제로 찾아오는 이들에게 가능한 한 최선의 조언을 하려고 노력하는 것이 정신과 의사로서의 내 역할이라고 생각한다. 명리학을 공부하면서 더욱 그런 생각이 굳어지고 있다.

적성과 진로에 관해서는 매우 다양한 심리학적 검사가 존재한다. 따라서 아이가 그런 검사를 할 수 있는 시기가 되면 병원에 내원해서 먼저 정신의학적으로 인지기능 검사와 더불어 적성 검사를 시행하는 것이 가장 바람직하다.

인지기능 검사를 통해 좌뇌적인 능력이 더 우수한지, 아니면 우뇌적인 능력이 더 뛰어난지 등을 분석하는 것이다. 그런 다음 명리학적 분석을 합하면 더 입체적이고 통합적인 시야로 적성을 찾아볼 수 있다. 나는 실제로 임상에서 그 두 가지를 다 적용하는 경우 가장 뛰어난 결과를 얻는 것을 늘 경험하고 있다.

○ ● ○

명리학적으로 적성을 찾는 방법에는 여러 가지가 있다. 보통은 일간을 구성하는 오행의 특성과 자신의 사주팔자에서 가장 도움이 되는 글자(앞서 이야기한 용신이 그것이다)의 특성을 살핀다. 예를 들어, 일간이나 용신이 목의 오행인 경우는 문학, 출판, 작가, 교육 관련 문화 사업, 인재 양성, 법조계나 식물 관련 사업 등이 적성에 맞는다. 그러나 앞서 이야기했듯이 목의 오행에 목만 있는 것이 아니라 토, 수, 화, 금의 오행도 포함되어 있기에 내가 가진 모든 오행을 살펴봐야 한다.

요즘 이름을 날리는 연예인들을 보면 일간이 강하면서 식상의 기운이 좋은 경우가 많다. 식상은 표현력, 감각적 능력, 감수성, 자유분방함, 임기응변 등의 능력을 상징하기 때문이다. 또 재성이 좋으면 사업이 잘 맞는다. 하지만 이것도 일률적으로 말할 수는 없다. 아무리 사주가 좋아도 심리적으로 불안하고 우울하면 그러한 자신의 특성을 발전시키기 어렵다. 특히 부정적 감정은 인내력에 영향을 주기 때문에, 아이가 성장한 다음에는 반드시 정신의학적 검사로 심리를 살펴봐야 한다.

또한 사주에 오행끼리 서로 충돌하는 관계인 충(沖)이 많거나 오행이 다른 오행과 합해서 제3의 오행을 만들어내는 합(合)이 많으면 충동적이고 변화가 많거나 반대로 우유부단한 경우가 많으므로 더욱 부모의 조언이 필요하다.

오행이 균형과 조화를 이루고 있으면 자신이 하고자 하는 어떤 직업을 선택해도 능력을 발휘할 가능성이 높다. 오행이 한쪽으로 치우쳐 있는 경우 대부분 자신에게 강한 오행의 기를 따라 직업을 선택한다. 그런데 이 경우에도 자기의 잠재 능력을 잘 발휘하기도 하고 아니기도 하므로 잘 살펴봐야 한다.

임상에서 보면 흥미로운 것이 자신에게 부족한 오행이나 육신(六神)을 따라서 직업을 선택하는 경우도 자주 있다는 점이다. 정신의학적으로는 자신의 열등 기능을 따라가는 것과 연관된다고 할 수 있다. 그런데 이처럼 부족한 오행이나 육신을 기준으로 직업을 고르면 원하는 성취를 이루기가 쉽지 않다. 결론적으로는 아이들이 원하는 것을 스스로 잘 선택할 수 있도록 도와주는 일이야말로 올바른 부모 역할의 핵심이라고 생각한다.

# 머리가 좋은 사주와
# 공부 잘하는 사주

머리가 좋다는 것은 무엇을 뜻할까? 정신의학적으로는 일단 인지기능이 좋아야 한다. 인지기능은 기억력, 계산력, 지남력, 독해력, 추상적 사고능력 등을 포함하는 개념이다. 또한 시각 공간 협업 기능, 정보처리 속도 등도 포함되며 지식, 상식 등과도 관련이 높다. 그러나 단지 이러한 역량을 평가하는 소위 아이큐가 높다고 해서 머리가 좋다고는 하지 않는다. 단지 인지기능이 좋다고만 할 뿐이다.

심리학적으로 머리가 좋다고 하는 데는 더 광범위한 능력이 포함된다. 여기에는 자기 마음을 들여다보고 다른 사람의 마음도 이해할 수 있는 심리지능도 포함된다. 자신의 감정을 적절하게 절제하고 표현하는 역량, 자기 생각을 언어로 표현해서 상대방에게 전달한 다음 그 반응에 따라서 자기 행동을 조절할 수 있는 역량, 대인관계에서 시의적절하게 행동할 수 있는 역량, 즉 자신의 의견을 주장할 때는 주장하고 순응할 때는 순응하고 잘 어울릴 때는 어울리고 혼자서도 건강하게 독립적으로 생활하는 역량 또한 머리가 좋은 것과 연관이 있다.

상담하다 보면 인지기능은 아주 뛰어난데 대인관계 역량이나 감정 조절 능력은 높지 않은 사람들을 종종 보게 된다. 그들은 자기가 지금 하는 행동이 남에게 어떻게 보이고 느껴지는지도 전혀 모르는 경우가 많다. 인간의 마음을 이해하는 심리지능이 발달하지 않은 탓이다. 그들은 마음을 먹으면 어느 정도까지는 사회적 성취를 이룬다. 하지만 어느 시점부터는 더 이상 진척이 없다. 설령 있다 해도 해결하기 어려운 문제에 맞닥뜨리게 되고는 한다.

간혹 성공한 리더들 중에도 그러한 심리지능이 낮아 문제를 일으키는 경우를 본다. 따라서 머리가 좋다는 것은 다른 말로 하면 지적인 능력뿐 아니라 삶에서 경험하는 여러 스트레스와 위기를 잘 극복해 내는 능력을 갖춘 것이라고 봐야 할 것이다.

정신의학적으로 머리가 좋다고 판단하기 위해서는 이러한 요소들을 다 살펴봐야 한다. 그렇다면 오행을 통해 그러한 역량을 가진 사람을 가려낼 수 있을까? 물론 가능하다.

그동안 여러 기업이나 조직의 리더들을 포함해서 많은 사람의 사주를 분석한 결과 앞서 기술한 인지기능과 심리지능을 모두 갖춘 사람들의 오행학적 특성을 알아볼 수 있었다.

우선 오행의 균형과 조화가 갖추어진 사주가 있다. 화, 수, 목, 금, 토의 오행이 골고루 갖추어진 사주는 어떻게 봐도 좋은 사주다. 그런데 그들 중에서도 그 오행의 균형과 조화가 잘 이루어져 있는 사주가 있다. 그런 경우에는 인지기능과 심리지능의 역량을 고루 갖추고 있을 가능성이 높다.

또한 인수와 식상이 잘 발달한 경우에도 머리가 좋은 사주라고 볼 수 있다. 앞에서도 설명했듯이 인수란 한마디로 나의 뿌리가 되는 오행을 의미한다. 그러므로 인수가 드러나지 않는 사주는 그 뿌리가 튼튼하지 않으므로 심리적으로 불안정하다고 본다. 또한 공자의 말씀대로 아는 것은 아는 것으로 끝나는 것이 아니라 행해야 한다. 그러므로 내가 아는 것을 말이나 행동으로 옮기는 역량을 상징하는 식상이 잘 발달해 있어야 한다. 예를 들어, 자신을 상징하는 오행이 금이면 토가 인수이고, 식상은 수가 된다. 자신을 상징하는 오행이 수라면 목이 식상이고 금의 오행이 인수에 해당한다. 그러한 오행의 균형과 조화가 잘 발달되어 있는 경우다.

신금이 많은 사주도 머리가 좋을 확률이 높다. 그 내용을 사례를 통해 구체적으로 확인해 보자.

# 신금(申金)이 많은 경우

오행을 이루는 10간 12지 중에서 신금이 많은 사주가 머리가 좋은 경우가 많다. 신금은 대체로 보석처럼 맑고 예리한 것과 연관이 있다고 본다. 특히 순발력, 창의력 등이 뛰어나 남들이 생각하지 못하는 아이디어가 풍부한 경우가 많다.

다음의 두 사례를 살펴보자.

사례 1, 2는 모두 화, 수, 목, 금, 토의 오행을 골고루 갖추고 있으며, 아이디어와 창의성, 명석함을 상징하는 신금(申金)의 오행을 갖고 있다. 또한 인수와 식상의 기운도 튼튼하다.

사례 1은 일간이 음의 수인 계수로 자연현상으로는 샘물, 물의 정기, 은하수 등을 상징한다. 그런데 월지가 봄날의 땅을 상

| | 시주 | 일주 | 월주 | 연주 |
|---|---|---|---|---|
| 일간과의 관계 | 정인 | | 정재 | 비견 |
| 간 | 경금<br>(庚金) | 계수<br>(癸水) | 병화<br>(丙火) | 계수<br>(癸水) |
| 지 | 신금<br>(申金) | 사화<br>(巳火) | 진토<br>(辰土) | 묘목<br>(卯木) |
| 일간과의 관계 | 정인 | 정재 | 정관 | 식신 |

사례 1

징하는 진토로 이 사례의 주인공을 자연현상으로 하면 봄날의 샘물이니 그 정기가 맑다. 게다가 샘물의 근원이 되는 금의 오행이 2개나 되어 그야말로 '마르지 않는 샘물'이니 아이디어가 샘솟는다. 표현력, 아이디어, 창의성 등을 상징하는 식신의 기운도 좋고, 자신을 적절하게 통제하는 관성도 좋아서, 지나치지 않게 자신을 표현하는 능력이 우수하다. 사회적 적응 능력, 현실 판단 능력을 상징하는 재성도 갖추고 있어 자기 노력의 결실을 맺을 수 있다. 그러한 자신의 역량을 살려 이공계통에서 아이디어를 발휘할 수 있는 직업을 선택해서 성공했다.

사례 2는 일간이 양의 화인 병화로 가을날의 태양이다. 아이디어를 상징하는 신금의 오행이 2개나 되고, 식상과 인수의 기운도 좋다. 이 사주에서는 연지의 오행인 인목과 월지와 일지

| | 시주 | 일주 | 월주 | 연주 |
|---|---|---|---|---|
| 일간과의 관계 | 정인 | | 식신 | 편관 |
| 간 | 을목<br>(乙木) | 병화<br>(丙火) | 무토<br>(戊土) | 임수<br>(壬水) |
| 지 | 미토<br>(未土) | 신금<br>(申金) | 신금<br>(申金) | 인목<br>(寅木) |
| 일간과의 관계 | 상관 | 편재 | 편재 | 편인 |

사례 2

의 오행인 신금이 바로 충돌하고 있는데, 이 경우 아름드리나무를 톱질하는 형상으로 자신이 가진 학문의 역량을 사용하는 구조다. 아름드리 나무는 장작이 되어야지만 우리 삶에 필요한 존재가 되기 때문이다. 이처럼 사주에 충의 구조를 가진 경우 늘 깨어 있는 총명함을 지닌 경우가 많다(일간이 튼튼하고 균형과 조화가 갖추어진 경우에는 충이 총명함으로 발휘되지만, 그렇지 않은 경우에는 충동성으로 발현되는 경우도 있다).

즉 두 사례 모두 인지기능과 더불어 심리지능과 인내심을 골고루 갖추어 뛰어난 능력을 발휘하고 있다. 그러나 내 사주가 이런 구조를 갖지 않았다고 좌절할 필요는 없다. 앞서 기술했듯이 우리는 누구나 자신만의 소우주를 가지고 있으므로, 그 소우주 안에 들어 있는 보물을 잘 발견해서 키워나가면 되는 것이다.

○ ● ○

한 가지 더, 전작인 『명리심리학』에서도 살펴봤듯이 안타깝지만 공부를 잘하는 사주도 따로 있는 것이 사실이다. 학문적으로 공부를 잘하려면 인수가 그 사주에서 귀하고 힘이 있어야 한다. 그런데 자신을 상징하는 오행인 일간이 강하면 인수가 도움이 되지 않는다. 오히려 강한 기운을 더 강하게 해주기 때문이다. 그런 경우에는 공부에 흥미가 없고 스스로 하려고 하지도 않는다. 즉 일간이 강하면 밖으로 그 강한 기를 사용하려 하므로 가만히 앉아서 공부하기가 어렵다. 따라서 자녀의 사주에 비겁이 많고 인수가 도움이 안 되는 경우 오행의 기운을 잘 살펴 아이에게 맞는 다른 적성을 빨리 찾아주어야 한다.

이를테면 다음의 경우가 그렇다.

| | 시주 | 일주 | 월주 | 연주 |
|---|---|---|---|---|
| 일간과의 관계 | 겁재 | | 편재 | 정인 |
| 간 | 기토<br>(己土) | 무토<br>(戊土) | 임수<br>(壬水) | 정화<br>(丁火) |
| 지 | 미토<br>(未土) | 술토<br>(戌土) | 인목<br>(寅木) | 묘목<br>(卯木) |
| 일간과의 관계 | 겁재 | 비견 | 편관 | 정관 |

이 아이의 사주를 자연현상에 비유하면 '봄날의 대륙'이다. 일간이 무토(戊土)이므로 학문의 역량을 상징하는 인수는 화의 오행이 된다. 꽁꽁 얼어붙은 땅에서는 아무것도 자라지 못한다. 땅에 열기가 있어야 생물이 자라는 법이다. 그래서 선조들은 땅을 기름지게 만들기 위해 일부러 불을 지피기도 하지 않았던가. 그런데 이 아이의 사주에 인수를 뜻하는 정화가 있

지만, 이것이 임수와 합해서 목의 오행으로 변하는 바람에 제 기능을 잘하지 못하고 있다(이는 사주명리학에서 대단히 중요한 이론이다). 또한 일간인 무토와 같은 토의 오행이 무려 4개나 있어서 그 기가 대단히 강건하다. 그러니 인수의 도움을 필요로 하지도 않고 당연히 공부에도 뜻이 없다. 어린 시절에는 그나마 정화의 기운으로 조금 공부를 했을지 몰라도 사춘기부터는 아예 공부와 담을 쌓기 시작했다. 게다가 식상은 드러나지 않고 비겁만 많으니 성격이 강하고 고집이 세다. 그래서 부모와 다투는 갈등도 많았다고 한다.

이 아이의 부모가 고민 끝에 나를 찾아왔다. 심리 검사를 먼저 시행하고 아이를 만나 이야기도 나누어보았다. 여러 방면을 통합해서 살펴본 다음에 나는 부모에게 아이를 그저 믿어볼 것을 조언했다. 사주의 주인공에게는 궁극적으로 목과 토의 오행만 있는데(오행의 합으로 인해서), 이처럼 2개의 기로만 이루어진 경우 대부분 단순하지만 착하고 의리가 있으며 어두운 면이 없기 때문이다. 다만 공부에는 큰 뜻이 없으니 다른 길을 찾아보기로 했다. 이 아이의 사주상 가장 좋은 길은 사람들과 어울려 일할 수 있는 진로였다. 관을 뜻하는 목의 기운이 강하니 조직 생활을 하거나, 작은 가지를 상징하는 묘목(卯木)과 봄날의 나무에 비유할 수 있는 인목(寅木)이 있으니 운동 쪽도 괜찮겠다고 조언했다. 다행히 이후 그 아이는 운동 쪽으로 진출해서 자기만의 역량을 잘 발휘하고 있다. 더불어 부모가 아이의 강한 기를 이해하고 꺾지 않으려고 노력하다 보니 관계도 좋아졌다고 한다.

○ ● ○

아이의 진로를 찾아주고자 할 때 가장 좋은 방법은 인지기능 검사와 적성 검사를 포함한 심층 심리 검사와 더불어 명리학적 분석을 함께 시행하는 것이다. 인지기능 검사를 통해 좌뇌적인 능력과 우뇌적인 능력을 분석한 다음 명리학적 분석을 더하면 더 입체적인 적성 탐색이 가능하기 때문이다. 나는 실제로 이 두 방법을 다 적용하는 경우 가장 뛰어난 결과를 얻을 수 있다는 것을 임상으로 경험하고 있다. 정신의학적 심층 심리 검사로는 자녀의 현재의 모습을 알 수 있고, 명리학적 분석으로는 그 아이의 잠재 역량과 더불어 실제 타고난 기질과 특성, 인생에서 추구하는 바를 살필 수 있기 때문이다.

유학을 보내도
되는 사주와
안 되는 사주

요즘 많은 부모가 아이를 외국에 보내 공부시키려고 한다. 그런데 생각해 보면 한국에서 공부하기도 힘든데 언어나 문화가 다른 나라에서 공부한다는 것은 정말 어려운 일이 아닐 수 없다. 그런 까닭에 생각보다 많은 학생이 부모의 권유로 유학을 갔다가 실패하고 돌아온다.

아름다운 풍경을 가진 외국의 대학에서 공부하라고 유학을 보냈더니, 그 풍경 속에서 아이가 자살을 하려고 했던 사례도 있었다. 실제로 부모의 다급한 요청을 받고 책상 위에 올라가 자살을 시도하려는 아이와 상담을 진행한 적도 있다. 그러므로 아이를 유학 보낼 때는 신중하게 생각해서 결정을 내려야 한다. 어떤 아이는 유학을 떠난 후에 공부에 자신이 없다는 걸 알게 되었는데 그것을 부모에게 이야기할 수는 없고 혼자서 참다 보니 그 우울감이 오히려 조증으로 변한 경우도 있었다. 조증일 때면 그는 자기 학교의 교수들이 다 시시한 사람들뿐이라며 학교를 그만두겠다고 고집을 피우곤 했다.

또 외국 생활 중에 따돌림을 당하거나 학교생활에 적응을 잘하지 못한 경험으로 인해 깊은 열등감을 갖게 되어, 성인이 되어서도 사회생활에 적응하지 못하는 경우도 의외로 많다.

아이의 성공적인 유학을 꿈꾸는 부모가 있다면 몇 가지 사실을 전해주고 싶다.

우선 사주를 떠나서 유학을 가는 당사자의 목표 의식이 분명해야 한다. 무엇을 공부할지 부모와 자녀의 결정이 일치하는 것도 중요하다. 요즘은 단기 어학연수도 있으므로 이를 먼저 시도해 보고 유학을 결정하는 것도 방법이다.

그렇지 않고 부모의 욕심이나, 주위의 권유로 결정을 내려서는 안 된다. 친척들도 다 아이를 유학 보냈으니 내 아이도 해외에서 공부하게 해야겠다고 생각하는 경우도 있다. 하지만 그런 경우 적응을 잘하지 못하고 되돌아오는 사례가 많다.

유학생 신분으로 정신과 상담을 받는 것도 쉽지 않다. 아이들이 주로 유학을 가는 서구의 문화를 보면, 내 인생의 방향은 내가 선택하는 것이 건강하다고 생각하는 곳이 대부분이다.

따라서 부모의 권유로 억지로 유학을 왔다고 하면 일단 정신적으로 미성숙한 것으로 진단 내리는 경우가 많다. 그러고 나서는 한국이라면 명확히 정신병 진단을 받아야 처방하는 약물로 치료를 진행하기도 한다. 그로 인해 문제가 더 커져서 돌아오는 경우도 있다. 이때 항우울제를 처방해 주면서 진로에 대해 다시금 생각하게 하고, 부모에게도 자녀의 그런 상황을 설명해 주어 상황이 좋아졌던 사례도 종종 있었다.

정신의학적으로 자율성과 인내력이 강한 경우에 유학 생활에 적응하기 쉽다. 자율성이 강하다는 것은 주체적으로 자신의 앞날을 생각하여 독립적으로 살아가는 힘이 있다는 뜻이다. 그러한 힘을 받쳐주는 것이 인내심과 지구력이다. 따라서 심리 검사 결과 아이가 그러한 성향이 높고 정신적으로 강건하다면 대체로 유학 생활의 어려움을 잘 견뎌낼 것으로 본다.

또한 사주학적으로 일간의 힘이 강하고 인수가 튼튼하고 식상도 잘 갖춰져 있을 때 아이들은 유학 생활을 성공적으로 마치는 경우가 많다. 다음의 사례가 그것을 말해 준다.

## 유학을 가도 좋은 경우

이 사주의 주인공은 자연현상으로 비유하면 겨울날의 작은 나

| | 시주 | 일주 | 월주 | 연주 |
|---|---|---|---|---|
| 일간과의 관계 | 겁재 | | 편인 | 편인 |
| 간 | 갑목<br>(甲木) | 을목<br>(乙木) | 계수<br>(癸水) | 계수<br>(癸水) |
| 지 | 신금<br>(申金) | 사화<br>(巳火) | 해수<br>(亥水) | 미토<br>(未土) |
| 일간과의 관계 | 정관 | 상관 | 정인 | 편재 |

무나 잔디로 약한 듯싶지만, 을목의 생명력과 의지력이 강한 특성을 지니고 있다. 편인과 정인의 힘이 강해서 추구하는 학문의 폭이 넓고 깊다. 또 시지에 있는 신금이 아이디어를 창출해 내고 있으며 사해(巳亥)충으로 창의성과 순발력이 뛰어나다. 앞서도 살펴보았듯, 사주에 충이 있으면 반짝이는 아이디어를 갖고 있는 경우가 많다. 이 사례에서는 불을 상징하는 사화와 물을 상징하는 해수의 충으로 물과 불이 부딪치니 그 아이디어가 뛰어나다. 또한 연지와 월지가 합되어서 목의 오행을 만들어내고 있어(이것은 명리학의 합충이론에 의한 것이다) 일간의 힘을 더 강하게 하고 있다. 정신의학적으로도 인지기능과 자율성이 우수했다.

앞서 소개했던 책임감과 인내심이 강한 아이의 사주로 유학을 떠나 생명공학을 전공해서 공부를 마칠 때까지 자기 역량을 마음껏 발휘한 케이스다.

다음은 유학에 성공한 또 다른 아이의 사주다.

|  | 시주 | 일주 | 월주 | 연주 |
|---|---|---|---|---|
| 일간과의 관계 | 정관 |  | 식신 | 겁재 |
| 간 | 임수<br>(壬水) | 정화<br>(丁火) | 기토<br>(己土) | 병화<br>(丙火) |
| 지 | 인목<br>(寅木) | 사화<br>(巳火) | 해수<br>(亥水) | 술토<br>(戌土) |
| 일간과의 관계 | 정인 | 겁재 | 정관 | 상관 |

자연현상으로 비유하면 겨울날의 호롱불, 화롯불의 사주다. 추운 겨울에 꼭 필요한 불을 가졌으니 아이는 기본적으로 때를 잘 만났다고 할 수 있다. 사주 구조상 정화와 임수의 합으로 일간의 힘이 강하고 겁재의 기운으로 경쟁적이고 지기 싫어하는 면이 있다. 식상의 기운으로 두뇌가 매우 명석하다. 일간의 힘도 강건하고 식상도 튼튼하다. 남에게 지지 않으려 하는 경쟁력이 있어 유학 생활의 어려움을 능히 이겨내고 자신이 선택한 학문에 매진하고 있다.

# 유학을 더 고민해 봐야 하는 사주

다음의 사주는 균형과 조화가 약하고 충이 많아 불안정한 사주다.

| | 시주 | 일주 | 월주 | 연주 |
|---|---|---|---|---|
| 일간과의 관계 | 편인 | | 정관 | 편인 |
| 간 | 경금<br>(庚金) | 임수<br>(壬水) | 기토<br>(己土) | 경금<br>(庚金) |
| 지 | 술토<br>(戌土) | 진토<br>(辰土) | 축토<br>(丑土) | 진토<br>(辰土) |
| 일간과의 관계 | 편관 | 편관 | 정관 | 편관 |

자연현상으로는 한겨울의 바닷물에 비유되는 사주다. 화의 오행이 드러나지 않으므로 차가운 얼음물이라고 할 수 있다. 지지가 모두 토의 오행으로 관의 속성이 강해서 지나치게 자기통제를 하는 성격이다. 일간의 힘은 강하지만 식상이 드러나지 않아 아이디어와 표현력이 부족하고 자기중심적 사고에서 자유롭지 못하다. 새로운 것에 대한 호기심도 낮고 즉흥적인 면도 있다. 문제는 지지에서 봄의 땅에 해당하는 진토와 가을 땅에 해당하는 술토의 충으로 늘 불안정하여 참는 힘이 약

하다는 것이다. 늘 지진이 일어나고 있는 형상이다. 정신의학적 검사 결과에서도 인내력이 0%, 자율성이 2%에 불과했다.

이런 경우는 어릴 때부터 부모가 표현력을 길러주고, 불안정한 상황도 참는 연습을 할 수 있도록 도움을 주어야 한다. 그런데 어린 나이에 부모와 떨어져 혼자 외국에 가서 지내다 보니 오히려 그 불안정감이 더 심해졌다. 게다가 유학 온 다른 친척들과 자신을 비교하며 열등감으로 더 힘들어했다.

그런데도 부모가 자녀의 상태를 받아들이지 못하고, 넌 왜 남들처럼 못 하느냐며 아이를 압박했다. 결국 우울증이 심해진 아이는 방학을 이용해 병원에 오게 되었다. 나는 부모에게 아이의 심리 검사 결과와 명리학적으로 분석한 기질과 특성 등을 설명해 주었다. 하지만 부모는 체면 때문에 아이가 유학 생활을 접고 돌아오는 사태만은 받아들일 수 없다고 했다.

특히 엄마의 태도가 강경했다. 그녀의 사주는 가을날의 예리한 금으로 경쟁적이면서 비판적인 성향을 보이고 있었다. 또한 식상이 드러나지 않아 표현력과 심리에 대한 이해가 부족했다. 관의 속성으로 자신을 통제하려는 면이 강하고 역시 충이 있어서 내면이 불안정했다. 그러다 보니 아이를 따뜻하게 이해하기보다는 자기 뜻대로 안 되는 아이를 구박하고 미워했다. 자신의 기대치에 미치지 못하는 아이에 대한 실망감으로 아이를 더 다그치고 빠른 치료를 위해 이 병원 저 병원 다니다 보니 아이의 우울증이 더 심해진 경우였다.

다음 사주 또한 일간보다 식상의 기운이 강해 자기 통제를 잘 못하는 경우다.

| | 시주 | 일주 | 월주 | 연주 |
|---|---|---|---|---|
| 일간과의 관계 | 상관 | | 편관 | 편인 |
| 간 | 갑목<br>(甲木) | 계수<br>(癸水) | 기토<br>(己土) | 신금<br>(辛金) |
| 지 | 인목<br>(寅木) | 미토<br>(未土) | 해수<br>(亥水) | 사화<br>(巳火) |
| 일간과의 관계 | 상관 | 편관 | 겁재 | 정재 |

이 경우에는 아이가 원하지 않았으나 부모가 반강제로 유학을 보냈다. 결국 현지 생활에 적응하지 못한 아이는 자살 시도 끝에 돌아오게 되었다.

아이의 사주는 겨울날의 샘물에 비유할 수 있다. 연주에 인수에 해당하는 음의 금인 신금(辛金)이 있고 비겁에 해당하는 음의 수인 해수가 있어 일간의 힘이 강할 듯싶으나, 전반적으로 식상의 기운이 강해 자유분방하고 자기 하고 싶은 대로 하려는 특성이 강하다. 또한 월주의 기토와 일지의 미토가 일간인 수의 오행을 가로막고 있다. 관의 특성으로 자신을 통제하고 절제하는 성향으로 인해 뭔가를 하려다가 그만두기를 반복하는 것이었다. 게다가 지지에서 오행이 합도 되고 충도 되는 형상을 보여 때로는 충동적이고 때로는 우유부단하고 불안정한 특성을 보인다. 그 결과 친구들과의 관계뿐 아니라 교수들과의 관계에서도 적응하지 못해 더욱 어려움을 겪다가 우울증을 앓게 된 경우다. 심리 검사 결과 역시 인내력과 자율성의 부분에서 매우 낮은 척도를 보였다. 자아 강도도 매우 약했다.

# 경제적 역량이
# 우수한 사주와
# 그렇지 못한 사주

요즘 같은 자본주의 사회에서는 자녀가 공부를 잘하고 적성을 백분 발휘하는 것도 중요하지만, 돈을 현명하게 다루는 경제적 역량도 필요하다.

상담 중에 아이들에게 인생의 꿈을 물어보면 대부분 돈을 많이 벌고 싶다고 한다. 그런데 바라는 돈의 단위가 보통 백억, 천억 단위다. 그러면서 어떻게 돈을 벌 것인지에 대해서는 전혀 생각을 안 하거나 단순히 일확천금을 꿈꾸는 경우가 많다.

언젠가 고등학교 교사가 상담을 받으러 왔었는데, 요즘 학생들이 수업 중에도 '주식으로 성공해서 빨리 은퇴하자'는 내용의 책을 몰래 보는 경우가 많다고 한탄하기도 했다.

그러니 자녀가 건강하게 성장하기 위해서는 부모가 자녀의 경제적 역량을 잘 살펴보고 어릴 때부터 적절하게 교육하는 것이 매우 중요하다.

머리가 좋고 공부를 잘하는 것과 재물을 적절하게 다룰 수 있는 역량은 다른 이야기다. 따라서 자녀의 사주를 살펴봐서 재성이 드러나지 않거나 약한 경우에는 꼭 경제 공부를 시켜야 한다. 그러지 않은 경우, 섣부르게 자기 사업을 시작했다가 좋지 못한 결과를 얻을 가능성이 높다. 집에 돈이 많아도 자녀가 그것을 나중까지 지켜나가는 것 역시 어렵다. 때로는 재물로 인해 인간관계나 사회생활에서 문제를 일으키는 경우도 많기 때문에, 더욱 자녀의 경제적 역량을 부모가 잘 알아야 한다.

경제적 역량이 우수한 사주는 식상과 재성의 균형과 조화가 잘 이루어져 있다. 그리고 일간의 힘이 튼튼하다. 그래야 재물을 다룰 수 있는 능력이 있다. 또한 재물을 만들어내는 과정이 되는 식상과 그 재물로 명예를 가져오는 관도 좋아야 한다. 그와 같은 경우는 정신의학적 분석에서도 책임감이 강하고 심리적 성숙도도 우수하고 유연한 적응력을 지닌 경우가 많다. 목표 의식도 매우 강해서 자신의 성취를 위해 매진한다. 그렇지 않고 재물을 뜻하는 글자는 많은데 일간의 힘이 약한 경우를 재다신약(財多身弱) 사주라고 한다. 이 경우에는 오히려 재물로 인해 삶의 흐름이 망가질 가능성이 매우 높다. 자기 역량에 비해 너무 많은 재물을 탐하기 때문이다. 혹은 돈에 인색하거나 지나치게 실리적인 면만 추구하거나 한다. 그런 경우 정신의학적 분석에서도 현실적 가치를 추구하는 면이 매우 높고 인간관계에서는 경쟁 성향과 자기중심 성향이 높다.

또한 사주에 재물을 뜻하는 오행이 드러나지 않거나 균형과 조화가 이루어져 있지 않으면 돈에 대한 집착만 강하고 돈을 벌 수 있는 현실적 과정을 소홀히 하는 경우가 많다.

그리고 사주에 비겁이 많은데 운에서 재물을 상징하는 오행이 들어오는 경우, 그 운에서 문제가 발생할 여지가 높다. 재물을 두고 여러 사람이 싸우는 상황이 일어날 수 있기 때문이다. 따라서 부모가 자녀의 경제적 역량을 꼭 살펴보는 것이 중요한데, 이러한 면에 명리학적 분석이 큰 도움이 된다. 다음 사례들을 살펴보자.

## 자기 사업으로 성공할 가능성이 높은 사주

자녀가 다음과 같은 사주를 가지고 있다면, 부모는 안심해도 된다. 이 사주는 IT 분야에서 크게 성공한 사람의 사례다. 그의 사주를 살펴보면 자연현상으로는 한겨울의 광석을 상징하며 생활철학이 뚜렷하고 매사 구분하고 정리하는 논리가 분명

| | 시주 | 일주 | 월주 | 연주 |
|---|---|---|---|---|
| 일간과의 관계 | 정관 | | 편인 | 비견 |
| 간 | 정화<br>(丁火) | 경금<br>(庚金) | 무토<br>(戊土) | 경금<br>(庚金) |
| 지 | 해수<br>(亥水) | 인목<br>(寅木) | 자수<br>(子水) | 자수<br>(子水) |
| 일간과의 관계 | 식신 | 편재 | 상관 | 상관 |

하다. 그리고 앞서 기술한 것처럼 경인일주의 역량인 판단력과 응용력, 상황 적응력이 우수하다. 열정적이며 도전적이고 변화를 두려워하지 않는다. 그리고 재물을 창출하는 역량을 상징하는 식상이 튼튼하고, 그 기운이 바로 재물로 이어지는 식신생재(食身生財)의 구조를 갖고 있다. 또한 일지의 인목과 시지의 해수가 합쳐져서 재성을 상징하는 목의 오행을 창출하고 있다. 식상이 많은 경우 머리가 좋다는 이야기는 앞서서 했다. 그 역시 두뇌가 매우 명석했다. 더불어 관이 있어 자신을 통제하는 역량도 뛰어났다. 결론적으로 그는 자신을 상징하는 금의 오행을 따라 IT 사업 분야에서 성공한 것이다.

그는 정신의학적 분석에서도 역시 머리가 좋고 지구력과 인내심이 다 매우 높다는 결과가 나왔다. 좌고우면하지 않고 자신이 정한 목표를 향해 최선을 다하는 특성도 뛰어났다. 신의가 있는 동시에 예리한 면도 있어서 자신이나 상대방을 통찰하는 면도 우수했다. 그러한 특성이 대인관계와 사업적 역량으로 이어져 빛을 발한 케이스다.

## 경제 공부를 꼭 시켜야 하는 사주

청년기부터 자기가 사업이나 투자에 매우 능력이 있다고 생각해서 계속 일을 벌여 부모를 힘들게 한 경우다. 이 사주는 자연현상으로는 봄날의 태양에 비유할 수 있다. 기본적으로 인수가 많은 사주로 그 기가 매우 강하다. 더욱이 사주를 떠받치는 여덟 글자가 모두 양으로 구성되어 있다. 그런 경우 고집이 세서 남의 말을 잘 안 듣는다. 매사에 생각이 한쪽으로만 치우

| | 시주 | 일주 | 월주 | 연주 |
|---|---|---|---|---|
| 일간과의 관계 | 식신 | | 편인 | 식신 |
| 간 | 무토<br>(戊土) | 병화<br>(丙火) | 갑목<br>(甲木) | 무토<br>(戊土) |
| 지 | 술토<br>(戌土) | 인목<br>(寅木) | 인목<br>(寅木) | 술토<br>(戌土) |
| 일간과의 관계 | 식신 | 편인 | 편인 | 식신 |

쳐 있기 때문이다. 그래서 부모가 말려도 계속해서 이 사업 저 사업에 손을 대지만 결실을 맺지 못했다. 식신이 많으니 사업을 하면 성공하겠다고 스스로 생각할 수 있으나, 가장 중요한 재성이 드러나지 않아 원하는 바를 달성하기 어렵다. 관성이 드러나지 않아 스스로를 통제하는 면도 약하다.

이런 경우 자기 사업보다는 프리랜서로서 병화의 역량을 발휘하는 직업을 선택하는 것이 좋다. 식신이 많아 표현력도 우수하므로 홍보나 마케팅 분야에서 참모로 일해도 실력을 발휘할 수 있다. 그러나 역시 자기 고집이 너무 강해 남의 말을 잘 듣지 않을 가능성이 높은 점에서 유의가 필요하다.

## 사업 역량이 부족한 사주

자녀에게 사업과 재산을 물려주는 문제로 고민하다가 내원한 부모가 있었다. 부모는 공부에 흥미가 없어서 성적이 좋지도 않은 아들을 거의 반강제로 외국 유학을 보냈다. 아들은 어찌어찌 부모가 원하는 대로 공부를 마치고 나서는 한국에 돌아오지 않겠다고 선언했다. 그렇다고 일을 하는 것도 아니고 부모 돈으로 빈둥거리며 지내는 생활을 이어갔다.

그래도 부모는 그 정도 공부까지 마치게 해놓았으니 좀 나아졌으리라는 기대를 버리지 못했다. 특히 아빠는 외아들에게 자기 사업을 물려주어야 한다는 생각에 골몰하고 있었다. 그래서 귀국하기 싫다는 아들에게 사업체를 물려줄 테니 돌아오라고 설득했다. 상담 과정에서 아들은 아빠의 그 말을 듣고 한국으로 돌아왔다고 했다. 그런데 처음부터 문제가 생겼다. 아들은 자기가 전적으로 부친의 사업체를 운영할 수 있으리라고 기대했다. 그런데 아들의 사업적 행보를 지켜보던 아빠가 제동을 걸었다. 아빠가 보기에는 아직 아들의 능력이 한참 모자랐던 것이다.

결국 자기를 믿지 못하고 다 물려줄 것도 아니면서 왜 한국으로 오라고 했느냐는 아들과 아직 때가 아니라는 부모 사이에 갈등이 심해져서 결국 상담을 받으러 온 것이었다. 심리 검사 결과 아들은 인내심과 자율성은 낮은 데 비해 자유분방하면서 자기중심적인 면은 강했다. 그러면서도 열등감이 심하고 자기 신뢰 수준도 매우 낮았다. 게다가 사주를 살펴보니 그는 일차적으로 사업적으로 성공하기 어려운 삶의 흐름을 지니고 있었다.

우선 그는 봄날의 작은 나무로 비겁이 많아 고집이 매우 강한 타입이었다. 재성은 많으나 그 재성을 만들어내는 식상이 드러나지 않는 구조였다. 그나마 정재이므로 사업이나 투자보다는 월급으로 만족하는 것이 나았다. 게다가 관이 없어 누구

| 일간과의 관계 | 시주 | 일주 | 월주 | 연주 |
|---|---|---|---|---|
| | 정재 | | 겁재 | 정재 |
| 간 | 무토<br>(戊土) | 을목<br>(乙木) | 갑목<br>(甲木) | 무토<br>(戊土) |
| 지 | 인목<br>(寅木) | 해수<br>(亥水) | 인목<br>(寅木) | 술토<br>(戌土) |
| 일간과의 관계 | 겁재 | 정인 | 겁재 | 정재 |

의 말을 듣지도 않고 뭐든 자기 마음대로 해야 해서 아빠와 충돌할 수밖에 없었던 것이다. 또한 겁재가 많으니 재물을 지켜낼 능력이 부족하다. 물론 반짝하는 성과를 낼 수는 있겠으나 식상이 분명하게 드러나는 사주만큼 돈을 벌 수 있는 운은 아니다. 당연히 지금 당장 사업을 승계하기보다는 아빠 밑에서 더욱 철저하게 훈련을 받을 필요가 있었다.

## 재물에 대한 욕심은 많으나 역량은 부족한 사주

다음은 자기 사업을 해서 큰돈을 벌고 싶은데 자기에게 그런 능력이 있는지 알고 싶다고 찾아온 경우다.

한여름 날의 옥토에 해당하는 사주다. 월지와 일지가 모두

|  | 시주 | 일주 | 월주 | 연주 |
|---|---|---|---|---|
| 일간과의 관계 | 비견 |  | 편재 | 편관 |
| 간 | 기토<br>(己土) | 기토<br>(己土) | 계수<br>(癸水) | 을목<br>(乙木) |
| 지 | 사화<br>(巳火) | 미토<br>(未土) | 미토<br>(未土) | 묘목<br>(卯木) |
| 일간과의 관계 | 정인 | 비견 | 비견 | 편관 |

한여름 날의 땅을 상징하는 미토로 조열하다. 재물을 창출해 내는 역량인 식상이 드러나지 않고 있고 재물을 상징하는 계수는 동료와 경쟁자를 상징하는 비견에 둘러싸여 있으니, 다른 사람에게 자기 재물을 내어주는 형상이다. 즉 마른 샘물을 여러 명이 둘러싸고 서로 내 것이라고 싸우는 형상이니 돈에 대한 욕심은 많으나 그것을 창출해 내기 어려운 구조다. 또한 식상은 드러나지 않고 다른 사람을 통제하려는 편관의 기운이 강해서 고집이 세고 다른 사람의 이야기를 잘 듣지 않으며 일을 처리하는 속도도 느리다.

그래서 사업이 아닌 다른 길을 찾아보기를 권유했다. 그러나 아집이 강해 그런 조언을 받아들이기 어려워했다. 자녀가 이런 사주를 가진 경우 부모는 어린 시절부터 경제적 교육을 시킬 필요가 있다.

# 적절한 경제적 역량을 갖춘 경우

| | 시주 | 일주 | 월주 | 연주 |
|---|---|---|---|---|
| 일간과의 관계 | 상관 | | 정재 | 정재 |
| 간 | 을목<br>(乙木) | 임수<br>(壬水) | 정화<br>(丁火) | 정화<br>(丁火) |
| 지 | 사화<br>(巳火) | 진토<br>(辰土) | 미토<br>(未土) | 사화<br>(巳火) |
| 일간과의 관계 | 편재 | 편관 | 정관 | 편재 |

한여름 날의 바다에 비유하는 사주다. 시주에 상관이 있으며 일간인 임수와 월간의 정화가 합되어 목의 오행을 창출해 내는 구조를 갖고 있다. 부지런하고 자기 절제 능력이 있으며 재물을 창출하는 역량도 적절하다. 다만 인수가 드러나지 않아 끝맺음은 약한 편이다. 그러한 면만 보완하면 자신이 원하는 사업을 해도 괜찮다고 조언했다.

# 사주로 알아보는
# 각자의 진로

## 법조계로 진출할 가능성이 높은 경우

이 사주의 주인공은 봄날의 아름드리나무에 해당한다. 자신을
조절하는 역량, 조직 생활에 적응할 수 있는 능력, 의협심, 의
리, 책임감 등을 상징하는 관이 많고 시주에도 갑목이 자리 잡
고 있어 강건한 특성을 가지고 있다. 일지에 창의성, 총명함을
뜻하는 신금이 편관으로 자리 잡고 있다. 편관은 다른 사람들
을 통제하려는 성향을 뜻하는데, 이 사주에서는 편관이 아이
디어, 창의성, 총명함을 상징하는 신금의 오행이어서 그러한
면에 능력을 발휘한다.

| | 시주 | 일주 | 월주 | 연주 |
|---|---|---|---|---|
| 일간과의 관계 | 비견 | | 편관 | 정관 |
| 간 | 갑목<br>(甲木) | 갑목<br>(甲木) | 경금<br>(庚金) | 신금<br>(辛金) |
| 지 | 술토<br>(戌土) | 신금<br>(申金) | 인목<br>(寅木) | 축토<br>(丑土) |
| 일간과의 관계 | 편재 | 편관 | 비견 | 정재 |

　금의 오행이 아름드리나무를 톱으로 잘라 큰 쓰임새를 만들고 있기도 하다. 즉 아름드리나무를 상징하는 갑목은 톱을 상징하는 금의 오행이 나타나지 않으면 그냥 숲속의 나무이지만 금의 오행이 있으면 잘려서 기둥과 들보와 같은 동량이 되는 것이다. 그러한 금의 속성과 의리, 의협심, 책임감, 사회와 조직에 적응하는 능력, 다른 사람을 통제하는 능력을 상징하는 관의 오행이 튼튼해서 법관이나 변호사 등이 잘 맞을 수 있다.

　다음의 경우도 법조계가 적성에 맞는 사주다. 이 사주의 주인공은 봄날의 샘물에 비유할 수 있다. 인수가 2개 있고 관의 오행이 4개나 있는데, 관에 해당하는 토의 오행이 인수에 해당하는 금의 오행의 뿌리가 되어 관의 기운도 궁극적으로는 인수를 생해주니 일간인 계수가 무척 강하다. 게다가 겁재까지 있어 더욱 강하다. 이렇게 일간이 강할 때는 일간의 기운을 조

|  | 시주 | 일주 | 월주 | 연주 |
|---|---|---|---|---|
| 일간과의 관계 | 편관 |  | 겁재 | 편인 |
| 간 | 기토<br>(己土) | 계수<br>(癸水) | 임수<br>(壬水) | 신금<br>(辛金) |
| 지 | 미토<br>(未土) | 유금<br>(酉金) | 진토<br>(辰土) | 미토<br>(未土) |
| 일간과의 관계 | 편관 | 편인 | 정관 | 편관 |

절해 주는 식상이 있어야 좋다. 그런데 식상이 드러나지 않아 생각은 많으나 표현력은 약하다.

이 사주의 주인공은 어렸을 때 부모의 의지로 피아노를 배웠다. 그러나 경연대회 등에 대한 압박감이 심해 그만두고 말았다. 그 후 부모의 강압으로 로스쿨에 진학했다. 사주의 주인공은 본인이 음대에 진학하지 못한 것을 부모 탓으로 돌려서 마음에 원망과 분노가 컸다. 그런 이유로 내원했으나, 상담을 통해 명리학적으로 자기 적성에 가장 맞는 길을 가고 있다고 설명해 주었다. 덕분에 차츰 부모에 대한 원망과 분노를 누그러뜨린 경우다.

# 의학계로 진출할 가능성이 높은 경우

| | 시주 | 일주 | 월주 | 연주 |
|---|---|---|---|---|
| 일간과의 관계 | 편인 | | 편인 | 정관 |
| 간 | 신금<br>(辛金) | 계수<br>(癸水) | 신금<br>(辛金) | 무토<br>(戊土) |
| 지 | 유금<br>(酉金) | 유금<br>(酉金) | 유금<br>(酉金) | 진토<br>(辰土) |
| 일간과의 관계 | 편인 | 편인 | 편인 | 정관 |

이 사주는 가을날의 샘물로 비유할 수 있다. 연주의 무토와 진토가 정관으로 성실하고 책임감과 의협심도 지니고 있다. 다만 그러한 관성이 인수를 생해주는 형국이라 일간의 힘이 강하다. 이처럼 일간의 힘도 강하고 인수도 강한 경우에는 인수의 기운을 따라가서 학문 쪽으로 정진해야 한다. 그런데 이 사주에서 드러난 학문을 뜻하는 오행이 모두 예리함, 분석력, 세심함 등을 상징하는 음의 금의 오행이다. 이 사례의 주인공은 의학, 그중에서도 외과 쪽에 관심이 있다고 해서 그쪽으로 전공을 두고 있다. 식상이 드러나지 않아 표현력은 조금 약하므로 사교성이 요구되는 영역보다는 묵묵하게 수술실에서 자신의 역량을 발휘하는 전공이 더 맞는다.

# 이공계 진로가 잘 맞는 경우

| | 시주 | 일주 | 월주 | 연주 |
|---|---|---|---|---|
| 일간과의 관계 | 편관 | | 편인 | 편재 |
| 간 | 임수<br>(壬水) | 병화<br>(丙火) | 갑목<br>(甲木) | 경금<br>(庚金) |
| 지 | 진토<br>(辰土) | 오화<br>(午火) | 신금<br>(申金) | 오화<br>(午火) |
| 일간과의 관계 | 식신 | 겁재 | 편재 | 겁재 |

일차적으로 모든 오행이 양의 오행이다. 따라서 외향 성향이
매우 높다. 가을날의 태양으로 겁재와 편인이 있어 사주가 강
하다. 인수에 해당하는 갑목을 톱을 상징하는 경금이 바로 치
고 있어 자연현상으로 하면 아름드리나무가 동량이 되는 형상
이다. 따라서 자신이 추구하는 학문으로 바로 인간의 삶에 도
움이 되는 아이디어를 만들어내는 능력이 출중하다. 게다가
태양을 상징하는 병화와 대양(大洋)을 상징하는 임수가 있어
물과 불이 부딪치는 형상이다. 앞서도 기술했지만 사주에 충
이 많으면 임기응변에 능하고 직관력이 뛰어나며 두뇌가 대단
히 명석하다. 정신의학적 검사에서도 아이큐가 매우 높게 나
왔다. 순발력도 뛰어났다.

홀랜드 적성 검사(미국의 진로심리학자인 존 홀랜드의 직업 성격 이론을 토대로 개발된 검사)에서는 예술탐구형이 나왔는데, 특히 과학, 수학 쪽에 능력이 뛰어났다. 명리학적으로도 그와 같은 분야가 잘 맞는다. 다만 충이 많고 화의 오행이 많아서 조급하고 인내심이 강한 편은 아니다. 부모에게 그러한 면을 보완해 줄 것을 조언했다.

## 사회활동가가 적성에 맞는 경우

| | 시주 | 일주 | 월주 | 연주 |
|---|---|---|---|---|
| 일간과의 관계 | 겁재 | | 비견 | 편관 |
| 간 | 병화<br>(丙火) | 정화<br>(丁火) | 정화<br>(丁火) | 계수<br>(癸水) |
| 지 | 오화<br>(午火) | 사화<br>(巳火) | 사화<br>(巳火) | 묘목<br>(卯木) |
| 일간과의 관계 | 비견 | 겁재 | 겁재 | 편인 |

여름날의 호롱불에 비유되는 사주다. 편관인 계수 외에는 다 목화로 매우 뜨거운 사주라고 할 수 있다. 따라서 목화의 성향이 강해 자유분방하고 호기심이 강하고 모험적이다. 자신을

살피기보다는 주위에서 일어나는 일을 알아차리는 능력이 우수하다. 게다가 태양을 상징하는 병화가 시주에 자리 잡고 있어, 그 영향으로 마치 하늘에 떠 있는 태양처럼 세상에서 일어나는 일을 자신이 다 살피고 간섭하는 걸 좋아한다.

비겁이 많아 혼자 일하는 것보다 여러 사람과 어울려서 일하는 것을 선호한다. 또한 정화와 계수가 있어 물과 불의 충돌이 일어나 조급하면서도 충동적이고 역동적이다. 스스로 정의감에 불타오르는 타입이다. 실제로도 불의를 보면 참지 못하고 어려운 상황에 처한 사람들을 보면 곧장 달려가서 도움을 주고 싶다고 했다. 정화의 특성인 감수성과 친화력의 작용이다. 정신의학적인 검사에서도 자극 추구 성향이 높고, 결단력이 빠르며 의협심이 강하다는 결과가 나왔다.


## 언론계로 진출할 가능성이 높은 경우

한겨울의 작은 나무로 잔디에 비유되는 사주다. 을목은 생명력, 의지, 의욕, 성장하려는 욕구를 상징한다. 관성이 인수를 생해 주고(금생수) 있어 을목이 힘이 있다. 그러나 겨울날의 나무라 살아남기 위해서는 햇빛이 필요하다. 그러한 화의 오행이 식상으로 자리 잡고 있어 언변이 뛰어나므로 언론계통으로

| | 시주 | 일주 | 월주 | 연주 |
|---|---|---|---|---|
| 일간과의 관계 | 상관 | | 정관 | 상관 |
| 간 | 병화<br>(丙火) | 을목<br>(乙木) | 경금<br>(庚金) | 병화<br>(丙火) |
| 지 | 자수<br>(子水) | 사화<br>(巳火) | 자수<br>(子水) | 오화<br>(午火) |
| 일간과의 관계 | 편인 | 상관 | 편인 | 식신 |

진학할 것을 조언해 주었다. 상관의 기가 더 강하므로 자유분
방하고 저항적인 면도 있다. 따라서 조직 생활보다 프리랜서
로 활동하는 것이 좋다.

다음의 경우도 언론계와 잘 어울리는 사주다.

겨울날의 지구, 대륙의 사주다. 모든 오행이 양의 오행이어

| | 시주 | 일주 | 월주 | 연주 |
|---|---|---|---|---|
| 일간과의 관계 | 편재 | | 식신 | 편인 |
| 간 | 임수<br>(壬水) | 무토<br>(戊土) | 경금<br>(庚金) | 병화<br>(丙火) |
| 지 | 술토<br>(戌土) | 신금<br>(申金) | 자수<br>(子水) | 진토<br>(辰土) |
| 일간과의 관계 | 비견 | 식신 | 정재 | 비견 |

서 외향 성향이 매우 강하다. 식신이 강하고 바로 재물과 이어지고 있으므로 돈을 벌고 싶어 하는 욕구도 강하다. 비견이 많아 자존심 강하고, 관에 해당하는 오행이 드러나지 않아 남에게 간섭당하거나 지배당하는 걸 원치 않는다. 오히려 자신이 이끌어 가는 위치에 있어야 만족한다. 비겁과 식상이 있고 관의 오행이 드러나지 않는 사람들의 특성이다.

식신이 2개가 있어 자기표현 능력이 뛰어나다. 감각적이고 감수성도 풍부하고 역동적으로 살아가는 것에 큰 의미를 두는 타입이다. 따라서 기자나 방송인 등 언론 쪽 분야가 적성에 잘 맞는다. 이 경우 본인도 어린 시절부터 기자가 되는 것이 꿈이라고 밝혔다.

## 예술계로 진출할 가능성이 높은 경우

모든 오행이 양의 오행으로 외향 성향이 강하다. 봄날의 바닷물로 편인이 많고 지지의 오행이 합이 되어 더 큰 물을 만들어 내는 구조다. 따라서 바닷물이 넘치는 형상이다. 자존감이 대단히 강하고 독립적이며 경쟁적이다. 식신의 영향으로 예술성과 표현력이 풍부하다. 일간인 임수의 특성으로 인해 변화와 다양성을 좋아하고 자유롭고 개성 있는 활동을 선호하므로 예

| | 시주 | 일주 | 월주 | 연주 |
|---|---|---|---|---|
| 일간과의 관계 | 식신 | | 편인 | 편인 |
| 간 | 갑목<br>(甲木) | 임수<br>(壬水) | 경금<br>(庚金) | 경금<br>(庚金) |
| 지 | 진토<br>(辰土) | 자수<br>(子水) | 진토<br>(辰土) | 인목<br>(寅木) |
| 일간과의 관계 | 편관 | 겁재 | 편관 | 식신 |

술 분야의 활동이 적성에 맞는다. 정신의학적으로도 감수성이 높고 개성이 있고 독창적이며 사람들과 어울리기 좋아해서 적성 역시 예술사회형으로 나온 경우다.

다음의 사주도 예술과 잘 맞는 경우다. 자연현상으로는 여름날의 달구어진 바위, 또는 광석이라고 할 수 있다. 일주와 같은

| | 시주 | 일주 | 월주 | 연주 |
|---|---|---|---|---|
| 일간과의 관계 | 상관 | | 겁재 | 비견 |
| 간 | 계수<br>(癸水) | 경금<br>(庚金) | 신금<br>(辛金) | 경금<br>(庚金) |
| 지 | 미토<br>(未土) | 신금<br>(申金) | 사화<br>(巳火) | 인목<br>(寅木) |
| 일간과의 관계 | 정인 | 비견 | 편관 | 편재 |

금의 오행이 일간을 포함해서 4개나 되고 인수가 하나 있어 대단히 강하다. 또한 한여름의 바위이니 그 뜨거움이 대단하다. 그것을 식혀주는 수의 오행이 시주에 있고, 강한 금의 오행에서 물의 오행이 생겨나오므로 시지의 미토에서 극을 받아도 계수의 기운이 살아 있다. 따라서 계수, 즉 상관의 기운을 따라 예술이나 언어 쪽의 직업을 권유했다. 부모는 아이가 오로지 영어만 공부하고 있어서 걱정이 많았는데, 아이가 자기 원하는 대로 공부하도록 내버려두기를 조언했다.

신금이 상징하는 아이디어와 창의성으로 나이 또래보다 더 성숙한 언어 구사와 사고력을 보이고 있다.

다만 친구 관계에서 욕심이 많고 경쟁적인 면이 있다. 카리스마를 추구하는 면도 강하다. 이런 경우 교육을 잘 받으면 리더가 될 가능성이 많다. 하지만 그렇지 않으면 자칫 성격이 공격적인 방향으로 발달할 수 있으므로 적절한 통제와 감정 표현을 부모가 도와주어야 한다고 조언했다.

다음의 사주도 표현력이 뛰어나 예술 계통을 생각해 볼 만하다. 이 사주의 주인공은 여름날의 태양이다. 거기에 비겁과 상관이 주를 이루고 있다. 그러므로 자유분방하고 모험적인 면도 높다. 감정 표현을 하는 데도 거침이 없다. 어릴 때부터 표현력이 매우 풍부해서 그림, 글 등에 재능을 보이고 있다. 일찍이 부모도 아이의 그러한 면을 발견하고 좀 더 잘할 수 있도

| | 시주 | 일주 | 월주 | 연주 |
|---|---|---|---|---|
| 일간과의 관계 | 겁재 | | 겁재 | 겁재 |
| 간 | 정화<br>(丁火) | 병화<br>(丙火) | 정화<br>(丁火) | 정화<br>(丁火) |
| 지 | 유금<br>(酉金) | 오화<br>(午火) | 미토<br>(未土) | 유금<br>(酉金) |
| 일간과의 관계 | 정재 | 겁재 | 상관 | 정재 |

록 격려를 해주었다. 아이와 부모 모두 예술 분야로 진로를 정하는 것에 이의가 없었고, 현재 자신이 선택한 분야에서 활발하게 활동하고 있다.


## 조직 생활이 잘 맞는 경우

봄날의 드넓은 땅, 대륙에 비유할 수 있는 사주다. 관성이 많아서 신중하고 조심성이 많고, 자기통제 역량이 지나치다 싶을 정도로 강하다. 게다가 식상이 드러나지 않으므로 표현력이 부족하다. 적성은 사회실제형으로 나왔는데, 실제적이고 확실한 것을 다루기 좋아한다. 따라서 조직 생활을 하면 마치 잘 맞는 옷을 입은 듯 편안함을 느낄 가능성이 높다. 옳고 그름을

| | 시주 | 일주 | 월주 | 연주 |
|---|---|---|---|---|
| 일간과의 관계 | 정관 | | 편관 | 편재 |
| 간 | 을목<br>(乙木) | 무토<br>(戊土) | 갑목<br>(甲木) | 임수<br>(壬水) |
| 지 | 묘목<br>(卯木) | 오화<br>(午火) | 진토<br>(辰土) | 오화<br>(午火) |
| 일간과의 관계 | 정관 | 정인 | 비견 | 정인 |

가리는 직업도 어울린다.

본인이 원하는 장래 희망은 프로파일러로 적성에 맞는다. 다만 식상이 드러나지 않아 직관력과 자기표현력이 부족할 수 있으므로 부모는 아이가 그런 면을 키워나가는 데 도움을 주도록 권유한 케이스다.


## 개인 사업이나 프리랜서 직업군이 더 잘 맞는 경우

가을날의 호롱불, 화롯불에 비유할 수 있는 사주로 식상이 강하다. 따라서 '자유로운 영혼'이라는 표현이 딱 어울린다. 기의 흐름이 다 편재인 유금으로 향하고 있어서 사업을 해도 괜찮은 사주다. 오행의 흐름은 화생토→토생금→금생수로 이어지

| | 시주 | 일주 | 월주 | 연주 |
|---|---|---|---|---|
| 일간과의 관계 | 식신 | | 비견 | 겁재 |
| 간 | 기토<br>(己土) | 정화<br>(丁火) | 정화<br>(丁火) | 병화<br>(丙火) |
| 지 | 유금<br>(酉金) | 미토<br>(未土) | 유금<br>(酉金) | 술토<br>(戌土) |
| 일간과의 관계 | 편재 | 식신 | 편재 | 상관 |

고 있어 유금의 재성이 상징하는 경제, 컴퓨터, 정보, 통계 분야
가 적성에 맞는다. 다만 관이 없어서 다른 사람의 간섭이나 조
언을 기꺼워하지 않는다. 따라서 조직 생활에는 맞지 않으므로
자유업이나 자기 사업을 하는 편이 좋다.

다음 사주도 조직 생활보다는 다른 길이 더 잘 어울리는 경
우다. 자연현상으로 가을날의 바다에 비유할 수 있다. 모든 오
행이 금과 수로 강하다. 따라서 자기 주장이 매우 강하다. 연주
에 하나 있는 갑목이 강한 물을 빨아들이기에는 역부족이다.
자기를 통제하는 관성인 토의 오행이 드러나지 않아 절제력도
약하다. 생각은 많으나 행동으로 옮기지를 못한다. 식신과 비
겁의 특성으로 인해, 자유분방하며, 자기 마음대로 하려고 한
다. 지겨운 것을 못 참는 성향도 강하다. 이런 경우 어릴 때부
터 인내력과 자기 통제력을 길러줘야 한다.

| | 시주 | 일주 | 월주 | 연주 |
|---|---|---|---|---|
| 일간과의 관계 | 정인 | | 겁재 | 식신 |
| 간 | 신금<br>(辛金) | 임수<br>(壬水) | 계수<br>(癸水) | 갑목<br>(甲木) |
| 지 | 해수<br>(亥水) | 자수<br>(子水) | 유금<br>(酉金) | 신금<br>(申金) |
| 일간과의 관계 | 비견 | 겁재 | 정인 | 편인 |

적성을 살펴 보면 강하게 드러난 수와 식신인 목의 기를 사용할 수 있는 탐구예술형이다. 다만 프리랜서로 일할 수 있는 직업을 선택해야 한다. 조직 생활을 하기에는 어려움이 많기 때문이다. 컴퓨터, 디자인 등과 관련된 직업을 권했다.

다음의 경우도 자유롭게 일하는 환경이 더 잘 맞는 경우로, 한겨울의 호롱불, 화롯불에 비유되는 사주다. 식상이 많아 무슨 일이든 일단 자기 하고 싶은 대로 해야 한다. 자기를 통제하는 관성인 계수가 연주에 있고 월주에 있는 편인에 해당하는 을목을 생해주고 있어 일간의 힘이 약하지 않으나, 전반적으로는 식상의 힘이 더 강한 구조를 보이고 있다.

또한 축토와 미토가 겨울날과 여름 땅으로 충돌이 일어나는지라 마치 늘 지진이 일어나는 현상이다. 따라서 늘 새로운 것을 추구하고 역동적인 성향을 보인다. 창의성을 뜻하는 신금

| | 시주 | 일주 | 월주 | 연주 |
|---|---|---|---|---|
| 일간과의 관계 | 상관 | | 편인 | 편관 |
| 간 | 무토<br>(戊土) | 정화<br>(丁火) | 을목<br>(乙木) | 계수<br>(癸水) |
| 지 | 신금<br>(申金) | 미토<br>(未土) | 축토<br>(丑土) | 유금<br>(酉金) |
| 일간과의 관계 | 정재 | 식신 | 식신 | 편재 |

이 시주에 있고 식신의 힘이 강하니 식상의 특성대로 자유분
방하고 표현력, 감수성, 감각적인 성향을 펼칠 수 있는 직업이
좋다. 그러나 부모는 아이가 공무원과 같은 안정된 조직 생활
을 하기 원했다. 당연히 아이는 부모 마음과는 달리 자기 하고
싶은 대로 하려는 마음이 훨씬 더 커서 갈등을 빚은 사례다.
아이는 적성이 예술탐구형으로, 광고나 홍보 등 자유롭게 기
를 발산할 수 있는 분야에서 프리랜서로 일하는 것이 좋다. 그
러한 설명을 듣고 부모가 자녀가 원하는 대로 해주겠다고 해
서 갈등이 해소된 경우다.

# 6

# 내 아이가
# 적성을 찾지 못해
# 길을 잃었다면

내 아이가 어릴 적부터 한 분야에 두각을 드러내거나, 원하는 바를 분명히 정한다면 얼마나 좋겠는가. 하지만 적성을 발견하여 제 길을 찾아나서는 게 모두에게 쉬운 일은 아니다. 아이가 도통 무엇에도 흥미를 붙이는 못하는 경우도 있고, 도무지 안 될 것 같은 길에 인생을 걸겠다고 말하는 경우도 있다. 그런 때 아이에게 "일단 공부나 해보고 말해라"라는 무성의한 대답을 하지 않으려면 어떻게 해야 할까? 명리학으로 내 아이의 성질을 살펴보는 것이 도움이 될 수 있다는 조언을 전하고 싶다. 다음은 임상을 통해 내가 직접 만난 몇 가지 사례다.

여름날의 바다에 비유할 수 있는 사주다. 겁재를 제외하고는 오로지 재성만 있다. 이런 경우 공부보다 이성에 더 관심을 기울일 가능성이 매우 높다. 게다가 병화와 임수가 충을 이루는 구조로 두뇌는 명석하지만 성격이 급하고 충동적이다. 이런 경우에는 인수가 있어서 인내심과 자비심 등을 키울 수 있어야 하는데 그렇지 못하다. 표현력에 해당하는 식상도 없는 사주다. 따라서 부모가 아이가 어릴 때부터 표현력을 기르도록 도움을 주고 아이의 충동적인 면에 대해서도 이해하는 마음으로 대하는 것이 필요하다.

그런 다음 아이가 적성을 찾을 수 있도록 차근차근 접근하는 것이 중요하다. 그러나 아들의 특성을 알지 못한 부모가 아

| | 시주 | 일주 | 월주 | 연주 |
|---|---|---|---|---|
| 일간과의 관계 | 편재 | | 겁재 | 편재 |
| 간 | 병화<br>(丙火) | 임수<br>(壬水) | 계수<br>(癸水) | 병화<br>(丙火) |
| 지 | 오화<br>(午火) | 자수<br>(子水) | 사화<br>(巳火) | 자수<br>(子水) |
| 일간과의 관계 | 정재 | 겁재 | 편재 | 겁재 |

이가 어릴 때부터 공부만 할 것을 강요하고, 넌 왜 그 모양이냐고 몰아붙여서 상황이 더 나빠진 경우였다. 부모에게 아이의 특성을 설명하고 이제부터라도 아이에게 도움이 되는 쪽으로 노력할 것을 조언했다. 다행히 부모와 아이 모두 상담 과정을 이해하고 잘 진행해 나갔고 아이는 공부에도 차츰 흥미를 보였다. 거기에 명석한 두뇌도 빛을 발해 과학고에 진학했다.

## 학교생활에 제대로 적응하지 못한 경우

아래 사주의 주인공 또한 진로 탐색에 어려움을 겪었다.

봄날의 호롱불에 비유되는 사주다. 아직 추운 기운이 남아 있는 봄에 따뜻함을 가져다주는 오행으로 무엇보다 때를 잘

| | 시주 | 일주 | 월주 | 연주 |
|---|---|---|---|---|
| 일간과의 관계 | 식신 | | 정인 | 편관 |
| 간 | 기토<br>(己土) | 정화<br>(丁火) | 갑목<br>(甲木) | 계수<br>(癸水) |
| 지 | 유금<br>(酉金) | 미토<br>(未土) | 인목<br>(寅木) | 사화<br>(巳火) |
| 일간과의 관계 | 편재 | 식신 | 정인 | 겁재 |

만난 사주라고 할 수 있다. 인수가 2개 있고 겁재가 있어서 강하면서도 식신의 힘으로 바로 재물을 창출해 내는 식신생재(食神生財)가 잘 이루어져 있다. 이런 경우 자기 뜻을 잘 펼칠 수 있는 사주라고 본다.

다만 이 사주의 주인공은 학교에서 친구들과 관계가 좋지 않아 어려움을 겪고 있었다. 그로 인해 원래도 학교생활이 재미없었는데 더욱 학교에 가기 싫다고 해서 내원했다. 부모의 걱정이 이만저만이 아니었다. 벌써 속을 썩이면 나중에 어떻게 감당하겠느냐고 호소하기도 했다. 그러나 아이의 사주는 나무랄 데가 없었고, 정신의학적 검사에서도 두뇌가 명석하고 자율적이고 신중한 타입이라는 결과가 나왔다. 적성은 식신의 기운과 연관된 예술탐구형으로 조언해 주었다.

부모에게 아이의 사주를 설명해 주고 본래가 똑똑한 아이니 장래 희망은 스스로 결정하게 해도 된다고 설명해 주었다. 그제야 부모는 안심하고 아이의 성장을 지켜보기로 했다.

## 부모가 아이를 이해하지 못해 어려움을 겪은 경우

가을날의 아름드리나무에 비유할 수 있다. 인수인 수의 오행이 드러나지 않고 오화와 술토가 합쳐져서 화의 오행을 만들

|  | 시주 | 일주 | 월주 | 연주 |
|---|---|---|---|---|
| 일간과의 관계 | 비견 | | 편관 | 상관 |
| 간 | 갑목<br>(甲木) | 갑목<br>(甲木) | 경금<br>(庚金) | 정화<br>(丁火) |
| 지 | 술토<br>(戌土) | 오화<br>(午火) | 술토<br>(戌土) | 묘목<br>(卯木) |
| 일간과의 관계 | 편재 | 상관 | 편재 | 겁재 |

어내는 구조다. 따라서 이 사주에서 상관에 해당하는 화의 오행이 더 강해져서 자유분방하고 편재가 가까이 있어 경제적 산물과 이성에 관심이 많다. 편관인 경금이 있으나 상관인 정화가 녹이는 형상으로 관의 힘이 강하지 않다. 이처럼 관과 상관이 바로 옆에 있으면 사회의 관습에 저항적인 특성을 보이는 경우가 많다.

게다가 갑목과 경금이 서로 충돌하는 양상이다(아름드리나무를 상징하는 갑목을 톱을 상징하는 경금이 바로 치는 양상을 생각하면 된다). 따라서 머리는 좋으나 조급하고 충동적인 면도 높다. 이성을 좋아하고 자기 절제를 잘하지 못한다.

그런데 아빠가 매우 강압적이고 엄격한 타입이다. 아들은 그러한 아빠에게 어릴 때는 순종적이었지만 사춘기 이후에는 그 분노를 수동공격적인 방법으로 표출했다. 마침내 이성과의 문제로 법적인 문제까지 일으켜 내원하게 된 케이스였다.

아들은 아빠의 강권으로 경영학과에 들어갔으나 적성에 안
맞는다고 그만둔 상태였다. 그의 경우에는 차라리 국제학이나
여행 사업 쪽이 더 적성에 맞았다. 그런 적성과 아들의 수동공
격적인 심리를 부모에게 설명해 주자 관계가 개선되었다.

다음 사주의 주인공도 적성을 찾지 못했던 경우다.

| | 시주 | 일주 | 월주 | 연주 |
|---|---|---|---|---|
| 일간과의 관계 | 겁재 | | 편재 | 편재 |
| 간 | 기토<br>(己土) | 무토<br>(戊土) | 임수<br>(壬水) | 임수<br>(壬水) |
| 지 | 미토<br>(未土) | 오화<br>(午火) | 인목<br>(寅木) | 오화<br>(午火) |
| 일간과의 관계 | 겁재 | 정인 | 편관 | 정인 |

봄날의 대륙으로 정인과 겁재가 많아 고집이 세다. 또 목화
토의 오행이 많아 성격은 밝으나 세밀한 면이 부족하고 인내
심이 낮아 조급하다. 성적이 자기 원하는 대로 나오지 않는 것
을 두고 부모님 때문이라는 생각을 가지고 있었으며, 자해를
하는 행동을 보여 내원하게 되었다.

아이의 아빠는 자수성가한 타입으로 돈에 대한 집착이 강하

고, 돈으로 아이를 통제하려는 면이 높았다. 그러다 보니 아이도 자연스레 돈에 대한 집착을 보였다. 본인은 음악을 하고 싶어 하나 식상이 드러나지 않아 표현능력이 약했다. 관성이 도움이 되므로 순수 음악보다는 예술기업형으로 적성과 진로를 모색할 것을 조언했다. 또 아이가 표현 역량을 키울 수 있도록 부모가 지도하고 격려해 주어야 한다는 말을 전했다.

다음 사주도 진로 탐색에 어려움을 겪었던 경우다.

| | 시주 | 일주 | 월주 | 연주 |
|---|---|---|---|---|
| 일간과의 관계 | 편인 | | 정인 | 정관 |
| 간 | 계수<br>(癸水) | 을목<br>(乙木) | 임수<br>(壬水) | 경금<br>(庚金) |
| 지 | 미토<br>(未土) | 축토<br>(丑土) | 오화<br>(午火) | 신금<br>(申金) |
| 일간과의 관계 | 편재 | 편재 | 식신 | 정관 |

여름날의 작은 나무다. 여름날의 나무는 일단 물을 필요로 한다. 수의 오행은 이 사주에서는 학문이나 부모와의 관계를 상징한다. 그런데 이 사주에는 그 수의 오행의 힘이 강하다. 연주의 금의 오행으로 인해 수의 오행이 계속 생성되는 구조이기 때문이다. 게다가 지지의 축토와 신금에도 지장간의 형태

로 수의 오행이 자리 잡고 있어, 자칫 물에 떠내려가는 나무가 되는 형국이다.

아이는 엄마에게 음악을 전공할 것을 강요받고 있었다. 상담 결과 엄마는 자신이 어릴 때부터 피아노를 잘 쳐서 그쪽을 전공하고 싶었으나, 부모의 반대로 잘되지 않은 듯했다. 그러자 아이가 아주 어릴 때부터 음악가로 만들겠다며 동분서주하고 있었다.

문제는 이 아이의 사주에서 예술성을 상징하는 화의 오행이 그 많은 수의 오행을 견디지 못하고 꺼지는 형상이라는 점이다. 게다가 자기 노력의 결실을 상징하는 오행인 축토도 시지에 있는 미토와 겨울땅, 여름땅으로 부딪치는 형상이라 마음이 불안정하다. 따라서 아이는 늘 마음이 불안정하고 쉬이 상처를 받는다고 호소했다. 처음부터 피아노가 싫었고 그렇다고 하고 싶은 것도 없다며 무력감만을 호소했다. 오히려 식신생재의 흐름을 살려 경영이나 경제 쪽을 고려해 볼 것을 권유했고, 관련 전공을 선택해서 학교를 잘 다니고 있다.

# 7

# 부모가 아이의
# 길잡이가 될 때

한국교육개발원이 교육에 대한 국민의 인식 변화를 발표한 적이 있다. 그중 부모에게 "언제 자녀 교육에 성공했다고 느끼는가?" 하는 질문이 있었다. 그런데 그 대답이 흥미로웠다. 과거와는 달리 "자녀가 하고 싶은 일, 자기가 좋아하는 일을 하게 되었을 때"라는 대답이 가장 높은 비율을 차지했다는 것이다. 참으로 반가운 현상이다.

자녀에게 맞는 적성과 진로를 찾아주는 데 성공하는 부모 유형이 정해져 있는 것은 아니다. 단지 아이가 정말 좋아하는 일을 할 수 있도록 도와주려는 마음이 필요하다. 나아가 아이가 그 분야에서 꿈을 이룰 수 있도록 지치지 않고 이끌어준다면 더 바랄 것이 없지 않을까. 그런 부모에게는 공통된 특징이 있다.

첫 번째는 아이에게는 자기만의 소우주가 있다는 사실을 이해하는 것이다. 우리는 누구나 나만의 소우주를 가지고 이 세상에 태어난다. 부모와 자녀의 관계 역시 전적으로 소우주와 소우주의 만남이다. 나는 그것이 명리학이 지닌 가장 큰 매력이라고 생각한다. 명리학은 한 사람, 한 사람이 모두 소우주라는 대전제에서 출발하기 때문이다.

지금처럼 과학이 발달한 시대에도 뇌에 관한 연구는 아직도 걸음마 단계라고 할 수 있다. 그런데도 현재 우리는 인간의 뇌세포가 1000억 개에 이르며 1개의 뇌세포가 옆의 세포와 맞닿은 점이 10만 개라는 사실을 알고 있다. 이는 우리 뇌에 무려 1경의 뇌세포 연결고리가 있다는 것을 뜻한다. 그리고 그걸 통해서 전달되는 정보는 어마어마하다.

작가 빌 브라이슨은 그의 책에서 우리 몸에 있는 DNA를 이으면 명왕성까지 도달할 것이라고 했다. 프로이트나 카를 융의 주장대로 우리 뇌 안에 자리 잡은 무의식의 세계는 또 얼마나 엄청난가. 아이는 그 자체로 하나의 세계이고 우주다. 따라서 부모는 그처럼 명백한 아이의 세계를 존중해 주는 것이 필요하다.

두 번째 특징은 어떠한 편견이나 선입견도 없이 내 아이가 어떤 기질 특성을 가졌는지, 잠재력은 어떠한지 살펴보는 시간을 가진다는 점이다. 많은 부모가 내 자녀가 어떤 특성을 갖고 태어났는지, 무엇을 좋아하는지 모르면서 그들에게 부모의 가치관이나 희망을 강요한다. 그러나 아이는 절대 말랑말랑한 진흙처럼 부모나 주위 사람들이 원하는 대로 성장해 주는 존재가 아니다. 그러므로 부모는 더욱 자녀를 나만의 잣대나 기준으로 살펴보는 태도에서 과감히 벗어나야 한다. 그 대신 아이의 특성을 빨리 파악해서 올바른 길잡이 역할을 해주는 것이 더 필요하다. 명리학은 이 부분에서도 큰 도움이 된다.

예를 들어 아이가 식상이 강한 특성이면 자유롭게 자기 끼를 발휘하도록 도와주고, 인수가 강하면 공부를 도와주되 한편으로는 표현력을 발휘하도록 해주는 것이다. 또한 지나치게 비겁이 강한 아이는 그 경쟁심을 누그러뜨리도록 도와주고, 관이 많은 아이는 심하게 자기비판을 하거나 불필요한 힘을 쓰지 않도록 도와주는 것이 필요하다. 불필요하게 충이 많은 친구는 그 충동성을 다스릴 방법을 찾도록 해주고, 합이 많은 친구는 우유부단한 특성으로 결정에 어려움을 겪을 가능성이 있으므로 그것을 보완해 줄 방법을 찾아주는 것이 도움이 된다.

세 번째 특징은 아이 문제에 지나치게 죄책감을 갖지 않는다는 것이다. 우리는 '자식 농사'라는 말을 종종 쓴다. 마치 농부가 그러듯 정성을 다해 돌봐주어 아이가 장차 좋은 결실을 맺도록 만드는 모습을 두고 하는 말이다. 그런데 문제는 그냥 농사도, 자식 농사도 내 마음대로 되지 않는다는 데 있다. 농사만 하더라도 아무리 농부가 열심히 노력한다 해도 때로는 가뭄이나 홍수가 일어나는 등 자연이 도와주지 않는다. 자식 농사도 마찬가지다. 한 아이가 자라서 어른이 되고 성공적인 인생을 살아가는 데는 많은 변수가 작용한다.

그런데도 적지 않은 부모가 내 아이가 조금이라도 잘못될 기미가 보이면 허둥대면서 '내가 뭘 잘못한 걸까' 하고 자책 모드로 돌입한다. 그런 경우에 부모는 아이의 미래를 생각하기보다 눈앞의 어려움과 갈등에 매몰될 가능성이 높다.

○ ● ○

자녀 문제로 고민하는 사람들이 흔히 하는 질문이 있다. 바로 "사람을 이루는 것은 선천적 본성인가, 아니면 후천적 양육의 결과인가?"라는 질문이다. 아마도 '반반의 조화'가 가장 적절한 대답일 것이다. 가로와 세로가 만나서 점이 이루어지듯이 한 사람의 삶의 흐름을 구성하는 요소도 마찬가지다. 내가 아무리 부모 역할에 전력을 다해도 나는 결국 아이 인생에 50%의 영향력밖에 발휘하지 못하는 것이다. 그러므로 부모라고 해서 자녀 문제에 지나치게 죄책감을 가질 필요는 없다.

특히 워킹맘의 경우 그러한 자책감은 진정으로 도움이 되지 않는다. 내 경험만 봐도 그렇다. 아이에게 엄마 손길이 필요한 시기에 난 늘 일에 파묻혀 있어야만 했고, 아이들을 제대로 돌보지 못한다는 생각 때문에 괴로웠다. 아이가 그것을 두고 원망할 때는 더욱 힘들었다. 그런데 지나고 보니 부모가 아이에게 믿음과 희망만 지니고 있으면 아이는 결국은 자기 역량을 발휘한다는 걸 알게 되었다. 아이도 성장한 후에는 엄마의 입장을 이해했다. 자신이 부모에게 바라는 것이 너무 많았음을 이제는 안다고 내게 털어놓은 것이다.

그러니 부모가 흔들리지 않고 아이를 믿어주고, 아이를 이해하려 노력하는 태도가 가장 중요한 것인지도 모른다. 결론적으로 부모가 아이의 적성과 진로를 찾아주는 일에 성공하려면 아이 앞날에 지나치게 자기 발자국을 남기려 해서는 안 된다는 것이 내 생각이다. 아이에게는 아이만의 우주가 있다는 사실을 기억하자.

# 5장

---

아이가 잠재력을
꽃피울 수 있도록

"나뭇잎도 햇빛에 반짝이는 앞면이 있으면

그 뒷면에는 그림자가 지기 마련이다.

진정한 부모의 역할이란

아이가 환히 빛나도록 돕는

나뭇잎 뒷면의 그림자 같은 것이 아닐까."

# 아이의 운명은
# 부모가
# 만들어줄 수 없다

과거에 지인이 손주가 태어날 날짜를 잡아달라고 부탁해서 거절한 경험이 있다. 그는 손주가 좋은 사주를 가지고 태어나 남부럽지 않은 인생을 살기를 바랐던 것이다. 하지만 여덟 글자를 제대로 맞춰서 좋은 사주를 만들어내는 것도 쉽지 않은 일이다. 또한 어떤 사주를 찾아줘도 분명 부족한 부분은 있을 텐데, 그 아이에게 혹시 문제가 생기지는 않을지 내가 내내 노심초사할 수도 있다는 생각도 들었다. 본래 사주라는 것은 같은 내용을 두고도 이를 읽어내는 사람의 실력에 따라 결과가 다르게 나온다. 같은 원두로 커피를 내려도 바리스타의 실력에 따라 맛이 달라지는 것처럼 말이다.

한번은 아들이 제구실을 못해서 속상하다며 한 부모가 나를 찾아왔다. 아들이 공부는 그런대로 잘했는데 사회생활을 잘 못하고, 자기가 해야 할 일을 번번이 미뤄서 아직도 부모가 해결해 주는 경우가 많다는 것이다.

| | 시주 | 일주 | 월주 | 연주 |
|---|---|---|---|---|
| 일간과의 관계 | 편재 | | 편재 | 정인 |
| 간 | 병화<br>(丙火) | 임수<br>(壬水) | 병화<br>(丙火) | 신금<br>(辛金) |
| 지 | 오화<br>(午火) | 술토<br>(戌土) | 인목<br>(寅木) | 유금<br>(酉金) |
| 일간과의 관계 | 정재 | 편관 | 식신 | 정인 |

아들의 사주는 자연현상으로는 봄날의 바닷물이었다. 연주에 정인이 있어 물의 뿌리가 튼튼하다. 즉 깊은 산속 바위틈에서 계속 물이 흘러나오는 형상이다. 일주에 편관이 있어 그 물줄기가 다른 데로 가지 않고 고여서 삶에 도움을 줄 수 있는 양상이다. 월주에 식신이 있어 자기가 하고 싶은 대로 행동하는 자유분방한 성향을 띠고 있었다. 아이디어도 풍부하고 표현력도 우수하다. 감각적이고 감수성도 좋다. 부모 이야기로는 예술 쪽을 전공했다고 한다.

이 사주는 제왕절개로 날짜를 잡아 태어난 경우였다. 그런데 제왕절개를 하게 되어 인간의 의지로 사주를 맞추는 경우에는 태어나는 시간을 기준으로 잡는 때가 많다. 드물게 태어나는 날까지 잡는 경우도 있지만 이는 쉽지 않다. 이 사주는 본인들이 날까지 잡았는지, 시간만 잡았는지 기억을 잘 못 하기에 내가 웃으면서 "돈 많이 버는 사주에 맞춰 그 시간을 잡았나 보군요?" 하고 물었더니 그렇다고 했다.

나는 그들에게 제왕절개로 잡은 시간이 정말 이 사람의 운명이 되었는지는 모르겠지만 이 사주대로 산다면 큰 걱정이 없을 것이라고 말했다. 특히 지지에 인목, 술토, 오화가 합쳐져서 큰돈을 상징하는 오행으로 변화하니 사주를 믿고 기다려 보자고 했다. 그러자 부모가 조금 안심했다. 다만 사회생활을 제대로 하려면 식신이 힘이 있어야 하는데 연지의 유금이 목을 극해서 그 점이 조금 걱정이 된다고 덧붙여 설명을 해주었다. 이 사주의 내용대로라면 지금은 모든 것이 마음에 안 들어 방황하는 시기이니 우선 지켜보자고 조언했다.

○ ● ○

앞서 내가 60개의 일주를 기술한 것은 명리학에서는 일주의 첫 번째 글자인 일간을 '나'에 해당한다고 하여 중요하게 생각하기 때문이다. 그다음 나머지 일곱 개의 오행이 일간이 힘을 제대로 발휘하도록 잘 돕고 있는 형상인지를 살피는데, 거기에 또 중요한 것이 월지다. 월지는 내가 태어난 환경을 뜻하기 때문이다. 따라서 제대로 날짜를 잡으려면 태어나는 달과 태어나는 날을 먼저 살펴야 한다.

우리 생명의 근원은 부모의 정자와 난자가 결합된 날부터 시작된다. 역사 드라마를 보면 왕이나 왕자의 합궁일을 중요하게 여겨 따로 정하는 이유가 여기에 있다. 그래야 10개월 후 태어난 날을 건강하게 잡을 수 있다는 이치다.

요즘은 젊은 부부들이 아이가 태어날 날을 정하는 경우도 종종 본다. 그런데 병원의 사정도 있으니 아이의 태어날 날과 시간까지 다 정하기는 조금 어렵다. 그래서 대부분 시간을 기준으로 수술 계획을 세운다. 하지만 앞서도 기술했듯이, 아무리 날짜와 시간을 선택해도 내가 가질 수 있는 것은 여덟 글자뿐이니, 어떤 선택을 해도 미련은 남는다. 그리고 요즘은 대부분의 부모가 자신의 아이는 자기 뜻대로 편하게 살고 돈을 많이 벌기를 바란다. 그래서 식상과 재성이 강한 사주들이 많이 태어나는 것 같다. 또 요즘 부모들이 제일 싫어하는 사주가 관성이 강한 사주들이니, 아이들이 자유분방한 것도 그 영향이 있지 않나 싶긴 하다.

하지만 생명의 탄생에 우리가 인위적으로 얼마나 관여할 수 있겠는가 하는 생각이 들기도 한다. 내 실수를 하나 고백하자면 언젠가 더운 여름날 아스팔트에서 달팽이를 보았다. 날도 덥고 길에 오가는 사람도 참 많아서 과연 저 달팽이가 멀리 떨어져 있는 숲속까지 갈 수 있을까 걱정이 되었다. 지나가는 사람들의 발에 자칫 밟힐 뻔한 위기의 순간을 몇 번 보고 나서 아무래도 안 되겠다 싶어서 긴 막대기로 달팽이를 집어서 풀숲으로 옮겨주었다. 그런데 그 달팽이가 그것을 스트레스로 여겼는지 움직이지 않는 것이었다.

내 나름대로 도와준다고 한 행동이 오히려 달팽이를 힘들게 한 것 같아 마음이 아프고, 자연에서 벌어지는 일에는 인위적으로 관여해서는 안 되겠구나 하는 생각이 들었다. 자연 다큐를 찍는 사람들은 동물이 어려움에 처했을 때 어떻게 행동해야 할지 딜레마를 겪는다는 내용의 인터뷰를 본 적이 있다. 자신들은 지켜볼 뿐 자연에 관여하지 않는다는 것을 철칙으로 세우고 있다고 한다. 그런데 언젠가 그 철칙을 깬 다큐 감독의 고백을 보기도 했다. 그 감독은 펭귄들을 촬영하고 있었는데 펭귄들이 계속 막다른 얼음 계곡으로 가서 나오지 못하고 죽어가는 것을 보게 되었다고 한다. 그래서 보다 못해 인위적인 방법으로 펭귄들이 향하는 길을 돌려놓았다. 자신의 행동이 잘못되었다는 것을 알았지만 눈앞에서 펭귄들이 죽는 것을 더 이상 두고볼 수 없었다고 했다.

자녀에게 행복한 인생을 만들어주고 싶은 마음은 어떤 부모든지 똑같을 것이다. 그런데 그것이 인위적으로 가능한지는 잘 모르겠다. 제왕절개로 태어난 아이들의 삶을 추적 조사하는 연구가 많아지면 답을 찾을 수 있을 것으로 본다.

　내가 큰아이를 낳았을 때는 아예 명리학의 명자도 모를 때였다. 그러니 그냥 아이가 나오는 시간에 그대로 출산했다. 그런데 둘째를 낳을 때는 담당 산부인과 의사가 조금 별스러운 분이었다. 내가 새벽부터 진통이 온다고 연락하니, 자기가 잘 아는 명리학자가 있다는 이야기를 꺼낸 것이다. 그러더니 그분에게 연락해서 내 아이를 위한 시간을 잡아줄 테니 그때까지 무조건 버티라는 것이었다. 나는 좋은 시간에 아이를 낳고 싶은 욕심에 그 시간까지 무조건 버텼다. 아이를 낳아본 여자라면 그 산통이 얼마나 힘든지 알 것이다. 아이가 나오지 못하게 하려면 움직여야 한다고 해서 나는 명리학자가 골라준 시간이 되기 전까지 환자 진료도 다 보고 분만실로 들어갔다.

　그런데 내가 직접 명리를 공부해 보니 그 좋다는 시간에도 문제가 있다는 게 보였다. 역술가가 그 시간을 권한 이유도 알 수 있었지만, 차라리 아이가 태어나려고 했던 시간에 자연스럽게 아이를 낳아도 나쁘지 않았겠다는 생각이 들었다.

　경험 많은 어느 명리학자가 이야기하기를 그동안 여러 명의 제왕절개 시간을 잡아주었는데, 어떤 때는 산모의 사정으로,

어떤 때는 병원의 사정으로 그 시간에 수술을 못하게 되는 경우를 많이 보았다고 한다. 그는 그 광경을 보고 어쩌면 그것도 운명일 것이라는 생각을 했다고 한다.

> "죽어서 우리의 영혼이 어디로 간다면, 태어나기 전에도 그 영혼은 어디에선가 왔다는 것이다. 그 어디에서 온 영혼이 우리 몸으로 들어오면 우리는 그것을 탄생이라고 한다."

이는 톨스토이가 한 말이다. 그의 말처럼 내가 존재하는 것은 그냥 어떤 시점부터 이루어진 일이 아니다. 태어나기 전부터 이어진 일련의 과정이 나의 탄생으로 결실을 맺은 것이다. 이렇게 생각해 보면 우리 한 사람, 한 사람이 얼마나 소중한 존재인지 알 수 있다.

지금도 아이의 탄생 시점을 두고 고민하는 부모들이 있을 것이다. 개인적인 의견을 말하자면, 자연 분만을 하는 경우에는 자연스러운 탄생과 사주를 받아들이고, 의학적 이유로 제왕절개를 할 수밖에 없다면 조금은 고심하여 날짜를 정해 볼 것을 권한다. 지금으로서는 인간이 정한 사주가 진짜 아이의 운명이 될 것인지에 대해서는 확언을 내리기 어렵다. 실제적인 데이터가 더 쌓여야 함께 살펴볼 수 있는 부분이라 여긴다.

# 부모가 갖춰야 할
# 기본적인 양육 태도

아이를 양육하는 일은 누구에게나 쉽지 않다. 어떻게 아이를 보살피고 가르칠 것인지 부부가 함께 논의하며 길을 찾아도 헤매기 십상이다. 부부의 가치관과 성장 과정이 다르기 마련이며, 아이를 바라보는 시각도 다를 수 있기 때문이다. 따라서 이 시기에 아이가 혼란을 느끼지 않도록 주의할 필요가 있다. 그 과정에서 명리학으로 아이의 기질을 확인한다면 가정 내의 어려움이 줄어든다는 것이 내 생각이다. 아이의 전반적인 특징을 부부가 함께 이해하면 양육 방향을 맞추는 데에도 큰 도움이 되기 때문이다.

아이에 대한 이해와 더불어 부모로서의 태도를 학습하는 것도 또한 중요하다. 내 아이에게 최선의 환경을 마련해 주고 싶은 마음은 모두 똑같다. 다만 정답이 무엇인지 확신을 갖지 못해 방황하는 것이다. 다음 내용을 통해 아이를 양육할 때 기본적으로 갖춰야 할 태도를 알아보자. 무엇이든 기본이 중요하다. 가장 핵심적인 부분부터 차근차근 노력하다 보면 아이에 대한 이해도도 높아지고, 아이와의 관계도 더욱 좋아질 것이다.

## 아이들이 보내는 작은 메시지 경청하기

내가 아이들과 갈등을 겪었던 이유 중 하나가 아이들의 말을 잘 듣지 않았다는 것이었다. 아이들이 나에게 뭔가 이야기를 하거나 부탁할 때를 떠올려 보면 나는 늘 바빴다. 일상에서 처리해야 할 일들도 많았고, 사회생활을 포함해서 주위 사람들과의 갈등으로 힘들어했으며 그만큼 스트레스도 컸다. 그러면서도 나는 아이들에게 많은 시간과 정성을 쏟고 있고, 내가 아이들을 위해 많은 것을 희생하고 있다고 생각했다. 그런데 나중에 아이들과 이야기를 나눠보고 나서야 그렇지 못했다는 사실을 알았다.

어린 시절 아이들의 가장 큰 불만은 나에게 뭔가를 이야기해도 그것을 듣지 않거나 내 식대로 생각해서 거절했다는 것이다. 더 큰 불만은 나중에는 결국 자기네들이 이야기한 대로 내가 한 것이었다고 한다. 그제야 나는 내가 내 방식대로 아이들을 키워왔다는 것을 깨달았다. 이유는 간단했다. 그게 가장 쉬웠던 것이다.

인간관계에서 일방적인 것처럼 쉬운 일이 어디 있는가. "이거 해라"하고 명령을 내리고 상대방이 그 명령을 듣지 않으면 야단치면서 잘못되었다고 평가해 버리는 방식이다. 부모가 그처럼 일방적인 방식으로 밀어붙이기 가장 쉬운 대상이 바로 아이들이다. 배우자, 친구, 동료 등 다른 인간관계는 그렇게 만만하지가 않다. 그들은 대체로 자기 생각을 강력하게 주장할 뿐 아니라, 나 역시 그들과의 관계가 중요하다 보니 거절할 필요가 있는 경우에도 쉽게 거절하지 못한다.

그러나 상대적으로 아이들은 만만한 존재다. 아이는 경제적으로나 정신적으로 독립할 때까지는 부모에게 의존할 수밖에 없고, 당연히 부모에게 사랑받기를 원한다. 그러니 나도 모르게 인간관계에서 가장 쉬운 방식인 일방적이고 지배적인 태도를 취하게 된다. 그 과정에서 아이들이 경험하는 스트레스는 내가 겪고 있는 것에 비해서는 아무것도 아니라고 의식적으로나 무의식적으로나 무시한다.

어느 학원 강사가 들려준 이야기가 있다. 새로 일하게 된 곳에서 처음 아이들을 만난 날이었다. 여자아이들 몇이 쪼르르 와서 "선생님, 결혼하셨어요?" 하고 묻기에 그렇다고 대답했는데 그다음에 한다는 말이 기막혔다. 아이들이 "결혼하신 건 할 수 없고, 그럼 아이만은 절대 낳지 마세요"라고 했다는 것이다. 그러면서 "우리도 정말 사는 게 힘들거든요" 하고 덧붙이기까지 하더라고. 곱씹어볼수록 놀라운 이야기다.

많은 부모가 예전의 나처럼 아이들이 힘들다고 하소연하거나 부탁하는 말을 할 때 제대로 들어주지 않는다. 그러다 보니 내 아이들처럼 커서 반발하거나, 아니면 학원의 그 깜찍한 아이들처럼 어릴 적부터 사는 게 고달프다고 하소연하는 일이 생겨난다. 그런 일을 예방하려면 어릴 때부터 아이들이 보내는 작은 메시지에 집중해서 귀를 기울이는 노력이 필요하다. 내가 굳이 내 아이들의 말을 경청하지 못한 이야기를 털어놓은 이유도 그 때문이다.

## 부모도 때로는 자녀에게 사과할 수 있어야 한다

아이들은 성장 과정에 있기에 상처에 더 취약하다. 나는 그것을 길에 타설한 콘크리트가 굳기 전에 막대기가 박히면 다시 빼기 힘든 상태에 놓이는 것에 비유하곤 한다. 상처를 준 부모나 상처를 받은 아이나 그 순간에는 잘 모르고 지나갈 수도 있다. 하지만 아직 모든 면에서 성장 단계에 있는(굳기 전의 콘크리트와 같은) 상황에서 박힌 상처인지라 더 깊은 내면에 침투할 수밖에 없다. 그리고 그것을 제거하기는 너무도 어렵다. 아이들이 두고두고 어린 시절 받은 상처에 대해 이야기하는 이유도 그 때문이다.

한 여성이 상담 중에 "우리 부모님은 내게 진심으로 사과하기 전까지는 돌아가실 수 없다"라는 요지의 말을 한 적이 있다. 그녀는 어린 시절부터 학대에 가까운 상황 속에서 부모에게 상처를 받으며 성장했다고 한다. 그런데 자신이 어른이 되어 결혼하고 아이를 낳고 보니 부모가 자신에게 어떻게 그럴 수 있었는지 도저히 이해할 수 없었다는 것이다. 어느 날 마음을 굳게 먹은 그녀는 부모를 만나 성장 과정에서 자신이 받은 상처에 관한 이야기를 꺼냈다. 단지 부모가 미안하다고 사과해 주기를 바라서였다. 하지만 부모는 그랬던 기억이 없는데 무슨 엉뚱한 소리냐며 오히려 화를 냈다. 그 후로 그녀는 더 이상 부모를 보고 싶지 않아졌다. 문제는 그러자니 자신도 나쁜 사람이 된 듯한 죄책감에 괴로움을 겪게 된 것이다. 그 문제를 해결하기가 힘들어서 나를 찾아온 것이었다.

임상 사례 중에는 부모를 향한 분노가 지나쳐서 사회생활마저 제대로 하지 못하는 경우도 있다. 강박증이 너무 심해서 외출도 하지 못하고, 한 번 샤워하러 들어가면 몇 시간이고 몸을 닦는 증상으로 찾아온 사람이 있었다. 그런데 상담 과정에서 이야기를 들어보니 그는 어린 시절에 부모에게 학대당한 경험이 있었다. 심지어 수능 보기 전날까지도 아빠에게 맞았다고 했다. 그로 인해 억눌려 있던 분노가 강박증으로 나타난 것이었다. 부모에게 거의 살인적인 분노를 느끼고 있는 자신에 대한 불안감과 죄책감이 강박증의 숨은 원인이었다는 것을 알아차리고서야 그 증상이 조금씩 좋아지기 시작했다.

이처럼 극단적인 경우가 아니더라도 많은 사람이 상담 과정에서 부모에 대한 원망을 토로한다. 그러면서 지금이라도 부모가 자신에게 준 상처에 대해 사과한다면 어느 정도 원망과 분노가 사라질 것 같다고 이야기한다. 부모는 자녀가 자신에게 잘못하면 사과하기를 바란다. 그런 것처럼 아이도 부모가 잘못한 부분에 대해서는 사과하기를 바라는 것이다.

부모의 입장에서는 '내가 너를 어떻게 키웠는데' 하는 마음이 들어 반발이 생길 수 있다. 언제까지 어릴 때 일을 들추어내는가 싶어 억울하고 화나는 면도 있을 것이다. 그러나 상처를 받은 사람의 입장에서 생각해 보고 사과하는 것이 공정한 처사라는 점을 기억할 필요가 있다.

지인 중에 아이들과 싸우고 나서는 꼭 먼저 사과한다는 사람이 있다.

"내가 너희들의 마음을 불편하게 해서 미안하다."

이렇게 먼저 말을 건네면 아이들도 미안하다고 한다는 것이다. 물이 위에서 아래로 흐르듯이, 자녀들과 갈등이 생길 때 부모가 먼저 손을 내미는 자세가 필요하다는 것이 내 생각이다.

내게 이런 경험도 있다. 큰아이의 경우에는 첫아이다 보니 아이 친구 엄마들과도 가능한 한 자주 만나려고 노력했다. 그런데 명색이 정신과 의사인지라 그 엄마들이 '그래, 정신과 의사는 아이를 어떻게 키우나 보자' 하는 태도를 보인 적이 종종 있었다. 남들의 시선을 의식하다 보니 나도 모르게 큰아이에게 엄격한 태도를 취했다. 나중에 큰아이가 사춘기가 돼서 말하기를 "중학교 2학년 때 저녁 6시에 집에 들어와 있는 아이는 나밖에 없었다"는 것이었다. 그때 느꼈다. 내가 내 아이를 위해서가 아니라 나의 사회적 체면을 위해서 아이들에게 엄격하게 대했다는 사실을. 그래서 나는 아이에게 진심으로 미안하다고 사과했다. 그러자 아이도 내 사과를 받아주었다.

## 관계 속에서 신뢰 형성하기

언젠가 한 모임에서 있었던 일이다. 한 엄마가 예상치 못한 일이 생겨 빨리 집에 돌아가야 한다고 했다. 자신의 아이가 외부에서 도둑으로 몰린 일이 생겨서 아이에게 자백을 받아야 한다는 것이었다. 나는 그녀를 말리며 만약 아이가 물건을 훔치지 않았다면 아이 입장이 어떨지 먼저 생각해 보라고 했다. 자기를 믿어주지 않은 엄마에게 아이가 화를 내거나 크게 실망할 수도 있다는 점을 상기시켜 준 것이다. 나아가 그 문제로 아이와 대화할 때 "엄마는 너를 믿는다. 하지만 이 상황을 어떻게 해결할지 우리 의논해 보자"라고 말할 것을 권유했다. 그녀는 내 말을 주의 깊게 들었고, 이후에 아이와 차분히 대화를 나누었다. 결국은 아이가 도둑이 아닌 것으로 밝혀졌다는 후일담을 전해 왔다.

만약 그녀가 아이의 마음 상태를 헤아리지 않고 다그치기만 했다면 아이는 평생 엄마에 대한 분노와 원망을 키워갔을지도 모른다. 행여 그때 아이가 사춘기였다면 상황은 걷잡을 수 없게 될 여지도 많다.

부모가 아이의 상황을 제대로 이해하지 못하고 억압적인 태도를 보이면 아이는 항복을 하거나 반항을 하게 된다. 어느 쪽이든 아이의 건강한 정신 발달을 방해한다. 그러한 일을 겪지 않고 아이가 건강한 사람으로 성장하기 위해서는 한 가지 전제되어야 할 것이 있다. 바로 부모와 아이 사이에 단단한 신뢰가 형성되어야 한다는 점이다. 특히 부모가 과잉보호의 함정에 갇히거나, 지나치게 아이 앞날을 걱정한다면 부모 자녀 사이에 깊은 신뢰가 이루어지기는 어렵다. 둘 다 모두 심층적으로는 부모가 자녀를 불신하는 심리에서 비롯되기 때문이다.

임상에서 만난 한 엄마가 있었다. 그녀는 친구와 싸우고 학교에 안 가겠다는 아이로 인해 걱정이 많았다. 다행히 아이는 치료를 받으면서 상태가 좋아져 학교에 가고 공부도 열심히 하려고 노력하는 모습을 보였는데, 그런데도 엄마는 계속 아이 때문에 힘들다고 했다. 아이가 지금 잘하고 있는데 왜 그러냐고 묻자 그녀는 이렇게 대답했다.

"아이가 지금 중학교 1학년밖에 안 됐는데 벌써 친구와 싸우고 학교를 안 가려고 하다니요. 나중에 커서 남자친구를 사귀고 헤어지고 그러면 더 큰 일이 닥치지 않을까요? 아이를 어떻게 키워야 할지 모르겠어요. 그런 생각만 하면 앞으로 살아갈 날들이 너무도 걱정스러워요."

흥미로운 것은 요즘 이런 엄마들이 점점 많아지고 있다는 사실이다. 나는 그런 엄마들에게 다음과 같은 말을 들려주곤 한다.

"걱정하면서 아이 일에 간섭하기 시작하면 우리는 전쟁, 지진, 해일, 지구 멸망까지도 다 걱정해야 해요. 그러나 엄마들의 걱정이 현실이 될 가능성은 아무리 해도 50%이고 반대로 잘 자랄 가능성은 50% 이상이에요. 그러므로 부모가 자녀에게 주어야 하는 것은 바로 믿음입니다."

가정은 아이가 타인과 삶에 대한 근본적인 신뢰를 배워나가는 공간이다. 그러나 성급한 부모 중에는 아이가 무서운 세상에 대해 빨리 알수록 상처를 덜 받지 않겠느냐는 논리로 아이에게 불신을 심어주기도 한다. 그에 대해서 심리학자 지젤 조르주는 다음과 같이 단호하게 말하고 있다.

"부모가 아이들이 세상에 대해 잘 모를까 봐, 또 세상을 너무 늦게 알까 봐 걱정하는 것이 나쁜 건 아니다. 하지만 아이들이 세상에 대해 너무 많이 알거나 너무 빨리 아는 것 역시 위험하다."

물론 세상에는 위험한 것도 많고 위험한 사람도 많다. 그러나 아직 세상과 사람들에 대해 충분히 알지 못하는 아이들에게 그 모두가 다 무섭고 위험하다고 하면 아이들이 어떻게 될까? 자칫 불안과 피해의식만을 더 키워갈 가능성이 높다. 반면에 부모와의 사이에서 충분한 신뢰를 경험하며 성장한 아이는 자신은 물론이고 세상과도 적절한 신뢰를 형성해 나가게 마련이다.

# 회복탄력성의 중요성 인지하기

부모와 아이 사이의 신뢰 형성은 회복탄력성과도 연결되는 부분이다. 부모가 아이에게 키워줘야 할 또 다른 요소가 바로 회복탄력성이다. 살다 보면 누구나 예기치 못한 일들을 경험하게 된다. 원하던 일이 좌절되기도 하고, 관계에서 상처를 얻기도 한다.

신체적인 병을 앓는 경우를 상상해 보자. 대체로 얼마나 빨리 회복할 수 있는가를 가장 중요하게 살필 것이다. 이는 마음의 경우에도 마찬가지다. 회복이 가장 중요하다. 마음의 고통을 견뎌내는 힘이 바로 회복탄력성이다.

학생들을 상담하다 보면 학교 가는 것을 거부하는 아이들이 꽤 있다. 이야기를 들어보면 "친구들이 자기를 무시한다", "교실에서 발표를 해야 하는데 잘할 자신이 없다"와 같은 이유가 큰 비중을 차지한다. 그 속을 들여다보면 조금도 상처받고 싶지 않다는 심리가 작용한다. 여기에는 부모의 과잉보호가 영향을 미친다. 집에서는 모든 것이 다 자기가 원하는 대로 이루어지는데, 학교에서는 그럴 수 없다는 두려움이 큰 것이다. 그러나 어느 부모도 언제까지나 아이를 보호해 줄 수는 없다. 부모가 일일이 아이의 앞날에 간섭하는 경우 그 아이는 인생에 대해 어떤 면역력도 갖기 어렵다. 당연히 어려움을 극복하는 회복탄력성의 면에서도 문제를 겪는다. 그보다는 스스로 해결하는 힘을 키우도록 도와주는 것이 부모 역할이다.

그리고 그 힘은 '자아 강도(ego strength)'가 튼튼한가 아닌가에 달려 있다. 자아 강도는 신체로 비유하면 골격과 근육에 해당한다. 우리 몸이 골격과 근육만 건강하면 웬만한 병을 이겨낼 수 있는 것처럼 마음도 마찬가지다. 자아 강도가 건강한 사람은 독립적이고 원칙과 결단력이 있으며 변화에도 진취적이다. 매사에 유연하고 참을성이 있으며 인간관계에서도 상대방에게 좋은 인상을 준다. 불필요한 권위나 간섭에 저항하는 능력도 있다. 따라서 자아 강도가 건강한 사람은 살면서 경험하는 여러 스트레스를 극복하는 회복탄력성도 뛰어난 것이다.

사실 대부분의 아이들은 놀라울 정도로 해결 방법을 스스로 잘 찾는다. 우리 몸이 선천적으로 치유 능력이 있는 것처럼 마음도 그러하다. 그러한 아이의 치유 능력을 믿고 기다려 줄 필요가 있다. 다만 때로는 부모가 단호한 답을 내려주어야 할 때도 있다. 특히 자녀가 자신을 절제하지 못하는 모습을 보이는 경우가 그렇다. 예를 들어 요즘 부모와 자녀 사이에서 가장 문제가 되는 핸드폰 사용 문제, 게임 문제, 욕하는 문제, 주위 친구들을 괴롭히는 문제 등에서 부모와의 약속을 지키지 못할 때 더욱 그렇다. 모든 인간관계가 갈등을 해결해 나가는 과정인 것처럼 부모 자녀 관계도 마찬가지다. 갈등을 회피하거나 억압하지 않고 자녀의 의견을 어디까지 수용할 것인지, 또 어디까지 부모의 의견을 따르도록 설득할 것인지, 유연하고 융통성 있는 태도로 조율해야 한다. 그러한 관계 속에서 자녀의 자아 강도와 회복탄력성이 성장하는 것이다.

## 건강한 자긍심 키워주기

동물을 생활을 다룬 다큐멘터리를 보다 보면 인간이 과연 동물보다 현명하다고 할 수 있을까 하는 생각이 들기도 한다. 특히 부모 자녀 관계에 있어서는 더욱 그러하다. 동물은 새끼를 낳으면 지극정성으로 보살핀다. 인간이라면 저럴 수 있을까 싶을 정도다. 우리나라에서 인기 있었던 판다 푸바오의 경우도 엄마인 아이바오가 푸바오를 낳고는 거의 3일 동안 물 한 모금 안 마시고 움직이지도 않고 오로지 새끼만 보호하는 모습을 보였다. 보다 못한 사육사가 음식을 만들어 입에 넣어주기까지도 출산 후 3일이 걸렸다. 그러나 모든 동물은 새끼가 독립할 시기가 되면 아주 단호하게 더 이상 새끼를 돌보지 않는다. 곰도 마찬가지다. 생후 3년간은 정성을 다해 돌보지만 새끼가 독립한 후에는 절대 만나지 않는다고 한다, 그런데 우리 인간은 처음에도 아이를 그처럼 지극정성으로 돌보지 못하고, 그렇다고 단호하게 독립을 돕지도 못하는 경우가 얼마나 많은지 모른다.

나는 인생을 살아가는 데 가장 중요한 요소가 자율성, 의미, 그리고 희망이라고 생각한다. 자율성이란 내 인생의 주인은 나라는 생각으로 하고 싶은 것을 스스로 선택하고 그것을 이루기 위해 부단히 노력하며 그러한 자신을 있는 그대로 인정하고 수용할 줄 아는 역량을 말한다. 그리고 그러한 과정에서 삶의 의미를 찾을 때 우리는 살아갈 힘을 얻는다.

우리가 살면서 우울감 등으로 힘든 이유가 무엇인가? 바로 공부하고, 일하고, 힘든 일상을 유지하며 살아내야 하는 의미를 잘 모르기 때문이다. 의미치료를 주장한 빅터 프랭클에 따르면 아무리 힘든 일도 의미를 찾을 수만 있으면 인간은 그것을 견뎌낼 힘을 갖는다. 이와 반대로 아무리 쉬운 일도 의미가 없으면 쉽게 포기하게 된다는 것이다.

또 우리는 희망이 있기에 오늘보다 내일 조금 더 성장해 있을 자신을 생각하며 하루하루를 열심히 살아낸다. 이 세 가지 요소 중에서도 가장 중요한 것이 자율성이다. 이것은 건강한 자긍심, 자존감과 연관된다. 그리고 5살에서 6살까지 아이의 자존감은 거의 가족, 특히 부모에 의해 형성된다. 성장 과정에서 아이들은 처음에는 부모가 자기를 완전히 보호해 주고 원하는 것을 다 해주기를 바란다. 그 시기에 아이들이 갖고 있는 자기중심적인 나르시시즘을 사회에 맞게 적응시켜 나가도록 도와주는 것이 부모 역할이다. 그리고 그것이 바로 자아의 힘을 키워주는 일이다.

자아의 힘에는 자녀의 타고난 기질과 성향도 영향을 주지만 자라나는 과정에서 경험하는 것도 영향을 준다. 그리고 이때 자아의 힘이 건강하게 형성되면 삶에서 오는 스트레스를 이겨내는 원동력이 되고 그것이 또한 자긍심의 기반을 이루게 되는 것이다.

나는 부모의 가장 중요한 역할 중 하나가 아이가 건강한 자긍심을 갖도록 도와주는 것이라고 생각한다. 건강한 자긍심을 가져야만 인간관계에서 적절하게 자신을 보호하고, 적절하게 자기주장과 표현을 하고 삶의 여러 문제와 갈등에 적절하게 대처할 수 있기 때문이다. 따라서 아이의 욕구와 부모의 욕구가 서로 충돌할 때 아이의 욕구가 나쁜 것이나 잘못된 것이 아니라는 것, 단지 우리가 다른 사람들과 더불어 살아가기 위해서는 자신의 욕구를 참거나 포기할 수도 있어야 한다는 것, 그리고 그러한 과제를 수행하면서 느끼는 자신에 대한 뿌듯함이 자긍심을 이룬다는 것을 알려줄 필요가 있다.

# 적절한 빛과 그림자가 되어주기

아주 가끔이긴 하지만 80대인 아빠가 60대 아들의 사업 실패로 인해 불안감과 우울감이 너무 크다고 찾아오거나, 60대 엄마가 40대 딸의 가정 문제를 상담하러 오기도 한다. 그때마다 새삼 부모 자식 사이란 얼마나 끊기 힘든 끈끈한 관계인가 하는 생각이 든다. 불교식으로 표현한다면 '영원한 업보'쯤 된다는 생각을 떨쳐버리기 어려울 때가 있다. 상담을 진행하며 내담자의 말을 듣다 보면 자연스레 그런 생각을 떠올리게 되는 것이다.

그런 어려움을 겪는 부모 중에는 내게 "자식의 마음을 움직일 수 있는 감동적인 한마디가 없을까요?" 하고 묻는 사람도 있다. 그런 마법의 말이 있기만 하다면 얼마나 좋을까? 우선 나부터 팔 걷어붙이고 찾아 나서고 싶다. 하지만 우리는 안다. 그런 기적적인 일은 처음부터 존재하지도 않는다는 것을.

아마도 이 사실을 모르는 부모는 없을 것이다. 그런데도 우리는 일단 자식 일 앞에서는 불안과 그에 비례하는 무력감으로 허둥댈 때가 더 많다. 그런 부모의 마음은 대체로 이해받을 만하다. 그런데 임상에서 보면 때로는 나 자신도 감당하기 어려운 부모를 만날 때가 있다. 그런 부모일수록 가족치료에 대한 저항이 크다. 가족의 문제가 드러나지 않기를 바라는 데다 드러난다고 해도 고치려 하지 않기 때문이다. 아이 문제로 왔을 뿐이니 가족 문제까지 거론할 필요는 없다는 식이다. 아이의 문제와 가정환경은 분리할 수 없다고 설명해도 소용없다.

한 엄마가 아들과 함께 상담하기를 원하며 나를 찾아왔다. 검사 결과 아들은 조현병 초기증상을 보이고 있었다. 성격은 조용하고 내성적이었고 고등학교 1학년까지는 공부도 잘하는 모범생이었다. 2학년이 되면서 성적이 떨어지더니 이상행동을 보이기 시작했다. 부모로서도 감당할 수 없는 상황이 되자 결국 병원에 온 것이었다.

그런데 치료 과정에서 엄마의 태도에서 문제가 드러나기 시작했다. 아이와 올 때마다 그녀는 내게 자기가 아는 의사 이야기로는 이렇게 저렇게 해야 한다고 하는데 당신은 어떻게 하고 있느냐부터 시작해서 어떤 약물은 부작용이 있다고 하는데 그것을 투여하고 있는 건 아니냐에 이르기까지 사사건건 간섭을 해댔다. 만 번 부모의 심정을 이해한다고 해도 도를 훨씬 넘는 행동이었다.

그런데 어렵게 이루어진 가족치료에서 환자와 그 형제들은 입을 모아 그동안 엄마의 독선적인 행동에 자기들이 얼마나 자주 끔찍한 기분을 느껴왔는지를 털어놓았다. 하지만 엄마의 태도는 달라지지 않았다. 오히려 자식이 엄마를 비난하게 만드는 치료는 필요 없다고 화를 냈다. 그녀의 자기중심적 사고는 아이를 치료하는 일보다 자기 입장에 더 초점이 맞춰져 있었던 것이다.

임상에서 그런 부모를 만날 때마다 나는 부모 역할의 빛과 그림자에 관해 생각해 보곤 한다. 나뭇잎도 햇빛에 반짝이는 앞면이 있으면 그 뒷면에는 그림자가 지기 마련이다. 진정한 부모 역할이란 이 나뭇잎 뒷면의 그림자와 같아야 하는 것은 아닐까. 그렇게 뒤에서 아이 스스로 빛나게 도와주는 것, 나아가 그 빛남이 아이 스스로 선택하고 노력한 결과였음을 지켜봐 주는 것. 그것이야말로 진짜 부모 역할이란 생각이 드는 것이다.

그런데 아이가 걸어가는 길에 지나치게 자신의 발자국을 남기고 싶어 하는 부모들이 있다. 그들은 자신이 그렇게 아이를 이끌어주고 있음을 아이들이 한 걸음 내디딜 때마다 기억해주기를 바란다. 그런 경우에는 부모의 빛이 너무도 강한 나머지 아이들이 오히려 그늘로 사라지게 만든다. 그런 의미에서 나는 아이에게 적절한 빛과 그림자가 되어주는 것이야말로 부모가 가져야 할 중요한 양육 태도의 하나라고 생각한다.

# 부모가
# 경계해야 할
# 양육 태도

아이가 성장하는 과정에서 부모가 아이를 위해 해줘야 하는 일은 참 많다. 하지만 그 못지않게 부모가 하지 말아야 하는 일도 있다. 무엇보다 내가 안타깝게 여기는 것은 부모의 뜻대로 아이의 인생을 이끌고자 하는 행동이다. 명리학적 관점으로 보면 우리는 저마다 다른 기질과 적성, 운명을 갖고 태어난다. 내가 내 아이를 영재로, 모범생으로, 대기업 임원으로, 의사로, 부자로 키우고 싶다고 해서 그렇게 될 리 만무하다. 오히려 부모의 무리한 요구와 노력은 아이의 마음을 다치게 하고 관계를 망가뜨리는 요인이 된다. 그래서 우리는 부모로서 경계해야 할 태도를 살펴볼 필요가 있다.

# 이중구속을 경계하라

이중구속(double bind)이란 가족 내 의사소통 패턴을 설명한 이론으로, 부모가 자녀를 대할 때 상반된 메시지를 동시에 제시하는 것을 말한다. 예를 들어 부모가 아이에게 "너는 이제 어린아이가 아니니까 혼자 독립적으로 행동하라"라고 말한 후에 아이가 독서실에 공부하러 간다고 하면 "너는 아직 혼자서 다니기에는 어리니까 집에서 공부하라"라고 하는 경우가 여기에 속한다. 싸우지 말라고 하고서는 맞고 오면 한심하게 쳐다보는 부모의 행동도 마찬가지다. 그러면 아이는 갈등하면서 분노, 불안 등의 감정을 느끼게 된다. 자신이 어떻게 해야 부모가 만족할 것인지 혼란스럽기 때문이다. 이렇게 이중구속을 경험하면서 성장한 아이는 커서도 주위 사람들의 눈치를 살필 수밖에 없다.

아이는 성장 과정에 있으므로 자기 생각과 감정 표현이 정리되어 있지 않다. 이럴 때 아빠와 엄마의 교육방식이 서로 달라서도 안 된다. 그런데 두 사람의 방식이 다른 경우는 아주 흔하다. 아빠는 매사 엄격하고 엄마는 자유롭다. 아빠는 자기 부인이 아이를 데리고 놀러 다니는 것이 마음에 안 든다. 또 엄마는 자기 남편이 아이를 공부하라고 닦달하는 것이 마음에 안 든다. 이 경우 가장 나쁜 것은 아이들 앞에서 부모가 서로를 비난하면서 싸우는 것이다. 그러면 아이들은 도대체 누구를 따라야 할지 혼란을 느끼게 된다. 그러므로 부모에게는 아이들의 교육에 대해 많은 대화를 나누고 정리하는 시간이 절대적으로 필요하다. 서로 충분히 대화하면서 어디까지 아이들에게 허용할지를 정해야 한다.

아이들이 성장할수록 자기 하고 싶은 대로 하려는 갈등이 점점 더 심해지므로 명확한 경계를 세울 필요가 있다. 잠자는 시간, 일어나는 습관, 공부 습관, 스마트폰 사용, 게임 시간 등등, 아이들이 성장할수록 어떻게 습관을 들여줄 것인지 결정해야 할 일들이 늘어나기 마련이다. 따라서 부모가 한목소리를 내는 것이 필요하다. 더 중요한 것은 일관성을 잃지 않는 것이다. 나는 임상에서 부모들에게 이렇게 강조한다.

"잠자는 습관 1시간을 조정하는 데도 한 달이 걸립니다. 그러니 어릴 때부터 아이가 사회인으로 살아가는 데 꼭 필요한 습관을 갖도록 부모가 처음부터 끝까지 노력해야 합니다."

물론 쉬운 일은 아니다. 하지만 부모가 서로의 의견을 조율하고 아이에게 일관성 있는 목소리를 낸다면, 아이 또한 부모의 말에 귀 기울일 것이다.

부모는 아이들이 말을 안 듣는다고 생각할지 모른다. 하지만 아이의 입장에서 보면 이는 세상을 주도하고 싶은 자연스러운 자율성의 표현이라는 것을 이해해 줄 필요가 있다.


## '이번 한 번만'에 끌려다니지 말라

부모의 목표 중 하나는 가족이 한 팀으로 행동하고 화합하는 가정을 만들어나가는 것이다. 그러기 위해서는 아이들에게 가정의 규칙을 분명하게 가르쳐줄 필요가 있다. 특히 중요한 것은 아이들이 그 규칙을 따르고 스스로 자기 조절을 할 수 있게 만드는 것이다. 이는 아이들의 안전을 위해서도 꼭 필요하다. 음식점에만 가도 복도를 헤집고 뛰어다니는 아이들을 볼 수 있다. 언젠가는 비행기 안에서 형제가 서로 치고받고 싸우는 것을 못 본 체하는 부모를 만난 적도 있다.

그런가 하면 아이가 부모의 경제적 능력을 넘어서는 비싼 옷이나 신발을 사달라고 조르는 경우도 있다. 이때 부모는 어떻게 해야 할까? 만일 졸라대는 것이 귀찮아 아이가 원하는 대로 해준다면 집안 경제에 타격을 주게 되고, 아이는 참는 버릇을 배우지 못하게 된다. 조르는 정도가 점점 더 심해지다 보면 언젠가는 부모의 능력으로 감당하지 못하는 때가 온다.

자기 조절이 안 되는 아이는 무슨 수를 쓰든 부모를 설득하려고 든다. 처음에는 "안 돼" 하고 단호하게 말하던 부모도 아이가 계속 졸라대면 "이번 한 번만"이라는 단서를 붙여 아이가 원하는 대로 해주는 경우가 많다. 그러나 "이번 한 번만"은 결국 그다음으로 또 그다음으로 이어지기 마련이다. 따라서 부모는 "이번 한 번만"에 끌려다니지 말아야 한다.

만일 부모로서 아이가 살아가는 데 필요한 체계를 세워주지 않고, 최상의 선택을 하도록 가르치지 않는다면 그것은 아이에게서 인생을 배울 기회를 박탈하는 것이나 다름없다. 그러므로 우리는 부모로서 아이에게 다음과 같이 이야기해 줄 수 있어야 한다.

"우리는 네가 네 시간과 인생에 대한 체계를 잡아나가기를 바라. 그건 네가 어른이 되었을 때 최선의 결정을 내리는 데 도움을 줄 거야. 우리는 널 사랑하기 때문에 네가 스스로 기준을 세울 수 있기를 진심으로 바라고 또 그렇게 할 수 있도록 널 도와주려는 거야."

사랑받고 있다는 신뢰만 있으면 아이는 어려움 없이 이 말을 받아들인다. 나아가 어떻게 목표를 세워야 하는지를 알게 되면 실패를 두려워하지 않는 어른으로 자랄 수 있다.

# 아이의 감정 표현을 억압하지 않기

우리가 감정을 제때 적절하게 표현하지 못하면 그 감정은 무의식에 저장되어 나중에 불필요한 문제를 일으킬 가능성이 매우 높다. 물론 감정이란 내가 마음대로 조절할 수 있는 것은 아니다. 하지만 자신이 느끼는 감정에 대해 좀 더 분명하게 이해하고 있으면 행동할 때 제약을 훨씬 덜 받게 된다.

화라는 감정을 예로 들어보자. 만약 내가 그 순간 왜 화가 났는지, 내가 경험한 일에 비해 지금 느끼는 분노의 정도가 적절한지 아닌지를 안다면 최소한 그 화를 터트려도 되는지 혹은 참아야 하는지 판단할 수 있다. 그런데 부모가 자신의 감정을 억지로 억압하거나 혹은 다스리지 못하는 모습을 보인다면, 아이 역시 성장해서도 자신의 감정에 대해 제대로 알지 못할 가능성이 크다.

부모의 행동 중에서 이해하기 어려운 것 중 하나가 엘리베이터 같은 공공장소에서 아이들을 큰 소리로 야단치는 것이다. 이와 반대로 아이들이 엘리베이터 안에서 뛰고 소란을 피워도 내버려두는 부모도 있다. 물론 부모가 우울증 등의 이유로 아이를 온전히 지도하기 어려운 경우도 있다. 하지만 대부분의 경우에는 경각심 없이 안일한 생각으로 적절한 대응을 하지 않는다. 아이를 통제하지 않는 경우에는 내 아이를 기죽이지 않겠다는 의도인 경우도 많다. 하지만 사회생활에서 필요한 절제와 인내심을 배우지 못하는 아이는 결국 어려움을 겪게 될 수밖에 없다.

언젠가 초등학교 저학년쯤 돼 보이는 아이를 데리고 있는 부모와 엘리베이터를 함께 탄 적이 있다. 그런데 아마도 아이가 늦게 일어난 모양이었다. 부모는 내릴 때까지 계속해서 아이를 야단쳤는데, 보기 민망할 정도였다. 초등학생이면 이제 수치심과 부끄러움을 아는 나이인데 그 아이가 얼마나 부끄러웠을까 싶었다. 또 언젠가는 부모가 먼저 가면서 아이가 빨리 오지 않는다고 고래고래 소리를 지르는 모습을 본 적도 있다. 아이가 늦장 부리면서 따라오지 않으면 부모가 가서 데리고 오면 되는데, 사람들이 많은 길거리에서 아이 이름을 부르면서 큰 소리로 야단을 치는 모습을 보고 저 부모의 심리는 무엇일까 생각했다.

그런데 흥미로운 것은 대개 이런 경우 부모의 표정이 의기양양하다는 것이다. 자신은 아이가 잘못 행동하는 것을 도저히 용납하지 않는 도덕적인 부모라는 표정이랄까. 하지만 이런 경우 부모는 심리에 대한 이해도가 낮고 남의 시선을 의식하는 연극적인 요소가 많은 타입일 수 있다. 당연히 감정을 다스리는 데도 능숙하지 못할 수밖에 없다. 그런 경우 아이는 작은 일에도 수치심, 불안, 두려움을 느낀다. 또 그 감정을 적절히 표현하는 데 어려움을 겪을 가능성이 높다. 그러므로 부모가 먼저 인내심을 가지고 감정을 잘 다스리는 모습을 보여야 한다.

우린 흔히 인내심이라고 하면 일이나 과업을 달성하는 것을 생각한다. 그러나 인내심의 중요한 요소 중 하나는 감정을 다스리는 것이다. 조직 내에서 임원 코칭을 하다 보면 능력은 출중한데 감정을 다스리는 힘이 부족해서 문제를 일으키는 경우가 많다. 어른도 그러한데 하물며 성장하는 아이들은 감정을 다스리는 힘이 약할 수밖에 없다. 게다가 아이들은 왜 감정을 다스려야 하는지도 잘 모른다. 그러므로 부모가 먼저 아이에게 감정 표현의 거울 역할을 할 수 있어야 한다. 아이들은 부모의 모습을 보고 그대로 닮아가기 때문이다.

아이의 감정 표현을 도와준다고 하면 무슨 거창한 방법이 필요할 것 같지만 사실은 그렇지 않다. 일상생활에서 아이가 느끼는 감정을 자연스럽게 표현하도록 도와주는 것이 가장 중요하다. 놀이터에서 놀 때, 밥을 먹을 때, 책을 읽을 때의 감정을 나누면 된다. 때로는 부모가 먼저 자신이 느끼는 감정을 표현하는 것도 필요하다. 그리고 아이의 표현에 대해 비난이나 평가 없이 이해하고 수용하는 태도를 보이면 아이는 점차 자기 감정을 부모에게 더 표현하게 될 것이다. 즉 아이가 야단맞지는 않을까 하는 불안이나 두려움 없이 자기 생각이나 감정을 표현할 여지를 만들어주면 되는 것이다.

## 완벽한 부모 노릇에 대한 환상 버리기

이 세상에 완벽한 사람은 없듯이 완벽한 부모 또한 존재하지 않는다. 완벽한 자녀는 더더욱 있을 수 없다. 따라서 만일 부모 자신이 '완벽증후군'에 걸려 있다면 먼저 그 환상에서 벗어나야 한다. 인간의 한계를 받아들이는 것도 때로는 또 다른 인격적 성숙의 징표일 수 있다.

물론 우리는 다른 건 몰라도 아이 양육에 있어서만은 부모로서 완벽하기를 바란다. 하지만 그건 인간의 한계를 넘어서는 일이라는 것 또한 우리는 잘 안다. 그러다 보니 어느 부모든 때로 본의 아니게 아이에게 상처를 입힐 수도 있고 정서적으로 필요한 도움을 주지 못할 수도 있다. 그런가 하면 아이를 위한다고 한 행동이 아이에게 거부당했을 때 분노와 절망의 감정을 느끼기도 한다. 그렇다고 해서 그런 부모들이 다 잘못된 것일까? 나는 아니라고 생각한다. 부모도 그 나름대로 문제를 가지고 있는 인간이기 때문이다.

자신의 실수를 용납하지 못하는 사람은 다른 사람의 실수에도 너그러울 수 없다. 그리고 이런 부모는 아이에게 쉽게 정신적 상처를 입힐 수 있다. 임상에서 자기가 부모로서 자격이 없다고 한탄하는 부모일수록 오히려 자녀에게 엄격하게 대하는 경우를 종종 본다.

반면에 건강한 의식을 지닌 부모라면 자신이나 아이가 실수했을 때 용서할 줄 아는 용기를 갖고 있다. 그리고 같은 실수를 반복하지 않으려고 노력한다. 설령 같은 실수를 또 했더라도 다시 노력하려는 마음을 갖는다.

아이는 부모에게 평소 충분한 사랑과 이해를 받고 있다는 것을 알면 순간적으로 터뜨리는 부모의 분노와 그에 따르는 작은 상처는 스스로 치유할 수 있다. 결국 중요한 것은 완벽한 부모 역할에 대한 환상이 아니라 아이를 향한 사랑과 신뢰다. 그것을 기억한다면 우리는 좀 더 용기 있는 부모가 될 것이다.

## 결국 아이는 부모를 닮아 간다

어릴 때 술 마시고 행패 부리는 아빠를 보면서 아들은 '난 커서 절대로 아빠처럼 되지 않을 거야' 하고 결심한다. 하지만 그는 어느 날 그렇게도 싫어하던 아빠와 똑같이 술을 마시고 주변 사람들을 괴롭히는 자신을 발견하고 절망한다. 그와 같은 아들의 모습을 정신의학 용어로 '공격자와의 동일시'라고 한다. 자신이 분노와 적대감을 느끼는 사람과 자신도 모르게 닮아가는 과정에 놓이는 것을 말한다. 그리고 그런 일은 우리 인생에서 흔하게 일어난다. 아이는 결국 부모를 보면서 삶의 태도를 배우기 때문이다.

아이는 부모가 화났을 때 어떻게 하는지를 보며 분노를 다스리는 법을 배우고 부모가 언제 술을 마시고 약물을 복용하는지 보면서 술과 약물을 배워 간다. 또한 아이는 부모가 어떻게 규칙과 법을 지키는지 보면서 규칙과 법에 대해 배운다. 특히 청소년 시기에 아이들은 부모의 행동을 많이 답습한다. 겉으로는 부모의 모든 것을 거부하는 것처럼 보여도 실제로는 부모의 모든 것을 고스란히 배워나가는 경우가 더 많다. 부모가 무심코 하는 행동 하나, 말 한마디가 아이에게는 어떤 미사여구보다 더 큰 영향을 미치는 것이다.

어린 시절 너무 엄격한 부모나 지나치게 방임하는 부모 밑에서 성장한 경우에는 대체로 자기 아이만은 그 반대로 키우고 싶어 한다. 어릴 때 부모에게 맞고 자란 사람은 자기 아이에게는 결코 매를 들지 않겠다고 다짐하는 식이다. 하지만 매를 들지 않는 양육이 어떤 것인지 모르므로 자기 태도에 확신을 갖기 어렵다. 이런 상황은 객관적으로 잘 유지되고 있는 훌륭한 가정에서도 일어나는 흔한 일이다.

그런 의미에서 부모의 올바른 역할 수행은 아이가 자신의 주체성을 세워나가는 데 가장 중요한 요소가 된다. 따라서 부모는 아이를 사랑하는 것과는 별개로 아이가 잘못된 길로 나가려고 하면 단호하게 그 상황을 바로잡아줄 수 있어야 한다.

# 명리학과
# 정신의학이 주는
# 이해와 수용의 과정

정신과 의사로서 경험하는 기쁨 중의 하나가 다시는 보지 않을 것같이 서로 미워하고 갈등하던 관계, 특히 어긋나 있던 부모와 자녀가 서로를 이해하고 수용하면서 그 모습이 점차 달라지는 것을 보는 일이다.

어느 모녀지간의 이야기다. 딸은 명리학적으로 기본 성향이 자유분방하고 표현력이 뛰어난 아이였다. 사랑받는 것을 좋아하고 자기 자신도 친구들이나 가족들에게도 그러한 감정을 잘 표현했다. 주목받는 것도 좋아해서 누가 시키지 않아도 본인이 손을 들고 나가서 발표도 하곤 했다. 문제는 그러한 딸의 성향을 부모가 좋아하지 않는다는 것이었다. 아빠는 관습적이고 엄격한 성격이고 딸의 표현에 의하면 무섭고 강압적이고 애정 표현이 없다고 했다. 엄마는 인간관계 자체를 좋아하지 않았다. 그리고 자신의 성장 과정에서 경험한 상처로 인해 감정 조절이 잘되지 않아 작은 일에도 분노 반응을 보이는 일이 잦았다. 또 건강염려 증상이 심해서 날씨가 조금이라도 흐리거나 미세 먼지가 많거나 하면 아예 밖에 나가지 않았다. 그러니 밖에 나가서 놀고 싶어 하는 아이와 늘 갈등이 생길 수밖에 없었다. 심지어 어느 날에는 아이에게 "너를 낳지 말았어야 했다"라고 말하기도 했다고 한다.

아이는 가끔 엄마와 외출하게 되면 엄마 손을 잡고 싶어 했는데, 그럴 때마다 엄마는 아이를 뿌리쳤다고 한다. 어쩌다 함께 외출을 하거나 여행을 가도 엄마는 늘 저만치 앞서 걸었고, 대화를 하려 하면 피곤하다고 대꾸했다고 한다. 그때마다 자기는 버림받았다는 느낌을 받았다고 표현했다. 점차 아이는 자신감을 잃고 우울증에 빠져 급기야는 학교도 자퇴하고는 자기 방에서 거의 나오지 않는 생활을 했다. 그러는 중에도 엄마에게 뭔가 얘기하고 싶어 다가가면 엄마는 피곤하다고 방에서 나가라고 했다고 한다. 결국 견디지 못한 아이가 자살 시도를 하고 난 다음에야 온 가족이 아이를 데리고 상담하러 왔다.

아이의 사주를 보니 자기표현 능력이 우수했다. 약간 조급한 면도 있었지만, 두뇌도 총명하고 사주학적으로 학문적 소양과

| | 시주 | 일주 | 월주 | 연주 |
|---|---|---|---|---|
| 일간과의 관계 | 편재 | | 비견 | 식신 |
| 간 | 정화<br>(丁火) | 계수<br>(癸水) | 계수<br>(癸水) | 을목<br>(乙木) |
| 지 | 사화<br>(巳火) | 묘목<br>(卯木) | 미토<br>(未土) | 해수<br>(亥水) |
| 일간과의 관계 | 정재 | 식신 | 편관 | 겁재 |

예술적 소양을 상징하는 오행도 갖고 있었다.

딸의 사주는 한여름 날의 샘물이다. 물이 바위틈에서 흘러나오듯 계수의 원천이 되는 것은 금인데, 딸의 사주에는 금이 보이지 않는다. 따라서 공부에 대한 인연은 약하고, 인내심이 낮은 편이다. 그러나 비견과 겁재의 오행이 있어서 일간의 힘이 그렇게 약하지는 않다. 또한 비겁이 일간을 도와주는 형상이니 남들과 어울려서 하는 일이 잘 맞는다. 게다가 식신의 힘이 강해서 아이는 공부보다는 그 오행의 힘을 살릴 수 있는 것 중에서 하고 싶은 것을 찾아보기로 했다.

아이는 자기가 가장 행복한 순간이 요리할 때라고 여겨 요리학원에 다니면서 자격증을 하나씩 따기 시작했다. 하지만 때로는 미래에 대한 불안과 인간관계의 어려움 등을 부모 탓으로 돌리면서 종종 부모에게 분노를 터뜨리는 모습을 보였다. 그럴 때마다 부모는 아이의 심리를 이해하지만 자기들을 원망하고 힘들게 하는 것은 참을 수 없다고 또 아이를 야단치고는 했다. 그러다가 또 화해하고 또 싸우고의 반복이었다.

아이는 자기가 조금이라도 실수하면 바로 야단치는 부모에게 "왜 내가 이야기하면 들어주거나 아무 반응을 보이지 않고, 내가 조금만 잘못하면 그때는 뭐라고 하냐"라며 소리를 질렀다. 그러면 엄마는 "왜 너까지 나를 힘들게 하냐"며 더 큰 소리를 냈다. 상담 중에 아이는 이런 말을 하기도 했다.

"나도 화를 내고 싶지는 않은데 그 방법을 모르겠어요. 사람들은 화날 때 참고 기다리라고 하는데 나는 그러고 싶지 않아요. 부모님은 화내고 싶을 때 마음껏 화내는데 왜 나만 참아야 해요?"

나는 아이에게 화가 날 때 참고 싶어 하는 사람은 아무도 없지만, 화를 내며 낭비되는 에너지와 그 결과를 생각하는 것이라고 알려주었다. 그러면서 부모에게 무엇이 가장 원망스러운가 물어보았더니 어릴 때 자기를 몰라주고, 자기 이야기를 안 들어주고, 관심을 가지지 않은 부분이라고 했다.

가족 치료 과정에서 아이가 말한 내용을 두고 이야기를 나누었다. 그러자 아빠는 자기가 직장 일 때문에 자녀에게 충분히 시간을 못 내준 것을 사과했고 엄마도 자기가 감정 조절을 잘 못하는 부분이 있다는 것을 인정했다. 부모가 자기 잘못을 인정하고 자기에게 사과한 것만으로도 아이는 행복하다고 했다. 그러다가 어느 날 아이는 부모만 자신에게 관심을 안 보여주는 것이 아니라, 자신도 부모에게 관심을 쏟지 않고 있었다는 점을 떠올렸다. 생각해 보니 엄마가 예쁜 옷을 사와도 자기가 아무 반응을 보이지 않았다는 것을 기억해 낸 것이다. 그러면서 자신도 엄마에게 "엄마 이뻐요. 멋있어요"와 같은 반응을 보일 필요가 있다는 것을 깨달았다고 했다. 또 자기는 밖에 나가고 싶지만 엄마는 아닐 수도 있다는 것을 받아들이고 혼자서 외출하거나 여행하는 연습을 하겠다고 했다.

상담이 진행되면서 이처럼 아이는 부모와의 갈등에 자기 탓도 있다는 점을 생각해 보게 되었다. 또한 자기가 부모에게 비현실적인 기대치를 가졌던 것을 알겠다고 말했다. 결국 아이가 부모를 원망하며 자기도 부모에게 똑같이 행동했다는 것을 인정하고 수용하면서 점차 관계가 좋아졌다. 그리고 나는 부모에게 아이가 요리를 정말 좋아하고 그쪽으로 성공할 수 있는 운의 흐름을 갖고 있다고 설명해 주었다. 아이는 요리를 배우면서 우울증도 점차 좋아지고 있다.

○ ● ○

부자지간의 갈등으로 온 경우도 있었다. 아들이 아빠가 자신을 사사건건 믿지 못하고 아빠가 하고 싶은 대로 자기를 조종하려고 한다는 문제로 찾아왔다. 내담자의 특성을 살펴보니 인수가 드러나지 않아 꾸준함이 부족하고, 시작하면 바로 결과를 만들어 내려는 조급함이 강했다. 게다가 자신을 통제하는 성향인 관성이 강해서 스스로를 비판하는 면도 강했다. 즉 내면으로는 자신도 자기를 믿지 못하지만 부모에게는 인정받고 싶어 하는 심리를 갖고 있다 보니 부모가 하는 말에 민감하게 반응하고 있는 것이었다. 그는 정신의학적으로도 예민함과 과민성이 높고 조급하고 만성적인 근심, 불안, 걱정을 지니고 있었다. 내담자에게 스스로도 자신의 그러한 성향을 부모에게 보이고 싶어 하지 않는데, 행여 부모가 자기의 행동을 보고 비난하지나 않을까 하는 불안과 피해의식이 높은 것 같다고 했더니 그 내용을 받아들였다.

이후 그의 아빠를 만나게 되었는데, 자수성가한 사람답게 스스로에 대한 자긍심이 매우 높았다. 그러니 아들이 하는 일이 마음에 들지 않은 것이다. 아빠는 경쟁심을 상징하는 겁재가 많아 늘 경쟁적이고 자기가 매사 우위에 서기를 바라는 명리학적 구조를 가지고 있었다. 그러한 면은 아들이 인정욕구가 높은 것과 일맥상통했다. 아빠는 사회적 성공과 재물로 그러한 인정욕구를 충족시키려고 하지만 아들은 아빠에게 인정받기를 원한다고 설명해 주었다. 그리고 명리학과 오이디푸스 콤플렉스와의 관계를 설명했더니 아빠도 자기는 아들을 누르는 관성의 역할을 하고 싶지 않다고 유머러스하게 받아들이면서 두 사람의 갈등이 어느 정도 해소되었다.

또 다른 사례는 부모가 아이의 특성을 이해하면서 아이와의 문제를 하나씩 해결해 나간 경우다. 부모가 호소하는 아이의 문제는 너무 예민하다는 것이었다. 요구 사항도 너무 많았다. 예를 들어 아이는 아침에 부모가 자기를 마사지해 주기를 바라는데, 그 정도와 부위까지 요구했다. 밥 먹을 때는 무슨 노래를 들어야 하고, 학교 갈 때는 어느 길로 가야 한다는 등 요구가 끝이 없었다.

조금 더 이야기를 나눠보니 부모도 아이의 스케줄을 다 정해놓고 있었다. 아침에 일어나서 몇 시에 밥 먹고 공부하고 학교 가고, 와서는 또 몇 시부터 몇 시까지 숙제를 해야 한다는 식이었다. 그럴 때마다 아이는 왜 엄마 마음대로 하냐고 소리를 질렀다고 한다.

나는 아이와 부모가 서로 심리적 파워 게임을 하는 것 같다고 이야기해 주었다. 아침에 부모가 학교 갈 때까지는 엄마가 자기를 학교에 보내야 하니 자신의 어떤 요구 사항도 안 들어줄 수 없다는 것을 아이가 알고 그러는 것일 수도 있다는 점도 일깨워 주었다.

아이의 사주를 보니 민감하면서도 자기표현력이 강했다. 한

| | 시주 | 일주 | 월주 | 연주 |
|---|---|---|---|---|
| 일간과의 관계 | 정재 | | 정관 | 식신 |
| 간 | 기토<br>(己土) | 갑목<br>(甲木) | 신금<br>(辛金) | 병화<br>(丙火) |
| 지 | 사화<br>(巳火) | 오화<br>(午火) | 축토<br>(丑土) | 신금<br>(申金) |
| 일간과의 관계 | 식신 | 상관 | 정재 | 편관 |

겨울의 아름드리나무를 상징하는 갑목이 일간인 사주다. 한겨울 나무가 생존하려면 햇빛을 상징하는 화의 오행이 꼭 필요하다. 그런데 일지와 시지에 화가 있다. 따라서 이 아이는 성장하면서 자신의 잠재 역량을 발휘할 수 있다. 운의 흐름도 그렇게 흐르고 있어 성장할수록 자신의 역량을 꽃피울 가능성이 높다. 또한 창의성, 아이디어를 상징하는 신금이 있어 두뇌도 총명하다. 단지 지금은 연주와 월주의 금의 오행의 기운이 강해서 자신을 스스로 들볶는 양상이니 부모까지 아이를 들볶을 필요는 없다고 설명해 주었다.

아이는 뭔가 해보려고 하다가도 막상 부모가 지원을 해주려고 하면 시험 성적이 나쁠까 봐, 콩쿠르에서 떨어질까 봐 부담을 느끼고 금세 스스로 포기를 해버렸다고 했다. 사주를 살펴보니 그 원인이 보였다. 나는 부모에게 아이의 일간인 '갑목'

과 연주, 월주에 있는 '금의 오행'과의 관계에서 일어나는 현상이라고 설명해 주었다. 즉 성장하려는 갑목과 스스로를 통제하는 금의 오행의 영향 때문인데, 나이 들어갈수록 자신을 내보이는 데 주저함이 없어질 것이라고 설명해 주었다. 그리고 이처럼 성취욕구가 높은 아이는 굳이 실패나 실수를 겪으며 자존감이 상처받는 경험을 할 필요가 없으므로 학원에 보내지 말고, 인터넷에서 올라온 프로그램 등을 활용해서 아이와 즐겁게 공부할 방법을 찾아보자고 했다.

그러자 그 부모는 아이가 다니는 학원에서 시험을 볼 때는 학교도 안 보낸다고 했다. 학원 성적으로 우열반이 정해지고 그 반에 따라 친구도 결정되기 때문이라는 것이었다. 나는 학교 시험도 아니고 학원 시험으로 아이의 자존감을 상하게 하는 것은 정말 위험한 일이라고 설명해 주었다. 성장기는 자기가 누구인지, 어떤 사람인지 자기 이미지를 형성해 가는 시기인데, 그 과정에서 불필요한 상처를 경험하면서 아이의 자존감 형성에 상처를 주는 일은 피해야 한다고 강조했다. 그보다는 성장 과정에서 아이가 자기 스스로 잠재 역량이 있다는 것을 발견할 수 있는 일들을 부모와 같이 찾아보기를 권유했다.

이처럼 정신의학과 명리학을 통해 아이를 이해하고 수용하여 노력한다면 아이의 미래를 더욱 빛내줄 방법을 찾는 데 큰 도움을 얻을 수 있을 것이다.

# 도토리가
# 아름드리 참나무가
# 되기까지

"선생님, 저희 엄마, 아빠한테 제가 어떤 아이인지 선생님이
　잘 좀 설명해 주세요."

　상담 중에 한 아이가 내게 한 말이다. 아이의 부모, 특히 엄
마는 이제 겨우 11살밖에 안 된 아들에게 엄청난 양의 공부 스
케줄을 세워놓고 있었다. 당연히 아이는 그것을 다 끝내지 못
할 때가 더 많았다. 그런 날이면 아이는 엄마한테 몹시 야단을
맞곤 했다. 그런데 어느 때부터인가 아이가 작은 일에도 불안
해하면서 점점 말이 없어져 갔다. 아이한테 문제가 있다고 여
긴 엄마는 아이를 소아정신과에 데리고 갔다. 검사 결과 아이
는 불안 지수가 매우 높았고, 엄마와의 관계에서도 심한 갈등

상태에 놓인 것으로 나타났다.

병원에서는 엄마에게 상담을 받아볼 것을 권유했고 그렇게 그녀는 내게 오게 되었다. 심리 검사 결과 그녀는 우울, 인간에 대한 불신, 자기중심성 등이 매우 높았다. 명리학적으로도 비견과 겁재가 많고 인수가 드러나지 않아 경쟁적이고 냉정한 특성을 보였다. 게다가 충도 많아서 급하고 충동적인 면도 높았다. 스스로도 자기는 일을 시작하면 바로 결과를 봐야지, 기다리는 것이 너무 힘들다고 털어놓았다.

이야기를 나눠 보니 그녀가 어떻게 살아왔는지를 이해해 볼 수 있었다. 그녀는 부모의 무관심 속에서 혼자 분투하며 간신히 수도권에 있는 대학을 졸업했다. 작은 회사에 다니며 학자금 대출을 갚느라 또 몇 년을 보내다가 어찌어찌 결혼하고 아이도 낳게 되었다. 그렇게 잠깐 행복한 시간이 찾아왔나 싶었는데, 이번에는 남편과 시가 식구가 언제부터인가 그녀의 학벌과 집안을 두고 무시하는 이야기를 하기 시작했다.

그녀는 내 아이만은 자기 부모가 한 것처럼 키우지 않겠다고 굳게 결심하고 있었다. 이 마음가짐에 남편과 시가의 처사에 대한 분노가 합쳐진 결과, 그녀는 아이의 공부에 거의 병적으로 집착하게 된 것이었다. 그녀의 말인즉, 요즘은 아이가 학원에서 우등반에 속하지 못하면 친구도 못 사귀며, 초등학교 고학년쯤 되면 고등학교 수학을 마스터하는 아이도 있는 세상이라고 했다. 또한 그녀는 단지 '최선을 다하는 엄마'라는 이야기를 듣고 싶다고 했다. 그런데 아이가 엄마의 마음을 몰라주고 뜻대로 따라주지 않으니 화가 날 수밖에 없다는 것이었다.

게다가 남편은 '자기는 밖에서 돈 버느라 얼마나 고생하는데 집에 들어오면 아이와 아내 때문에 집안 꼴이 말이 아니다'라며 화를 냈다. 남편은 남편대로 아내에게 화를 내고 아내는 아내대로 아이에게 화를 내는 형국이었다.

나는 아이와도 상담을 진행했다. 아이는 수줍음이 있기는 했지만 매우 영리하고 생각도 깊었다. 예술적 재능도 뛰어났다. 명리학적으로는 겨울날의 나무로 생기는 적었지만 나이를 먹을수록 자기 영향력을 발휘할 수 있는 구조인 데다 성취 욕구도 강한 아이였다. 그 점을 부모에게 각인시켜 주고 조금 지켜보기를 권유했다. 그 결과 아이는 점차 자신감을 찾아갔다.

그 과정에서 아이는 '자기가 어떤 아이인지 선생님이 부모님에게 전해달라'는 말을 내게 했던 것이다. 이제 겨우 도토리에서 발아해 작은 묘목만큼 자란 아이가 그런 말을 할 수 있는 제 나름의 생각과 용기를 가지고 있다니, 너무도 대견하고 기특했다. 아이가 앞으로 얼마나 더 크게 성장할지 눈앞에 그려지는 기분이라 내 마음마저 환해지는 순간이었다.

한때 판다 푸바오, 루이, 후이의 성장 과정이 대중에게 인기였다. 그들이 태어나서 성장하는 과정을 보면 정말 경이롭다.

200g도 안 되는 몸무게로 태어나 거의 100kg에 가까운 몸으로 성장하다니. 우리 사람의 탄생도 그러하다. 갓난아기로 태어나 어른의 몸으로 성장한다는 것은 생각해 보면 역시 참으로 경이로운 일이다.

몸만 그렇게 크는 것도 아니다. 처음에는 부모가 돌봐주지 않으면 아무것도 할 수 없던 아이들이 성장하면서 말도 하고, 걷고, 서고, 뛰고, 생각하는 등등의 발달 과정을 보여준다. 카렌 호나이의 말처럼 도토리에서 참나무가 되어가는 것이다. 그 과정에서 부모는 적절하게 물도 주고 영양제도 공급해 주고 벌레가 꼬이지 않도록 보호도 해주고 불필요한 가지도 쳐주어야 한다. 무엇보다 중요한 것은 앞으로 살아가면서 경험하게 될 인생의 많은 일들에 대해서 유연하고 지혜롭게 대처해 나가는 법을 가르쳐주는 것이다.

임상에서 보면 요즘 아이들은 명리학적으로 식상의 기가 강한 특성을 보이는 경우가 많다. 다윈의 주장대로라면 지금도 진화는 계속되고 있다고 봐야 한다. 그렇다면 요즘 시대에는 더욱 자유롭게 자신을 표현하는 특성을 지닌 식상이 강한 아이들이 태어날 수밖에 없지 않을까 싶기도 하다. 그런데 부모가 그런 아이들을 성장 과정에서 지나치게 억압하거나 반대로 너무 많은 것을 허용하면 당연히 문제가 생겨날 것이다. 마치 다듬어지지 않은 나무처럼 자라날 가능성이 높은 것이다. 그것을 방지하고 아이를 올곧은 참나무로 성장시키기 위해서는 크게 몇 가지 노력이 필요하다.

첫 번째는 앞에서도 언급했듯이, 하나의 독립된 소우주에 해당하는 아이가 내 마음대로 되지 않는 것은 당연하다는 사실을 받아들이는 것이다. 오행도 서로 끌리는 관계가 있고 밀치는 관계가 있는 것처럼 부모 자녀 관계도 그러하다. 따라서 자녀를 판단하기 전에 부모 자녀가 서로 어떤 특성을 가졌는지, 아이의 잠재력은 어떠한지 이해하는 여유가 필요한 것이다. 거기에 도움을 주는 것이 명리학과 정신의학이다. 궁극적으로 두 학문은 '나를 알고 나를 귀하게 여길 때 나만의 잠재력을 발휘할 수 있다는 것'을 가장 분명하게 보여주고 있다.

두 번째는 아이가 '나는 사랑받을 가치가 있는 사람'이라는 확신을 지니고 성장할 수 있도록 돕는 것이다. 즉 건강한 자긍심을 갖게 도와주어야 한다. 아이들은 태어날 때는 100% 자기중심적이다. 부모는 처음에 사랑이 담긴 보살핌으로 그것을 채워주어야만 한다. 이때 그런 애정을 받지 못하면 아이는 살아가는 내내 '과연 나는 가치 있는 사람인가'를 의심하면서 그것을 시험하려고 든다. 어떤 아이는 부모에게 계속 떼를 쓰면서 얼마나 나를 견디는지 두고 보자고 하고, 어떤 아이는 내가 힘이 있어야만 부모가 나를 사랑한다고 생각해서 무엇이든 최고로 잘하려고 한다.

그러나 남에게 인정받기 위해 노력하는 것은 마치 모래성과 같아서 조금이라도 좌절을 경험하면 바로 무너진다. 이런 아이들이 꿈꾸는 인정은 거의 비현실적인 것이다. 그러니 무의식적으로는 그것이 안 된다는 것을 아니까 조그마한 반대에도 자기를 비난한다고 생각해서 바로 모든 관계를 단절해 버리기도 한다. 하지만 심리학자 에릭슨이 말한 근본적 신뢰, 즉 자기가 가치 있는 존재라는 신뢰를 제대로 형성하면 우리는 인생에서 일어나는 문제들에 대해 현실적이고 합리적인 해결 방법을 찾아나갈 수 있다.

세 번째는 요즘 같은 시대에 식상이 강해지는 아이들로서는 불필요한 간섭과 조언이 싫을 수밖에는 없다는 사실을 받아들이는 마음가짐이 필요하다. 그렇다고 방임해서도 안 되므로 아이를 있는 그대로 수용하고 사랑해 주되, 행동은 적절하게 통제하는 노력이 필요하다.


나아가 아이들이 성장한 뒤에는 적절한 거리 두기가 절대적으로 필요하다. 그렇게 서로의 독립성을 인정할 때 부모와 자녀의 관계는 이윽고 완성을 향한 발걸음을 내딛게 된다. 그리고 마침내 울창한 참나무로 성장한 아이들은 또다시 후세에 도토리를 남겨주게 되는 것이다.

# 명리학 입문자를 위한
# 핵심 요약

## 1. 명리학의 기초, 오행

### 오행(五行)

다섯 가지 만물의 기운을 뜻하는 말이다. 아래의 다섯 가지가
이에 해당한다.

- 수(水): 모으고 수축하는 기운. 물의 기운에 비유.
- 화(火): 팽창하고 확대하는 기운. 불의 기운에 비유.
- 목(木): 물과 불의 뭉치고 팽창하는 기운이 합쳐져서 생겨나
  는 기운. 단단하고 꾸준하고 곧게 자라는 성질을 상징. 나무
  의 기운에 비유.

– 금(金): 목의 딱딱함이 굳어져서 생겨나는 기운. 직선적인 강함을 상징. 광석, 돌의 기운에 비유.

– 토(土): 금의 기운이 사방으로 흩어져서 생겨난 기운. 흙의 기운에 비유.

## 오행의 관계 맺기

먹이사슬에도 서로의 천적과 동지가 있는 것처럼 명리학의 오행 또한 다양한 관계를 맺는다. 서로를 돕기도 하며, 반대로 상대의 것을 빼앗거나 서로 경쟁하고 통제하기도 한다. 이를 오행의 생(生)과 극(克)이라고 표현한다.

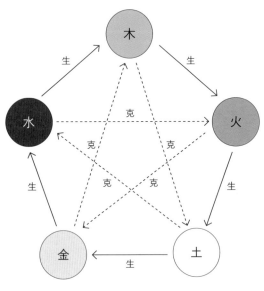

오행의 상호작용

## 오행의 생

- 물이 나무와 꽃을 살리는 수생목(水生木).

- 나무에 불을 지피면 그 불이 일어나는 목생화(木生火).

- 불이 땅을 기름지게 만드는 화생토(火生土).

- 땅속에서 광물이 나고 식물의 뿌리도 나오는 토생금(土生金).

- 물이 바위틈에서 생겨나는 금생수(金生水).


## 오행의 극

- 물이 불을 끄는 수극화(水克火).

- 불이 쇠를 제련하는 화극금(火克金).

- 쇠가 나무를 자르는 금극목(金克木).

- 나무가 땅에 뿌리를 내려 땅을 이기는 목극토(木克土).

- 물줄기를 흙이 막는 토극수(土克水).


## 2. 하늘의 기운과 땅의 기운, 천간과 지지

### 천간(天干)

- 하늘의 기운. 오행을 각각 음과 양으로 나누어 형성된 10개
  의 기운(5×2=10).

- 각각의 기운을 갑(甲), 을(乙), 병(丙), 정(丁), 무(戊), 기(己), 경

(庚), 신(辛), 임(壬), 계(癸)라고 한다.

| 십간<br>(十干) | 갑(甲) | 을(乙) | 병(丙) | 정(丁) | 무(戊) | 기(己) | 경(庚) | 신(辛) | 임(壬) | 계(癸) |
|---|---|---|---|---|---|---|---|---|---|---|
| 오행 | 목<br>(木) | | 화<br>(火) | | 토<br>(土) | | 금<br>(金) | | 수<br>(水) | |
| 음양 | 양 | 음 | 양 | 음 | 양 | 음 | 양 | 음 | 양 | 음 |

천간

천간을 아래와 같이 자연에 비유하여 더 자세히 이해해 볼 수 있다.

| 목의 오행 | '양의 목'인 갑목(甲木) | 아름드리 큰 나무 |
|---|---|---|
| | '음의 목'인 을목(乙木) | 잔디, 화초 등 |
| 화의 오행 | '양의 화'인 병화(丙火) | 태양과 같은 큰 불 |
| | '음의 화'인 정화(丁火) | 호롱불, 화롯불과 같이 인간의 삶에 직접적 도움을 주는 불 |
| 토의 오행 | '양의 토'인 무토(戊土) | 대륙, 지구 등 |
| | '음의 토'인 기토(己土) | 논밭과 같은 옥토 |
| 금의 오행 | '양의 금'인 경금(庚金) | 광물, 큰 바위 등 |
| | '음의 금'인 신금(辛金) | 보석, 칼날 등 정제된 광물 |
| 수의 오행 | '양의 수'인 임수(壬水) | 대양(大洋)과 같이 큰 물 |
| | '음의 수'인 계수(癸水) | 샘물, 물의 정기, 은하수 등 |

## 지지(地支)

- 땅의 기운. 자(子), 축(丑), 인(寅), 묘(卯), 진(辰), 사(巳), 오(午), 미(未), 신(申), 유(酉), 술(戌), 해(亥)의 12자로 되어 있다.

- 이 12자는 계절을 뜻하기도 하는데, 그중에서 지지(地支)의 토는 환절기를 의미한다.

  진토(辰土): 봄에서 여름으로 넘어가는 환절기.

  미토(未土): 여름에서 가을로 넘어가는 환절기.

  술토(戌土): 가을에서 겨울로 넘어가는 환절기.

  축토(丑土): 겨울에서 봄으로 넘어가는 환절기.

| 십이지<br>(十二支) | 자<br>(子) | 축<br>(丑) | 인<br>(寅) | 묘<br>(卯) | 진<br>(辰) | 사<br>(巳) | 오<br>(午) | 미<br>(未) | 신<br>(申) | 유<br>(酉) | 술<br>(戌) | 해<br>(亥) |
|---|---|---|---|---|---|---|---|---|---|---|---|---|
| 오행 | 수<br>(水) | 토<br>(土) | 목<br>(木) | 목<br>(木) | 토<br>(土) | 화<br>(火) | 화<br>(火) | 토<br>(土) | 금<br>(金) | 금<br>(金) | 토<br>(土) | 수<br>(水) |
| 음양 | 양 | 음 | 양 | 음 | 양 | 음 | 양 | 음 | 양 | 음 | 양 | 음 |
| 계절 | 겨울 | 겨울 | 봄 | 봄 | 봄 | 여름 | 여름 | 여름 | 가을 | 가을 | 가을 | 겨울 |

지지

## 3. 운명의 입체도, 사주와 팔자

---

### 사주(四柱)

- 사주: 사람이 태어난 연월일시, 4개의 기둥.

  연주(年柱): 태어난 해.

  월주(月柱): 태어난 달.

  일주(日柱): 태어난 날.

  시주(時柱): 태어난 시간.

### 팔자(八字)

- 사주(四柱)에 의해 형성되는 오행, 또는 사주를 이루는 오행.
- 각 주(柱)는 천지인(天地人)의 이론(인간은 하늘과 땅 사이에 존재한다는 이론)에 의해 하늘의 기운을 상징하는 간(干)과 땅의 기운을 뜻하는 지(支)로 이루어진다.
- 팔자: 사주×2=8개의 오행.

### 만세력(萬歲曆)

- 사주를 팔자로 전환시키는 역법(曆法)인 육십갑자법(六十甲子法)을 기록한 달력.

  양력: 태양의 움직임을 관찰하여 만든 달력.

  음력: 달의 움직임을 관찰해서 만든 달력.

만세력: 태양, 달을 포함한 일곱 개 행성의 움직임을 관찰해서 만든 달력.

- 세종대왕 때 중국의 역법이 아닌 우리나라의 역법을 만들자고 해서 칠정산 내편, 외편이 만들어졌고 정조 때 천세력으로, 고종 때 만세력으로 재정비됐다.
- 어떠한 명리학자도 이 만세력이 없으면 사주를 팔자로 전환시킬 수 없다.
- 요즘은 인터넷과 어플 등에서 만세력을 쉽게 활용할 수 있다.

## 일간(日干)

- 사주팔자 중에서 자신이 태어난 날. 즉 일주(日柱)에서 하늘의 글자를 말한다.
- 자신을 상징하는 오행이다.
- 이 일간을 중심으로 나머지 일곱 글자와의 관계를 통해 한 개인의 특성과 적성을 분석하는 것이 명리학의 기본 이론이다.

다음의 프로이트 사주를 참고하여 일간의 위치를 확인해 보자. 기록된 프로이트의 생년월일시는 1856년 5월 6일 오후 6시 30분이며, 그의 사주팔자는 다음과 같다, 그가 태어난 날에 해당하는 일주는 기축(己丑)이며 일간은 기토(己土)로 '음의 땅'이다.

| | 시주 | 일주 | 월주 | 연주 |
|---|---|---|---|---|
| 일간과의 관계 | 편재 | | 편재 | 정인 |
| 간 | 계수<br>(癸水) | 기토<br>(己土)<br>—일간— | 계수<br>(癸水) | 병화<br>(丙火) |
| 지 | 유금<br>(酉金) | 축토<br>(丑土) | 사화<br>(巳火) | 진토<br>(辰土) |
| 일간과의 관계 | 식신 | 비견 | 정인 | 겁재 |

10개의 간(干) 중 4개, 12개의 지(干) 중 4개가 모여 개인의 사주
가 완성되는 것이다.

여기서 일간과 나머지 일곱 글자의 관계를 따지는 것을 육친
론(혹은 육신론)이라고 하며, 이를 통해 우리는 개인의 기질과 적
성 등을 이해해 볼 수 있다.

## 4. 오행의 생과 극의 드라마

**육친론(六親論) 또는 육신론(六神論)**
- 사주팔자를 이루는 오행의 관계를 통해 한 개인의 특성과
  인간관계를 분석하는 이론.
  육친론: 인간관계를 주로 살펴보는 것.

육신론: 특성과 진로를 주로 살펴보는 것.

- 정신의학에서 나와 타인과의 관계를 통해 자신을 알아가는 것처럼 명리학에서도 '나를 상징하는 오행'인 일간과 나머지 일곱 글자가 서로 어떤 작용을 하는지, 그 영향력을 살펴서 나의 특성과 인간관계를 분석한다.
- 육친에는 10가지가 있는데 그 내용은 다음과 같다.

| 비겁<br>(比劫) | 형제와 동료, 친구를 상징.<br>경쟁심과 주체성 등을 의미. | **비견(比肩)**<br>일간과 같은 오행이며 음양이 같은 글자 |
| --- | --- | --- |
| | | **겁재(劫財)**<br>일간과 같은 오행이면서 음양이 다른 글자 |
| 관성<br>(官星) | 권위적 존재, 윗사람을 상징.<br>여성의 경우에는 배우자, 남성의 경우에는 아들을 상징. 책임감, 보수성, 도덕성 등을 의미. | **정관(正官)**<br>일간을 극하며 음양이 다른 글자 |
| | | **편관(偏官)**<br>일간을 극하며 음양이 같은 글자 |
| 인수<br>(印綬) | 부모 등 자신을 보호해 주고 지지해 주는 존재.<br>학문, 인내성, 자비심 등을 의미. | **정인(正印)**<br>일간을 생해주며 음양이 다른 글자 |
| | | **편인(偏印)**<br>일간을 생해주며 음양이 같은 글자 |
| 식상<br>(食傷) | 자녀, 아래 직원 등을 상징.<br>표현력, 감각적 성향, 감수성을 의미. | **식신(食神)**<br>일간이 생해주며 음양이 같은 글자 |
| | | **상관(傷官)**<br>일간이 생해주며 음양이 다른 글자 |
| 재성<br>(財星) | 재물을 상징. 남성의 경우에는 배우자를 뜻함.<br>현실 판단 능력, 수리 계산력 등을 의미. | **정재(正財)**<br>일간이 극하면서 음양이 다른 글자 |
| | | **편재(偏財)**<br>일간이 극하면서 음양이 같은 글자 |

# 정신과 의사의 명리육아

**초판 1쇄 인쇄** 2024년 8월 6일
**초판 1쇄 발행** 2024년 8월 12일

**지은이** 양창순
**펴낸이** 김선식

**부사장** 김은영
**콘텐츠사업본부장** 임보윤
**책임편집** 조은서 **디자인** 윤유정 **책임마케터** 이고은
**콘텐츠사업1팀장** 성기병 **콘텐츠사업1팀** 윤유정, 정서린, 문주연, 조은서
**마케팅본부장** 권장규 **마케팅2팀** 이고은, 배한진, 양지환 **채널2팀** 권오권
**미디어홍보본부장** 정명찬 **브랜드관리팀** 안지혜, 오수미, 김은지, 이소영
**뉴미디어팀** 김민정, 이지은, 홍수경, 변승주, 서가을
**지식교양팀** 이수인, 염아라, 석찬미, 김혜원, 백지은, 박장미, 박주현
**편집관리팀** 조세현, 김호주, 백설희 **저작권팀** 한승빈, 이슬, 윤제희
**재무관리팀** 하미선, 윤이경, 김재경, 임혜정, 이슬기
**인사총무팀** 강미숙, 지석배, 김혜진, 황종원
**제작관리팀** 이소현, 김소영, 김진경, 최완규, 이지우, 박예찬
**물류관리팀** 김형기, 김선민, 주정훈, 김선진, 한유현, 전태연, 양문현, 이민운
**외부스태프** 표지 및 본문 일러스트 문세희 사진 이영균

**펴낸곳** 다산북스 **출판등록** 2005년 12월 23일 제313-2005-00277호
**주소** 경기도 파주시 회동길 490
**전화** 02-704-1724 **팩스** 02-703-2219 **이메일** dasanbooks@dasanbooks.com
**홈페이지** www.dasan.group **블로그** blog.naver.com/dasan_books
**종이** 신승아이엔씨 **출력** 민언프린텍 **코팅 및 후가공** 제이오엘앤피 **제본** 다온바인텍

ISBN 979-11-306-5599-4(03590)